遇见合成

——After Effects CC 基础教程(下)

孙　政　主编
刘雪梅　刘玉岚　李晶凝　朱　静　参编

天津大学出版社
TIANJIN UNIVERSITY PRESS

图书在版编目(CIP)数据

遇见合成：After Effects CC 基础教程. 下/孙政主编. —天津：天津大学出版社，2017.11（2022. 1重印）
ISBN 978-7-5618-5916-2

Ⅰ.①遇… Ⅱ.①孙… Ⅲ.①图象处理软件—教材 Ⅳ.①TP391.413

中国版本图书馆CIP数据核字(2017)第197750号

出版发行 天津大学出版社
地　　址 天津市卫津路92号天津大学内(邮编:300072)
电　　话 发行部:022-27403647
网　　址 publish.tju.edu.cn
印　　刷 廊坊市海涛印刷有限公司
经　　销 全国各地新华书店
开　　本 185mm×260mm
印　　张 13.75
字　　数 349千
版　　次 2017年11月第1版
印　　次 2022年1月第3次
定　　价 35.00元

前　言

这是一本关于如何创建视觉特效的书。与早期依赖昂贵、专业的后期设备不同，现在随着技术的发展，我们可以借助强大的软件来轻松实现所有想要的效果。在众多的合成软件中，我选择了Adobe公司的After Effects，因为它专注特效超过20年，至今还在不断更新，在行业内始终处于领先地位。即使在普通的PC上，After Effects也能高效地工作，这使更多的人学习并进入这一行业成为可能。

本书以最新的Adobe After Effects CC中文版为工具，向读者介绍后期特效制作方面的相关知识。鉴于以往相关书籍在专业词汇使用上的混乱与错误，本书中的菜单及功能名称严格以After Effects CC官方中文版软件为参照，并参考官方中文帮助文件，以确保相关词汇的准确性。全书分上、下两册，共13章，每一章将知识点与具体实例相结合，包括用After Effects CC制作合成、图层、蒙版、形状图层、三维图层、文字动画、键控与Roto笔刷、稳定与跟踪、时间控制、色彩校正、音频处理、图表编辑器、渲染输出等内容。

全书语言通俗、步骤详细，但不同于一般案例型教程，本书在教授制作方法的同时也会阐述工作原理及操作技巧，为进一步学习视频特效创作打下基础。这虽然是一本关于After Effects的基础教程，但无论是对初学者还是有一定使用经验的人来说，都具有指导意义。希望学习者能以本书作为可依赖的参考资料。

参与编写本书的作者均来自职业教学第一线，在影视后期制作方面有着丰富的教学及实践经验，他们指导的学生也多次获得天津市及全国技能大赛优胜奖。他们分别是：刘雪梅（第7章 键控与Roto笔刷）、刘玉岚（第9章 时间控制）、李晶凝（第11章 音频处理）、朱静（第12章 图表编辑器）、孙政（第8章 稳定与跟踪、第10章 色彩校正、第13章 渲染输出）。本书在编写过程中，得到了天津市电子计算机职业中等专业学校校领导的大力支持，在此也表示感谢。

由于时间仓促，加之编者水平所限，难免有错漏之处，敬请批评指正。

本书所涉及案例的素材及项目文件可登录网盘下载，具体地址如下：

链接：http://pan.baidu.com/s/1kVFiEzl

密码：31e8

孙政

2016年7月

目　　录

第 7 章　键控与 Roto 笔刷

7.1　什么是键控

电影《超人》是我小时候最喜欢的电影，那个时候我多希望自己能够像超人一样在天空中飞翔。当然我也知道这只是电影，但问题是那些演员像是真的在天空中飞翔一样，这是怎么做到的呢？其实这是通过一种叫“键控”的后期抠像技术来实现的，这也是下面我们要一起探讨的问题。

键控是指用图像中的某种颜色值或亮度值来定义透明区域。我们先让演员在纯色的背景前进行表演，再将拍摄的视频数字化处理导入计算机，由于背景是均匀的纯色，所以我们可以通过影视后期软件中的键控特效很方便地选取画面中的这种颜色并去除，再合成上想要的背景（图 7-1），这样我们就不需要一帧一帧地处理视频了。

图 7-1

通过这种方法可以很方便地展示太空漫步，也可以将人置身于狂野的大自然之中，甚至可以走进老电影中和喜爱的明星一起表演。

7.2　前期注意事项

为了保证后期抠像的顺利，在前期拍摄的时候要注意一些事情。

1. 背景布的颜色

在前期拍摄的时候，背景布选择什么颜色是非常重要的。从理论上来说，应该选用人体的补色，也就是身上不含有的颜色。其中，蓝色和绿色是最常用到的颜色，因为人体几乎不含有这两种颜色，除非是蓝精灵或史瑞克。

有一种说法是，亚洲地区多用蓝色背景，欧美等地区多用绿色背景，原因是欧美演员中不少人是蓝眼睛，谁也不希望抠像的时候把眼睛也抠下去。

这两种颜色的背景各有优缺点，蓝背景抠像后的遮罩边缘比绿背景抠像后的遮罩边缘更具噪点，而绿色溢出产生的问题比蓝色溢出更为严重。但更重要的是，背景布选择什么颜色，要根据演员的服装和道具的颜色来决定。例如演员在蓝色的背景前进行表演，而他的胸前正好也有一个蓝色的装饰，在后期处理之后他胸前装饰位置就会变得透明。因为在后期抠像的时候会把画面中所有蓝色都去除，但如果他扮演的是钢铁侠，那就正是我们需要的效果，当然还需要一点特效就更好了。

2. 背景布的材质

除了颜色之外，背景布的材质也是我们应该考虑的问题。要选择一些平整的、蓝 / 绿色相好且色彩均匀的材料作为背景进行拍摄。因为背景不平整的话会产生一些阴影，就会给后期处理带来麻烦。可以使用硬质地的材料，比如硬纸板或木板，然后喷涂蓝或绿色油漆；或是直接购买平整、不易起褶皱的蓝或绿色织物。还要注意这个材料不能太反光，以避免出现光斑。

3. 现场灯光的设置

现场灯光的设置也是非常重要的，拍摄环境要求照明条件良好，尽量避免阴影的出现。需要对背景进行单独的灯光设计，要保证蓝 / 绿背景色不受灯光色温影响而改变色相, 同时保持亮度的统一。一般情况下，背景的亮度要稍微高一点点，这样有利于后期的抠像工作。关于照明知识，请查找相关资料，这里就不详细说明了。

7.3 过时的颜色键

前期的问题解决好后，便进入后期处理。After Effects 提供了多种键控特效，这里先从“颜色键”说起。之所以叫它“过时的颜色键”，是因为在 After Effects CC 版本的菜单“效果→键控”项里根本就无法找到它。“颜色键”被放到了菜单“效果→过时”项里，从分类的名称就可以感受到它被淘汰的命运。尽管如此，还是要先了解一下“颜色键”，因为它简单、直接、便于操作，更重要的是它有一个清晰且便于记忆的好名字。

7.3.1 恢复默认设置

为了实现操作过程的一致性，首先要恢复 After Effects 程序的默认设置。启动 After Effects 时按下 Ctrl+Alt+Shift 键，当系统询问是否删除首选项文件时，单击“确定”按钮（图 7-2）。选择菜单“文件→另存为→另存为”命令，弹出“另存为”对话框，导航至相关保存路径，将项目命名为“颜色键.aep”，然后单击“保存”按钮，完成对项目的重命名及保存。

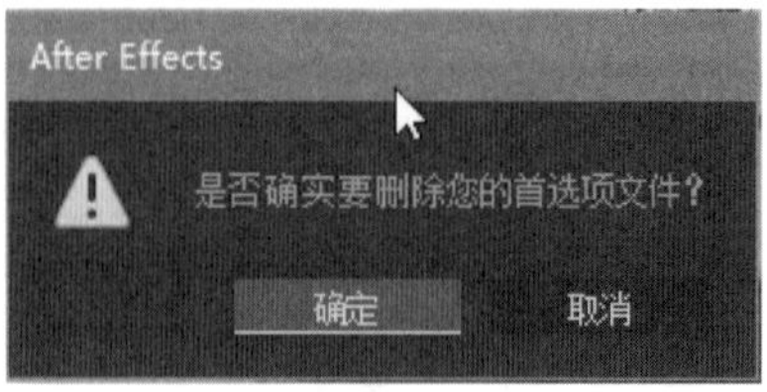
After Effects
是否确实要删除您的首选项文件?
确定
取消

图 7-2

7.3.2　导入素材

下面为新打开的项目导入素材。双击项目面板的空白处打开“导入文件”对话框，导航到“光盘 \ 第 7 章 \ 素材”文件夹下，双击“颜色键.mov”文件，导入素材。

7.3.3　创建合成

将项目面板中的“颜色键.mov”素材拖放到项目面板左下方的“新建合成”按钮上，即以该素材的像素大小、宽高比、帧速率和持续时间为参数创建同名合成，并在时间轴面板与合成面板中显示。

7.3.4　应用颜色键

（1）在时间轴面板中的图层上单击鼠标右键，在弹出的上下文菜单中，选择“效果→过时→颜色键”（图 7-3）。在“效果控件”面板中，单击“颜色键”特效下“主色”项右侧的吸管，我们将用它选择画面中希望键出的颜色，也就是蓝色的背景（图 7-4）。

图 7-3

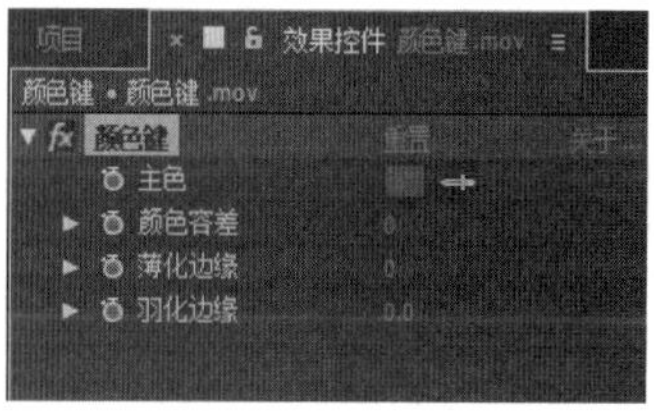

图 7-4

由于素材画面的背景颜色非常均匀，这非常有利于颜色的键出。但是如果仔细观察则会发现人物的头部和桌子下面两部分，颜色还是有些暗，而画面的左边和右边也会显得偏亮。所以在这种情况下，为了更好地键出颜色，应该选择背景画面的中间色，因为这样有利于后面参数值的调整。

（2）当选择背景颜色之后，发现画面似乎没有任何变化，这就涉及下面一个参数值——“颜色容差”。它的默认值是 0，可以用鼠标左键按住这个数值向右拖拽进行调整，随着参数值的扩大，画面中的绿色背景也就被键出了。当然这个值也不可以过大，如果过大人物也会被键出，所以应该对照合成面板中的图像进行相应的参数值的调整。

（3）进行上述操作后，人物的边缘还是有些问题，所以下面就要对人物的边缘进行调整，这里选择第三个参数值——“薄化边缘”。这个值介于 ±5 之间，其中负值可以理解为对边缘的扩充，而正值则是对边缘的收缩，也可以直接输入数值，例如这里输入 1 后按下

Enter 键。

（4）边缘收缩之后抠像就没有问题了，但是人物的边缘还是有些锐利，如果将这样的前景人物放入新的背景当中就会显得这个人非常突兀，也就是俗话说的显得“有点假”，不像是在真正的背景中拍出来的样子。所以还要对边缘进行调整，让它显得不这么锐利，模糊一点。这就涉及第四个参数——“羽化边缘”，这个值也不可过大，应进行适当调整。

（5）After Effects 默认情况下的背景是黑色的，这样在观察一些抠像的细节时可能就不这么方便，所以需要将背景调成更亮的颜色，来观察键控是否达到了要求。这里可以按下快捷键 Ctrl +K 打开合成设置面板，在“背景颜色”中选择一个明亮的橘黄色，并单击“确定”按钮，观察键控效果，并进行微调，完成键控（图 7-5）。

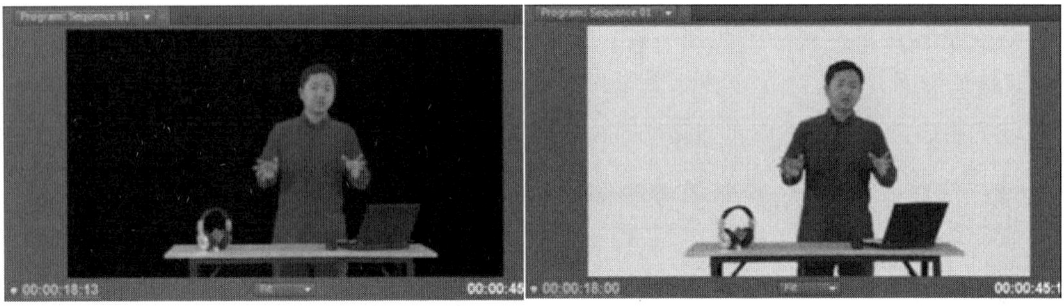

图 7-5

（6）按小键盘 0 键预览完成后的效果，按 Ctrl+S 键保存最终结果。

7.4 Keylight

与“颜色键”可以键出任何颜色不同，“Keylight”特效只能移除数字三基色（红色、绿色和蓝色）或由三基色生成的颜色，黑色、白色就无法使用“Keylight”键出。但“Keylight”的设计目的就是用于蓝绿背景的影视抠像。

有意思的是，在 After Effects CC 中文版中，并没有将“Keylight”特效的名称翻译成中文，也许是因为它属于外挂插件的原因吧。一般可以把它理解为“键控之光”，因为“Keylight”是一个屡获殊荣并经过产品验证的键控插件，能够无缝集成到一些世界领先的合成编辑系统中，包括 Avid DS、Fusion、NUKE、Shake、Final Cut Pro 及 After Effects。它不仅易于使用，并且非常擅长处理反射、半透明区域和毛发等复杂边缘。下面来了解一下“Keylight”的威力。

7.4.1 恢复默认设置

为了实现操作过程的一致性，首先要恢复 After Effects 程序的默认设置。启动 After Effects 时按下 Ctrl+Alt+Shift 键，系统询问是否删除首选项文件时，单击“确定”按钮。选择菜单“文件→另存为→另存为”命令，弹出“另存为”对话框，导航至相关保存路径，将项目命名为“新闻播报.aep”，然后单击“保存”按钮，完成对项目的重命名及保存。

7.4.2 导入素材

双击项目面板的空白处打开"导入文件"对话框，导航到"光盘 \ 第 7 章 \ 素材"文件夹下，导入"爸爸去哪儿宣传片.mov""背景视频.mov""播报视频素材.mp4""电脑屏幕.png"素材。

导入素材注意事项

mov 格式的视频导入后要观看一下是否能够正常显示，方法是双击 mov 视频，在图层面板拖动时间标尺进行观看，如果不能正常显示，需要关闭 After Effects 软件，然后下载安装 Quick time 播放器，然后再次启动 After Effects 软件查看素材，一般就可以正常显示了。

导入 png 格式的图像要注意，由于 png 格式是带有透明通道信息的图像，如果导入没有询问窗口出现，则默认导入了通道，导入后需要观看一下是否带有透明，查看方法是双击 png 图片，打开图层面板，单击面板下方"切换透明网格"按钮，查看透明显示，如图 7-6 所示。

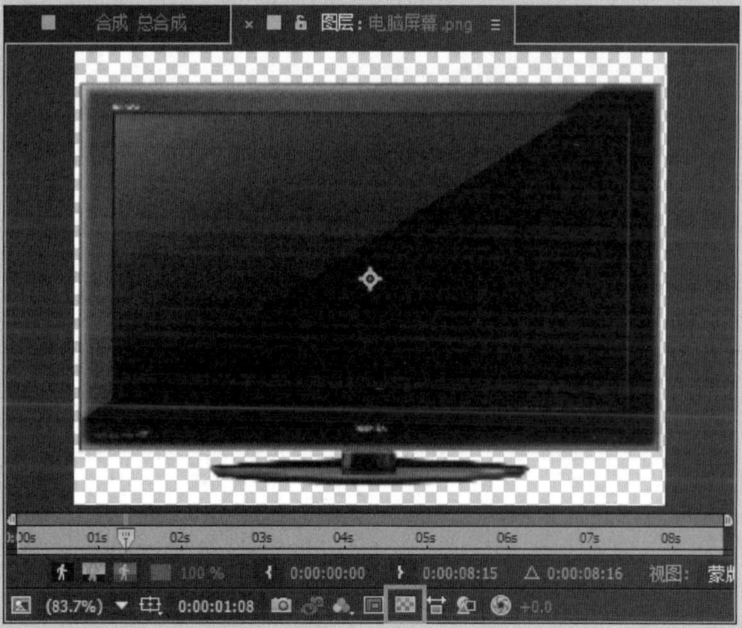

图 7-6

7.4.3 创建合成

按 Ctrl + N 键新建合成，分辨率为 1280×720，像素长宽比为方形像素，持续时间长度为 26 秒（图 7-7）。

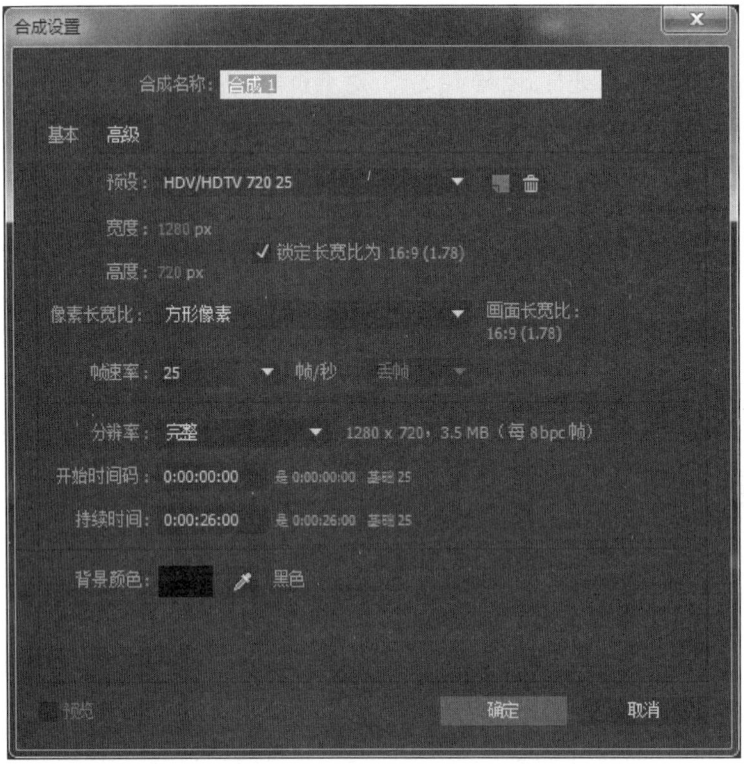

图 7-7

7.4.4 背景素材的处理

（1）将素材“背景视频.mov”拖入时间线，按 Ctrl+Alt+F 键匹配到合成大小（图 7-8）。

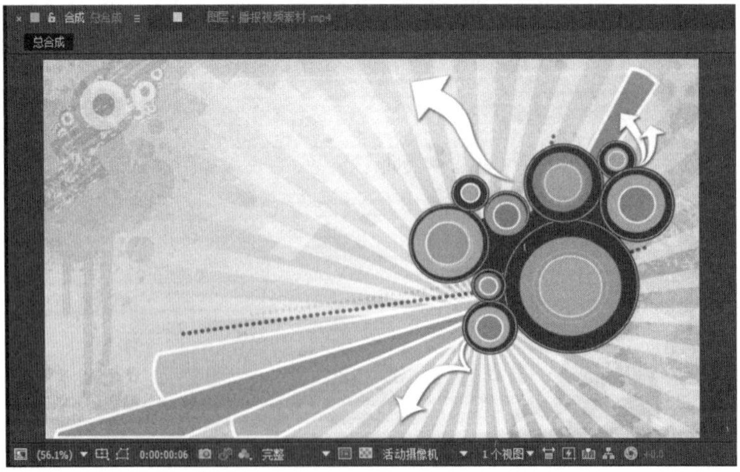

图 7-8

（2）观察素材“背景视频.mov”时间长度只有 8 秒 24 帧（图 7-9）。

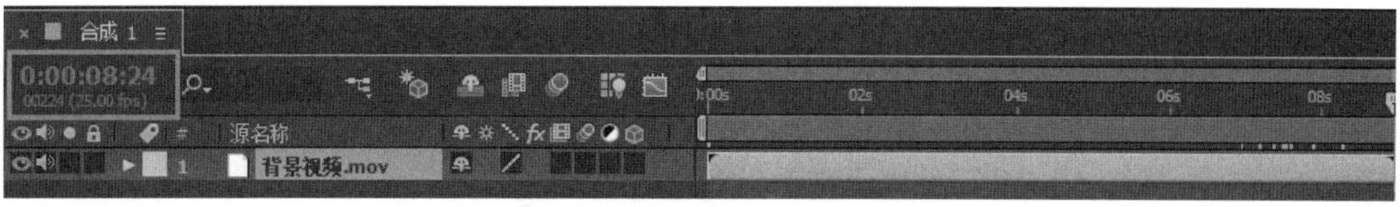

图 7-9

（3）对素材“背景视频.mov”时间进行延长，方法是在时间线面板中单击“伸缩窗格”按钮（图 7-10）。

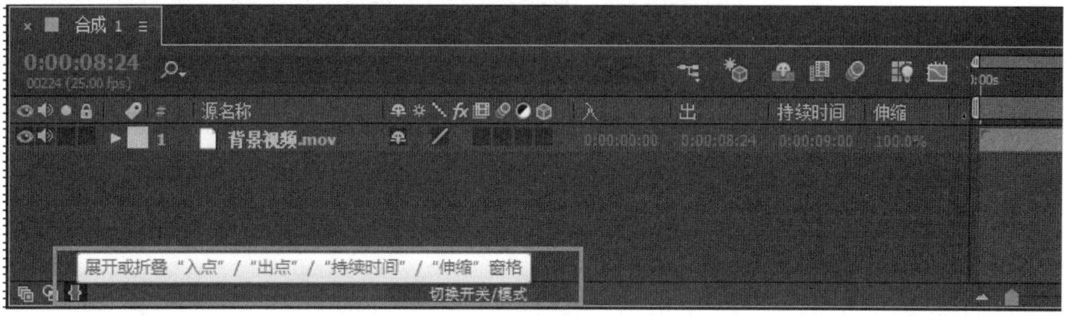

图 7-10

（4）将“伸缩”选项的参数修改为 290%，使素材与合成总长度时间一致，如图 7-11 所示。

图 7-11

（5）观察到素材“背景视频.mov”存在声音信息，这里不需要这个背景素材的声音，所以在时间线面板中将素材的“音频”按钮关闭，如图 7-12 所示。

图 7-12

7.4.5　电脑屏幕素材的处理

（1）拖入“电脑屏幕.png”放置到背景视频上一层，调整素材的位置（图 7-13）。

（2）使用钢笔工具勾画出电脑屏幕，将蒙版进行反转，使其屏幕部分镂空（图 7-14）。

图 7-13

图 7-14

7.4.6 “爸爸去哪儿宣传片”视频素材的处理

（1）将“爸爸去哪儿宣传片.mov”视频素材放入电脑屏幕层下一层，调整缩放大小，使视频基本在电脑屏幕内框大小内，并摆放好位置（图 7-15）。

图 7-15

（2）为了使第 0 帧位置开始就有节目的正式画面出现，拖动时间线上的时间标尺向后移动到节目正式画面出现的时间，这里是 10 秒 9 帧的位置（图 7-16）。

图 7-16

（3）将素材起始位置确定到 10 秒 9 帧，方法是拖动“爸爸去哪儿宣传片.mov”视频素材最左边界，或者按快捷键“Alt+[”也可以定义素材的起始位置（图 7-17）。

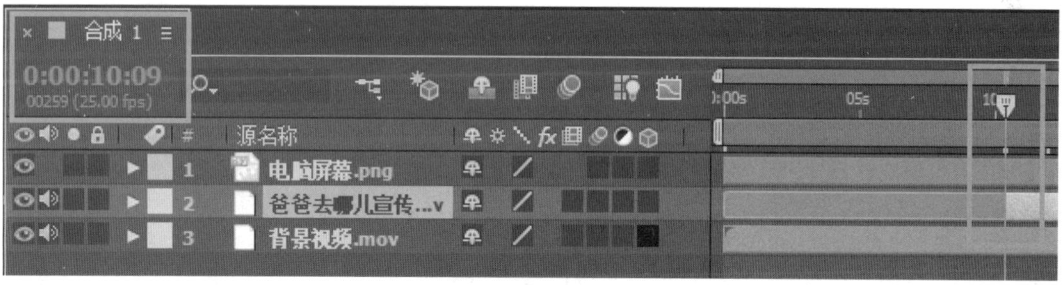

图 7-17

（4）拖动“爸爸去哪儿宣传片.mov”视频素材将截取后的开始帧对齐时间线起始位置，使合成起始就有视频正式画面，拖拽素材时的一个小技巧是，按住 Shift 键可以将边界吸附到合成起始位置（图 7-18）。

图 7-18

（5）为了与后面播报视频素材的音量进行匹配，要将节目的视频素材的声音音量进行调小处理，展开素材音量参数及波形，将“音频电平”修改为“-20.00dB”（图 7-19）。

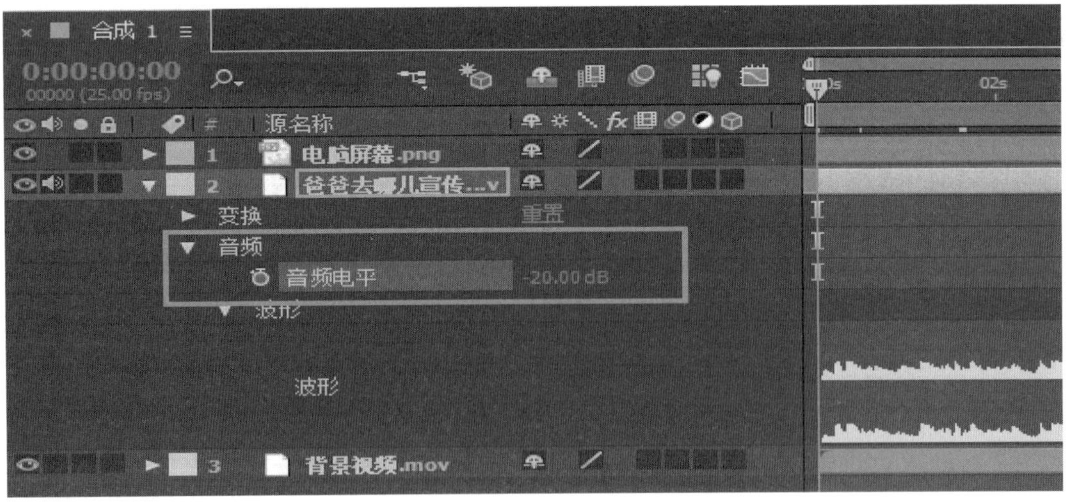

图 7-19

7.4.7　播报视频素材的抠像及蒙版处理

（1）将“播报视频素材.mp4”素材拖入时间线中放置顶层，发现视频第一帧是黑场，向后拖拽时间线，发现第 6 帧开始才是正式画面（图 7-20）。

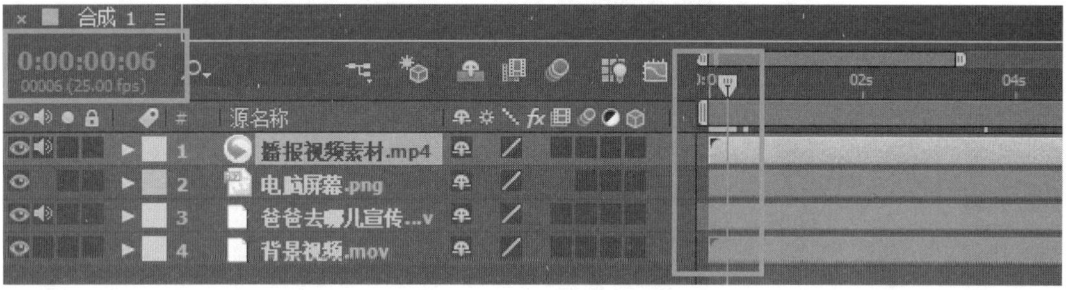

图 7-20

（2）用同样的方法将视频正式画面的起始与合成开始位置对齐（图 7-21）。

图 7-21

（3）将“播报视频素材.mp4”素材放到合成相应的位置（图 7-22）。

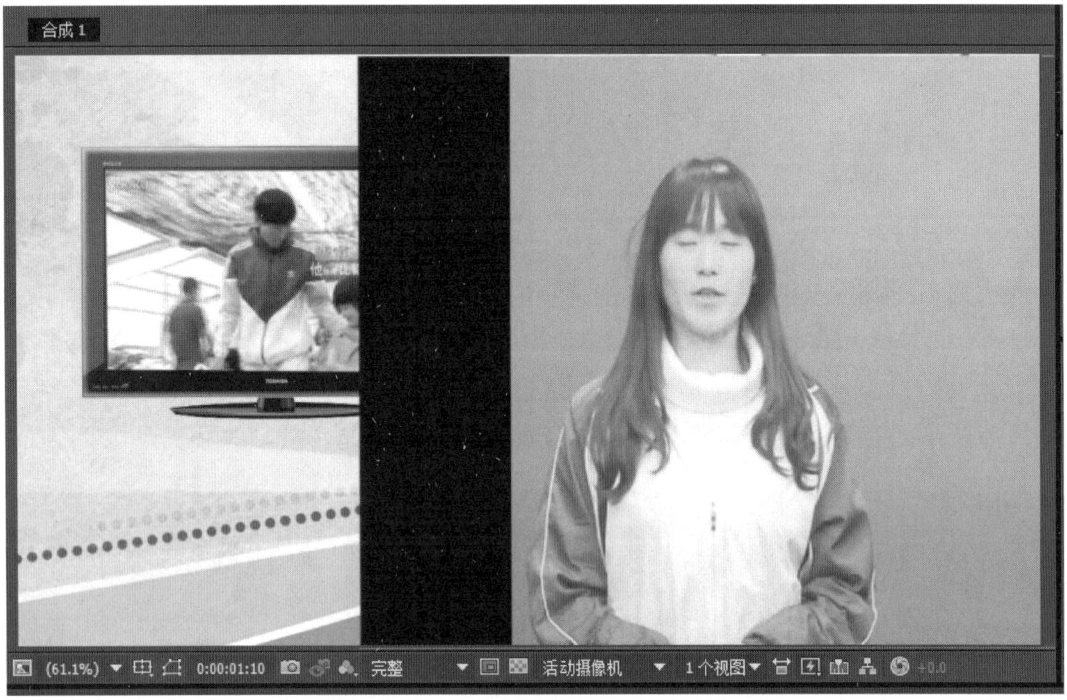

图 7-22

（4）选择该素材，添加“效果”菜单下“键控”特效组下的“Keylight（1.2）”（图 7-23）。

图 7-23

（5）在“效果控件”面板中，单击“Screen Colour（屏幕色彩）”右侧的“吸管”按钮，光标会变成吸管状。在合成面板中在女孩的背景上单击鼠标左键，可以看到 Screen Colour 右边的色块由默认的黑色变成选择的背景色，同时在合成窗口中看到女孩周围背景已经变得透明（图 7-24）。

图 7-24

Screen Colour(屏幕色彩)需要注意的问题

吸色操作是非常重要的一步，有时可能只需要用吸管将色彩作透明处理，就基本完成了整个抠像工作，所以选色时一定要选择比较有代表性的色彩。可能有人会感到疑惑，选择的色彩是背景蓝色，吸取背景颜色不就可以了吗？其实不然，背景由于灯光的位置不同，并非单一色彩，蓝色会有不同的亮度，不同的位置还存在不同的偏色。所以应该多次执行撤销和吸取操作，直到合成中显示画面透明部分最多的时候才是正确的选择。

（6）这时观察到女孩左侧有一块“垃圾蒙版”，这是视频素材自带的一个黑色边框，这里需要使用蒙版来完成，方法是使用“矩形工具”（图 7-25）框选住黑色边框，注意不要框到女孩的胳膊（图 7-26）。

图 7-25

图 7-26

（7）这里有两种方法可以实现消除这个黑色区域只显示女孩的效果，方法一是将刚绘制的蒙版进行反转（图 7-27），方法二是将绘制的这个蒙版取消，选择蒙版混合模式为“无”，然后在 Keylight 参数中找到 Outside Mask（外部蒙版），将其选择“蒙版 1”（图 7-28）。

图 7-27

图 7-28

（8）一般来说无论吸取哪部分色彩，画面中都会有一部分区域没有完全透明，这就是为什么 Keylight 中设置了众多可调参数的原因。对于不透明的部分，还需要继续处理。目前人物身体周边以及头发周边没有完全呈现透明现象，显示出了半透明的杂质，为了更好地观察画面的透明情况，将 Keylight 效果控件面板中的 View（视图模式）属性进行更换以便观察，这里由于本身素材添加了其他的蒙版，所以选择 Combined Matte（合并蒙版），效果如图 7-29 所示。

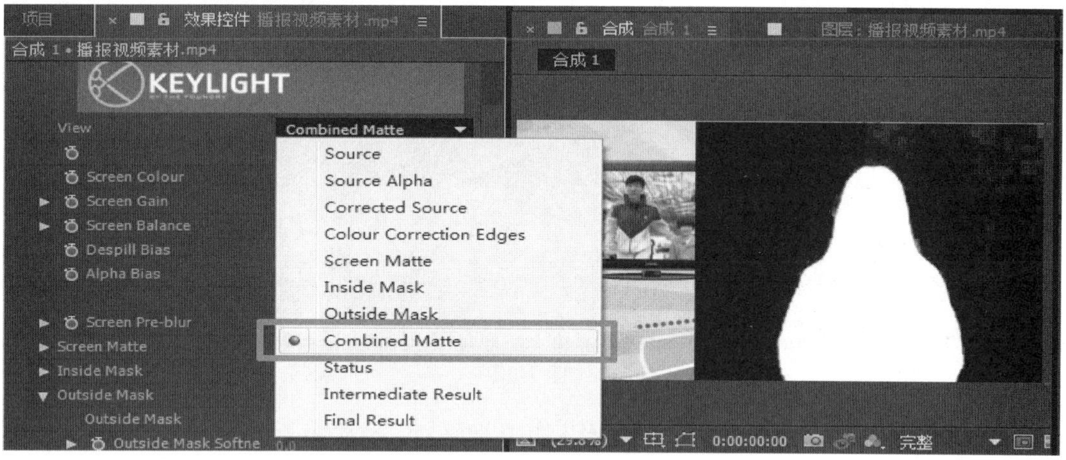

图 7-29

Keylight 视图模式中英文翻译

Source：在视窗中显示源图像。

Source Alpha：源图像的 Alpha 通道。

Screen Matte：显示当被抠掉蓝绿屏后的 Alpha 结果。

Inside Mask:Keylight 插件有一个 Inside Mask 输入端，用来连接 Inside Mask 顾名思义，就是内部遮罩，帮助文档里称其为 Hold Mask。

Outside Mask:Keylight 插件有一个 Outside Mask 输入端，用来连接 Outside Mask，顾名思义就是外部遮罩，帮助文档里称其为 Garbage Mask，即垃圾遮罩。

Combined Matte：合并后的遮罩，如果你有内遮罩、外遮罩，那么这个选项就是显示它们合并后的结果。

Status：状态，这个选项会经常用到，用以检查你的 Alpha 通道。如果你的 Alpha 通道并不完美，比如说前景有透明的地方，但是你直接去看 Alpha 通道并不能很容易地看出来，那么这个选项就能突出显示 Alpha 通道的结果，灰色为半透明，黑色为透明，白色为不透明。

Intermediate Result：中间结果，即显示非预乘的结果。

Final Result：最后结果，显示最终调整后的结果。

图文对照注释如图 7-30 所示。

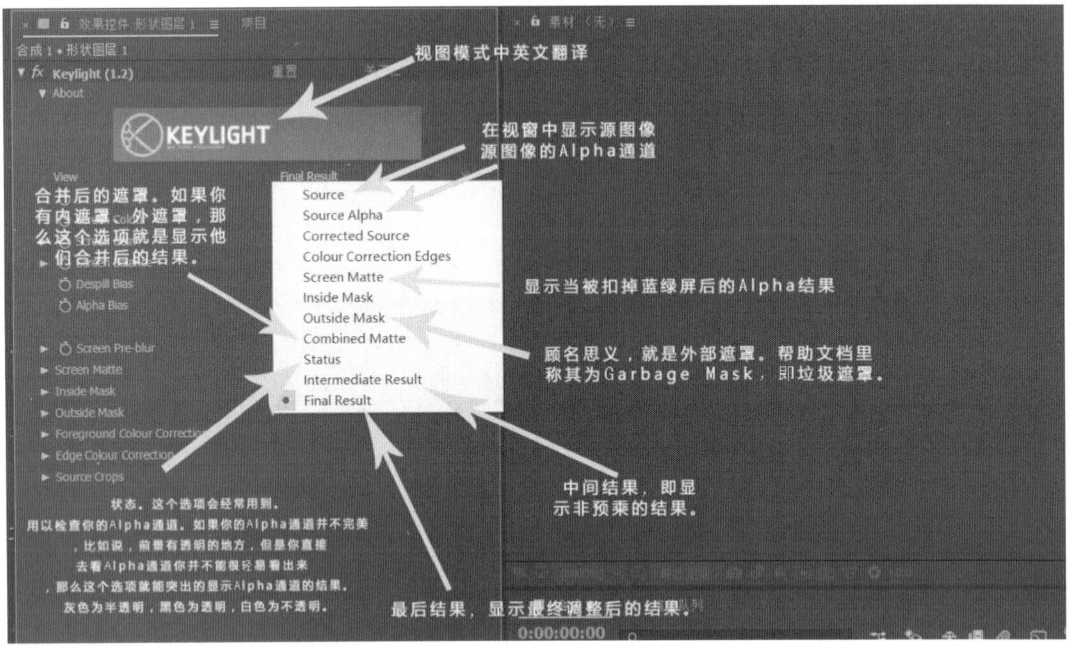

图 7-30

（9）通过“合并蒙版”模式观察到人物周边还需要进一步调整参数来更加彻底地透明掉背景，这时展开“Screen Matte（屏幕蒙版）”的隐藏菜单，设置 Clip Black（素材黑场或切除 Alpha 暗部）值为 70，Clip White（素材白场或切除 Alpha 亮部）值为 79（图 7-31）。可以看到画面的黑白对比增强了。

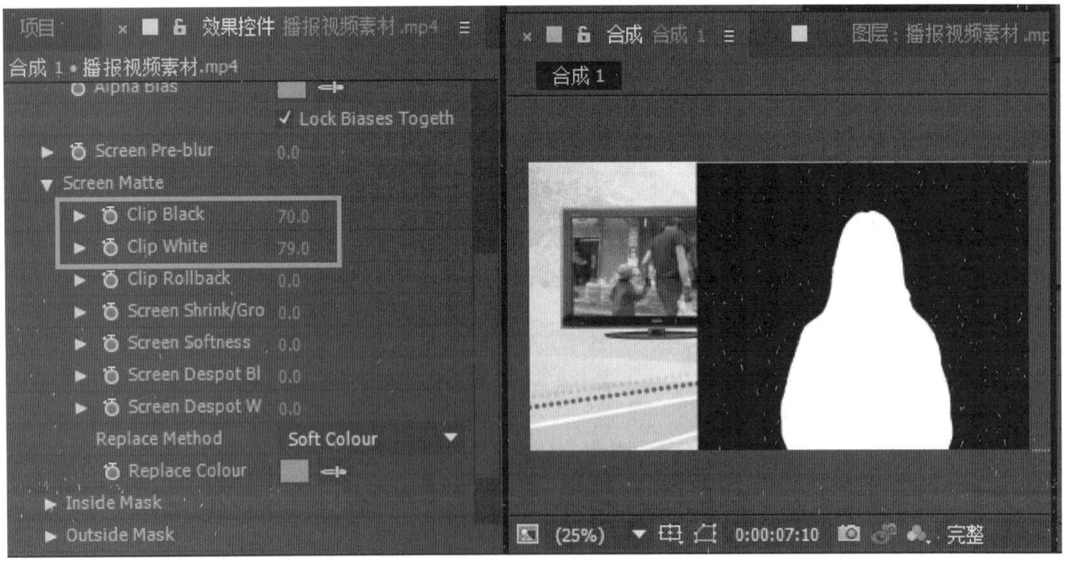

图 7-31

注意

Clip Black 和 Clip White 这两个参数是使用 Keylight 键控的必调参数，可以增强 Screen Matte 观察下画面的对比，让暗的部分更暗（即更透明），或亮的部分更亮（即更不透明）。其用法与调色课程中讲过的 Levers 类似，相当于色阶的黑色与白色色块。

注意对比设置不要太强烈，也就是说两个数值尽量不要太接近，如果对比过强，则会损失边缘细节，产生边缘锯齿。

（10）这时候可以将显示模式更改为 Final Result（最终效果），放大合成中的人物观察，发现人物边缘还有一些泛蓝色的锯齿边（图 7-32）。

图 7-32

（11）展开 Screen Matte（屏幕蒙版）的隐藏菜单，设置 Screen Shrink/Grow（屏幕收缩 / 扩张）值为 -2，设置 Screen Softness（屏幕柔化）值为 2（图 7-33）。

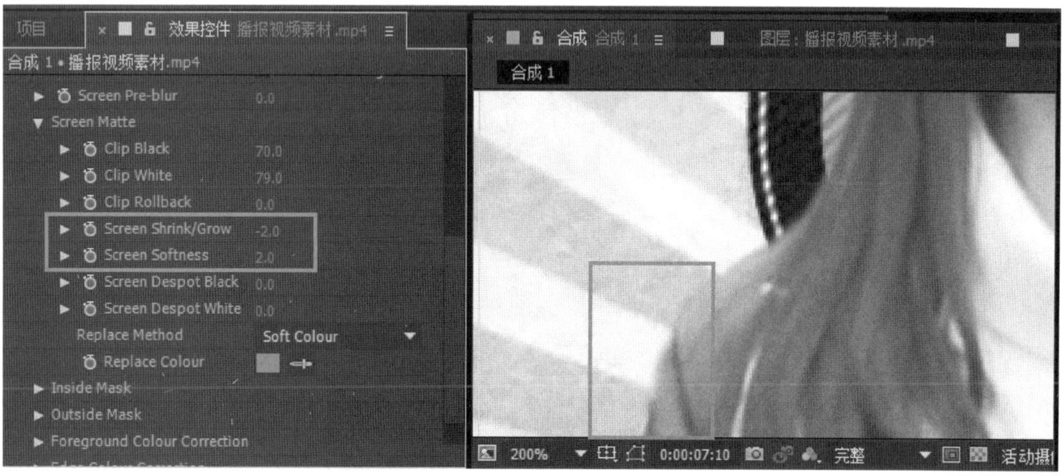

图 7-33

（12）一般情况下，抠像完成后主体边缘会比较生硬，很难融入背景，所以要对边缘进行柔化处理，也就是对边缘进行一定的模糊，同时抠像的主体边缘会受到纯色背景的影响产生偏暗的边缘，如果发现这种情况，需要对边缘进行收缩处理，收边操作还可以去除没有抠干净的小杂点。至此本案例完成，按小键盘 0 键预览整个完成后的效果，按 Ctrl+S 键保存最终结果。

Keylight 参数中英文解释

Screen Colour：要 Key 掉的颜色，蓝绿屏就用吸管去吸相对应的颜色即可。

Screen Gain：抠像以后，用于调整 Alpha 的暗部区域的细节。

Screen Balance：此参数会在执行了抠像以后自动设置数值。根据帮助文档提示，蓝屏的话，此参数在 0.95 左右效果最佳，绿屏的话，此参数在 0.5 左右效果最佳。在某些情况下，这两个数值得到的效果都不理想，则尝试设成 0.05、0.5、0.95 等数值。

Alpha Bias：透明度偏移，可使 Alpha 通道像某一类颜色偏移。

Despill Bias：去除溢色的偏移。

Use Alpha Bias for Despill：勾选即启用 Despill Bias，不勾选的话表示将 Alpha Bias 的数值用于 Despill Bias。

Screen PreBlur：模糊。如果原素材有噪点，可以用此选项来模糊掉太明显的噪点，从而得到比较好的 Alpha 通道。

Screen Matte（屏幕蒙版）参数

Clip Black：切除 Alpha 暗部，用于调整 Alpha 的暗部。

Clip White：切除 Alpha 亮部，用于调整 Alpha 的亮部。

Clip Rollback：用于恢复由于调节了以上两个参数以后损失的 Alpha 的细节。

7.5 Roto 笔刷和调整边缘工具

使前景对象（如演员）与背景分开是许多视觉效果和合成工作中的关键步骤。在已经创建用于隔离对象的蒙版后，可以替换背景、有选择地对前景应用效果以及执行其他更多操作。Roto 笔刷和调整边缘工具针对蒙版分段和创建操作提供了另一种更快的方式。After Effects 中的 Roto 笔刷工具比传统的动态蒙版处理更快，对于背景复杂的影片，它比键控处理容易得多。用 Roto 笔刷工具定义前景和背景元素，然后 After Effects 创建蒙版，跟踪蒙版随时间的运动。

单击工具栏的“Roto 笔刷工具”按钮可激活该工具（图 7-34）。

图 7-34

使用 Roto 笔刷工具可以在前景和背景元素的典型区域中进行描边，从而创建初始蒙版，将物体从其背景中分离。随后 After Effects 会使用该信息在前景和背景元素之间创建分段边界。为一个区域进行描边，可让 After Effects 了解相邻帧之间哪一个是前景、哪一个是背景。可采用各种技术跨越时间跟踪区域，此信息将用于按时间向前和向后传播分段。所进行的每次描边均可用于改进附近帧上的结果。即使对象逐帧移动或改变形状，片段边界也会进行相应调整以匹配对象。

使用调整边缘工具，可通过创建包含精细细节（例如毛发）的部分透明边缘区域，改善现有的蒙版效果。

在图层面板中进行第一次“Roto 笔刷”或“调整边缘”描边后，会自动应用此效果。使用此效果可控制“Roto 笔刷”和“调整边缘”工具的设置。当创建分段边界且边界边缘需要优化时，使用“Roto 笔刷蒙版”和“调整边缘蒙版”属性可改善蒙版效果。

下面通过一个实例来学习有关 Roto 笔刷和调整边缘工具的知识。这里将用 Roto 笔刷工具从一个办公室的背景中隔离出人物和桌子，可以在不影响人物和桌子的情况下对背景进行替换处理。

7.5.1　恢复默认设置

为了实现操作过程的一致性，首先要恢复 After Effects 程序的默认设置。启动 After Effects 时按下 Ctrl+Alt+Shift 键，当系统询问是否删除首选项文件时，单击“确定”按钮（图 7-35）。选择菜单“文件→另存为→另存为”命令，弹出“另存为”对话框，导航至相关保存路径，将项目命名为“Roto Brush.aep”，然后单击“保存”按钮，完成对项目的重命名及保存。

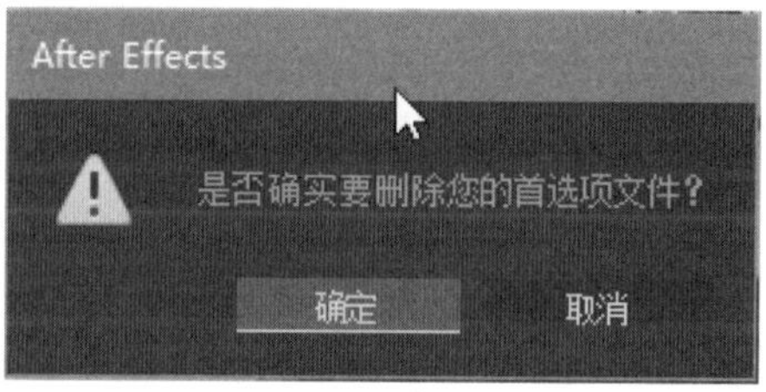

图 7-35

7.5.2　导入素材、创建合成

下面为新打开的项目导入素材。双击项目面板的空白处打开“导入文件”对话框，导航到“光盘 \ 第 7 章 \ 素材”文件夹下，选择“MVI”序列文件夹，在“导入为”项下拉菜单中选择“素材”，勾选“JPEG 序列”，即以序列方式导入素材，然后单击“导入”按钮（图 7-36）。

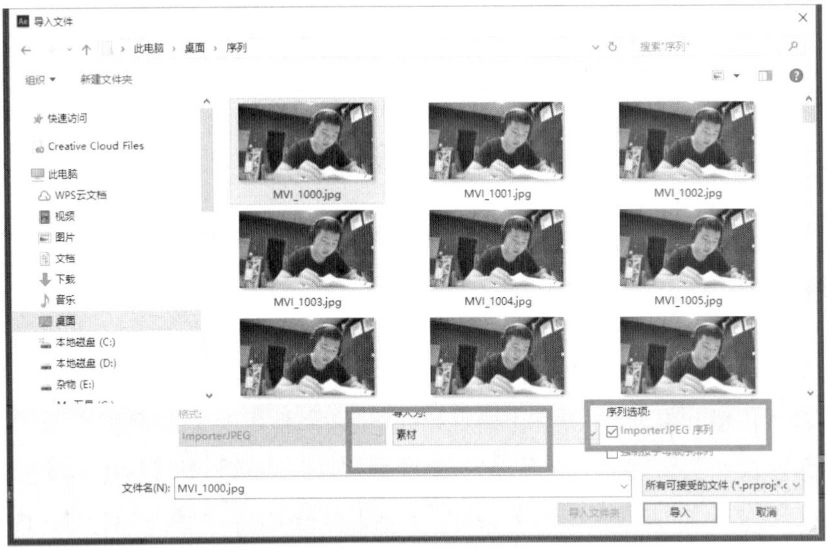

图 7-36

将“MVI-[1000-1132].jpg”素材项拖放到项目面板底部的“新建合成”按钮上，建立一个与素材的格式和时长相同的合成文件，素材也同时出现在时间线上。

7.5.3 创建基础帧

为了使用 Roto 笔刷工具隔离出前景对象，应首先对基础帧添加描边，以识别出前景和背景区域。在这个案例中，将第一帧作为基础帧，然后添加描边，以便将人物和桌子识别为前景对象。

（1）在时间标尺上移动当前时间指示器，预览素材。

（2）按 Home 键将当前时间指示器移动到时间标尺的起点。

（3）在工具面板中选“Roto 笔刷工具”（）。

（4）双击时间线面板中的素材图层，在图层面板中打开该素材（图 7-37）。

默认情况下，Roto 笔刷工具将创建绿色前景描边。现在先对前景人物和桌子添加描边画笔。通常情况下，以粗的描边开始，然后用小画笔完善边界是最有效的方式。

（5）选择“窗口→画笔”命令，打开“画笔”画板，选择大小为 20 像素的硬角画笔。

在为定义前景对象描边时，需遵循主体骨架结构。与传统的动态蒙版不同的是，不需要在对象周围定义精确的边界。以粗的描边开始，然后到小区域，这样 After Effects 就能推断出可能的边界。

（6）从人物的头部开始绘制绿色描边，一直到下面，如图 7-38 至图 7-40 所示。

图 7-37

图 7-38

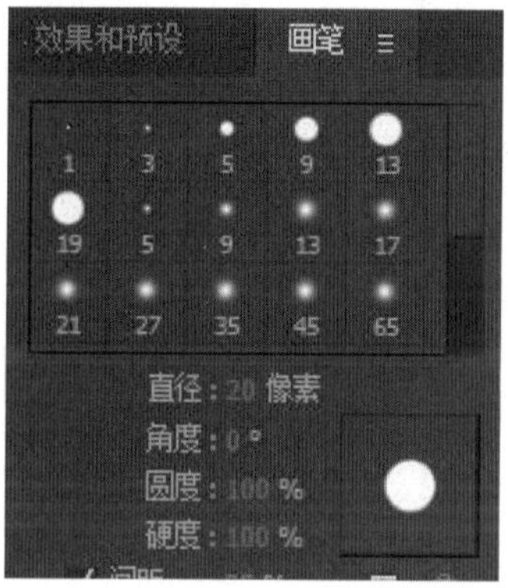

图 7-39

图 7-40

提示

可以使用鼠标的滚轮快速放大和缩小图层面板。

（7）After Effects 用粉红色的轮廓标识出其创建的前景对象的边界。这里 After Effects 只能识别人物的一部分，因为一开始采样的时候只采样了主体的一小部分。可以添加一些前景描边，帮助 After Effects 发现这些边界。

（8）仍然使用大画笔，在人物和桌子的主体上从上到下绘制描边。

（9）使用小一点的画笔将前景忽略的区域添加上去，如图 7-41 和图 7-42 所示。

图 7-41

图 7-42

操作时难免会不小心将背景区域也添加进前景描边。如果没有捕捉到前景的每个细节，或者把部分背景区域添加进去了，可以通过添加背景描边，删除蒙版中的多余区域。

提示

按住 Ctrl 键，向右拖动可以增大画笔，向左拖动可以缩小画笔。

（10）按住 Alt 键切换到红色的背景描边画笔。

（11）为希望从蒙版中去除的背景区域添加红色描边，然后在前景和背景画笔间来回切换，对边界进行调整。不要忘记取消选定背景显示的人物和桌子留空的区域，只需要单击鼠标就可以把那个区域从蒙版中去除，如图 7-43 和图 7-44 所示。

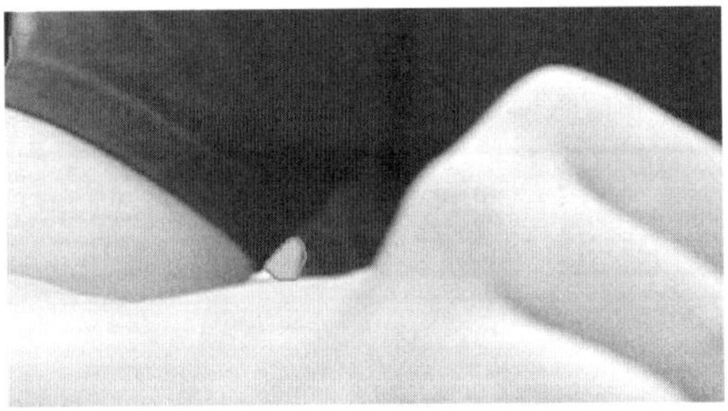

图 7-43

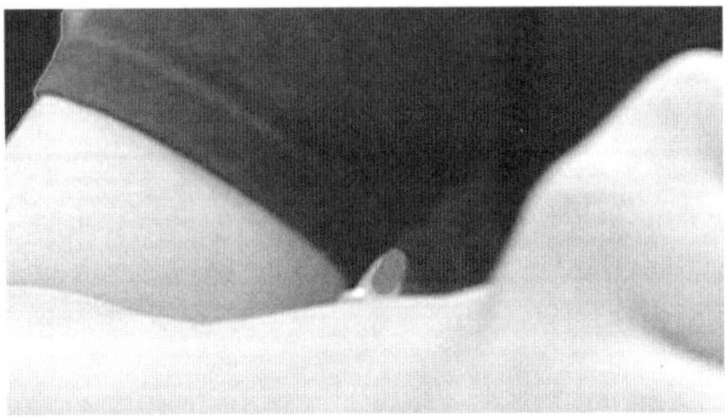

图 7-44

画笔描边不必十分精确，只需确保蒙版与前景对象边缘距离在 1 到 2 个像素范围内即可，因为稍后会进一步调整这个蒙版。然而，由于 After Effects 会在基础帧的基础上调整蒙版范围内的其余部分，所以应尽量使蒙版精确。

（12）单击图层面板底部的“切换 Alpha”按钮（快捷键 Alt+4），选中的区域是白色，背景是黑色，所以可以清楚地看到蒙版（图 7-45）。

（13）单击图层面板底部的“切换 Alpha 边界”按钮（快捷键 Alt+5），再次查看人物和桌子周围的轮廓（图 7-46）。

图 7-45

图 7-46

（14）单击图层面板底部的“切换 Alpha 叠加”按钮（快捷键 Alt+6），图片将显示为彩色，而背景则具有红色叠加（图 7-47）。

图 7-47

使用 Roto 笔刷工具时，“切换 Alpha 边界”是查看边界是否精确的最佳方式，因为这时可以看到全部画面。然而如果只想查看蒙版，而不希望受背景干扰，可以使用 Alpha 和 Alpha 叠加选项。

7.5.4　调整分段边界

在基础帧上重复绘制前景和背景描边的步骤，直到分段尽可能精确和完整。创建最佳基础帧分段；其他帧的分段均是在基础帧上定义的分段。可尝试创建位于所需边缘的两个像素之内的分段边界。可修改“Roto 笔刷”和“调整边缘”效果中的属性，例如“羽化”和“对比度”，以进一步优化初始分段。可以调整 Roto 笔刷工具笔尖的大小，以便更好地进行描边。粗泛描边最适合初始工作，但细化描边可用于获取细节。Roto 笔刷的作用范围显示在图层面板底部时间标尺下方。当向前或向后查看素材时，分段边界将随着前景对象（本例中指人物和桌子）移动。

（1）在图层面板通过拖动跨度的终点到 1:00 的位置来延长跨度的范围。

我们将在指定范围的图像帧内一帧帧地移动，并根据需要调整分段边界。

（2）按下 Page Down 键或者主键盘“2”键向前移动一帧。

After Effects 使用运动跟踪、光流和各种其他技术，将基础帧的信息传播到当前帧，以确定分段边界。获得的边界有可能恰好与你希望的吻合，也可能不完全吻合，这取决于前景与背景元素的复杂程度。本例中，可以注意到人物和桌子之间部分分段边界不太理想。这是正常的，人物与背景之间的空隙边缘部分需要进一步调整，这意味着细化分段。

提示

向前移动一帧，可以按下主键盘上的“2”键，如果需要向后移动一帧，可以按键盘上的 1 键。

（3）使用 Roto 笔刷工具，通过绘制前景和背景描边，进一步调整该帧的蒙版。如果这帧的蒙版已十分吻合，就不需要再绘制描边，如图 7-48 所示。

如果对这次描边不满意，可以撤销这次描边再试一次。在作用范围内移动时，每次修改都将影响其后的其他帧。将当前帧的描边修改得越精确，整体处理效果也就越好。向前移动几帧，看看边界的变化也许会比较有用。

提示

传递帧的分段边界时，After Effects 将缓存该帧。被缓存的帧在时间标尺上带有绿色条形标志。如果移动到被缓存帧范围之外的某一帧，After Effects 的处理时间将更长。

（4）再次按下主键盘上的“2”键向前移动到下一帧。

（5）需要时使用 Roto 笔刷工具添加前景或者减去背景，进一步调整分段边界。

（6）重复第 4 步和第 5 步直到 1：00，如图 7-49 所示。

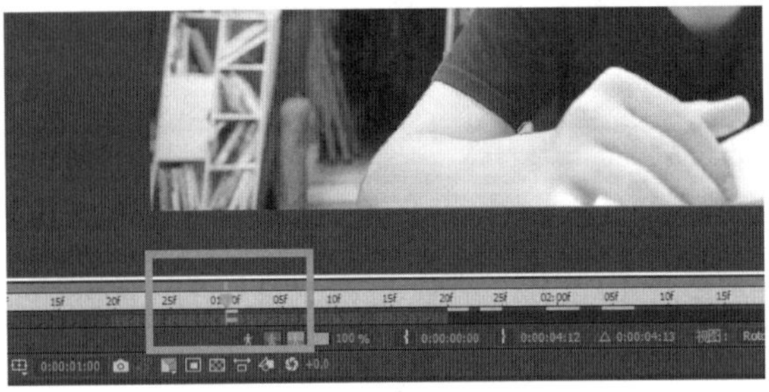

图 7-48

图 7-49

7.5.5 添加新的基础帧

After Effects 创建 Roto 笔刷的初始作用范围为 20 帧（每个方向 10 帧）。当移动到这个范围之外时，作用范围将自动扩大，也可以通过拖动扩展它的范围。但是，移动到离基础帧越远的位置，After Effects 推断或计算各帧边界所需的时间就越长，尤其是遇到复杂的情况。如果场景变化很大，为素材创建多个基础帧比拥有一个很大的作用范围效果好。本项目的场景变化不大，所以可以扩大作用范围，并根据需要调整边界。但是我们将创建其他基础帧，从而体验该工具的使用，学习多个作用范围的连接，并查看与基础帧距离变远后分段线的变化。

在进一步调整中，当移动到 1:00 后，对项目添加一个新的基础帧。

（1）在图层面板内移动到 1：20 这个帧不包含在初始作用范围内，所以看不到分段边界。

（2）使用 Roto 笔刷工具添加前景和背景描边，定义分段边界（图 7-50）。

图 7-50

时间标尺将添加一个新的基础帧（标志为一个黄色的矩形），Roto 笔刷的作用范围扩展到这个新的基础帧的前后 10 个帧。第一个作用范围的终点在 1：00，第二个作用范围的起点在 1:10，两个作用范围之间有间隙，可以把这两个作用范围连接起来。

（3）把新作用范围的左边缘，拖放回前一作用范围的边缘处。

（4）按下“1”键（从新的基础帧）向后移动一帧，并进一步调整分段边界。

（5）继续向后移动作用范围，并进一步调整分段边界，直到到达帧的 1:00 处。

（6）移动回基础帧的 1：20 处，然后按下“2”键向前移动，根据需要修改每个帧内的分段边界。

（7）到达作用范围的终点时，把右边缘拖到终点处，根据需要继续修改素材中的每个帧。

（8）完成对整个图像帧的分段边界的调整以后，选择“文件→保存”命令保存作品。

7.5.6　调整蒙版

Roto 笔刷处理得很好，但蒙版中仍存在一点背景，或者说一些前景区域没有绘制到蒙版中。我们将清除这些区域，然后对边缘做进一步的调整。使用 Roto 笔刷工具时，After Effects 对图层应用“Roto 笔刷和调整边缘”效果。我们可以在效果控件面板里通过相关设置调整效果。这些设置将进一步调整蒙版边缘。

（1）按下空格键，图层面板的视频开始播放。

预览视频的时候，可以注意到，分段边界区域是跳来跳去的。我们将使用“减少震颤”设置使其更平滑。

（2）在效果控件面板中，将“羽化”增加到 10，将“减少震颤”增加到 20%（图 7-51）。

“减少震颤”的值决定了当前帧在相邻帧之间的影响大小的加权平均数。根据蒙版的紧凑程度，可能需要将“减少震颤”增加到 50%。

（3）再次按下空格键播放视频，注意蒙版的边缘变得更加平滑了。

7.5.7 使用调整边缘工具

人物和桌子边缘比较硬，包括人物的头发边缘不自然，Roto 笔刷不能获得具有细微差别的边缘。而调整边缘工具包括了一些细节，比如在分段边界的指定区域里的一缕一缕的头发。

尽管在创建了基础帧之后可能会想要立即使用调整边缘工具，但是最好还是等到完成了整个视频的分段边界的细化工作之后。考虑到 After Effects 传送分段边界的方式，过早地使用调整边缘工具会导致蒙版难以使用。

（1）选择工具面板里的调整边缘工具（隐藏在 Roto 笔刷工具下面），然后移动到图层面板中视频的开始位置。

（2）至少放大到 100%，这样就可以清楚地看到人物头发的边缘。

人物头发相对而言比较软，所以一个小画笔就可以做得很好。如果是一个模糊的对象，用大一点的画笔可能会有更好的效果。画笔需要与对象显露出来的边缘重叠。

（3）将画笔的大小变为 10 像素。

使用调整边缘工具的时候，穿过或者沿着蒙版的边缘描边。

（4）在图层面板里，将调整边缘工具放在头发边缘上面，横跨分段边界，包括模糊的变化区域。我们可以使用多重描边在整个头发和右侧脸部周围移动工具。释放鼠标之后，Aftef Effects 切换到调整边缘的 X 射线视图，这样就可以看到调整边缘工具是如何改变蒙版、捕捉边缘的细节的。

（5）移动到图层面板（1∶20）的第二个基础帧，然后重复第 1 步至第 4 步，从而完成动态蒙版的过程，如图 7-52 所示。

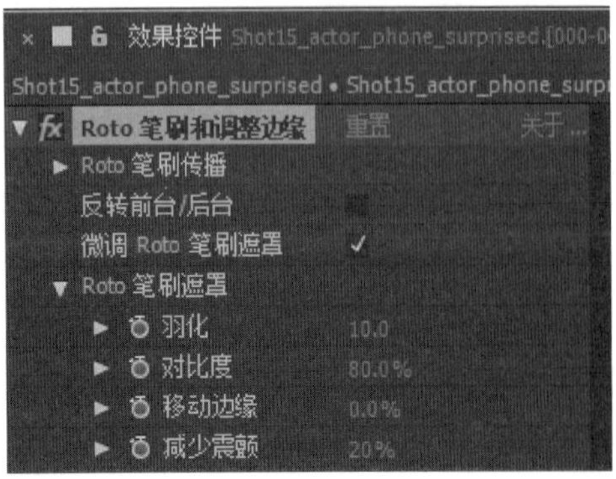

图 7-51

图 7-52

（6）缩小至看到整个图像，然后选择“文件→保存”命令保存作品。

小知识

（1）只有清理完整个视频的遮罩之后，才可以使用调整边缘工具。

（2）按住 Alt 键可擦除“调整边缘”描边。

（3）如果使用了“调整边缘”笔刷，则“Roto 笔刷”和“调整边缘”效果属性中的“微调调整边缘遮罩”选项会被选中。根据需要，修改“调整边缘遮罩”属性组中的属性。

（4）调整实边遮罩和调整柔和遮罩效果：使用“调整实边遮罩”和“调整柔和遮罩”效果可微调使用传统方式（如创建蒙版或颜色抠像）创建的遮罩。这些效果的属性和控件与“Roto 笔刷”和“调整边缘”效果中的属性和控件相同。

（5）调整实边遮罩：使用“调整实边遮罩”效果可改善现有实边 Alpha 通道的边缘。调整实边遮罩效果是 After Effects CS5-CS6 中的调整遮罩效果的更新版。

（6）调整柔和遮罩：使用新的调整柔和遮罩效果可以定义柔和遮罩。此效果使用额外的进程来自动计算更加精细的边缘细节和透明区域。

7.5.8　冻结（缓存、锁定和保存）Roto 笔刷分段

将图层面板中的“视图”菜单设为“Roto 笔刷和调整边缘”时，图层面板右下角会出现“冻结”按钮（图 7-53）。

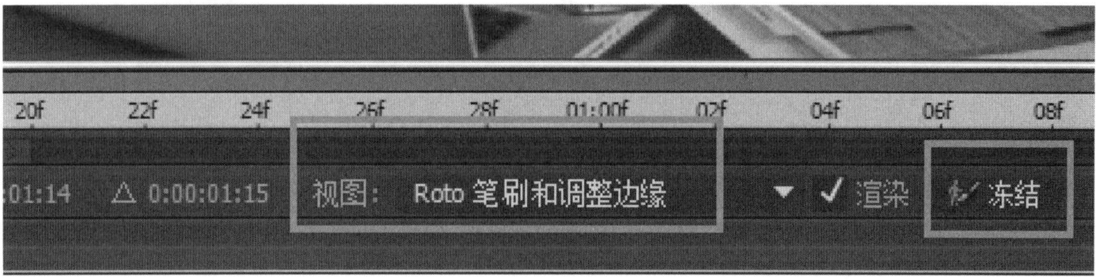

图 7-53

（1）单击“冻结”按钮，缓存并锁定合成工作区域内图层中所有“Roto 笔刷和调整边缘”间距的分段。这样可保存蒙版并将其保存在项目中，避免再次打开项目或进行更改时，“Roto 笔刷和调整边缘”效果重新传播分段。

单击“冻结”按钮时，如果 After Effects 已经算出了某帧的分段信息，则该信息会被放入缓存。如果尚未算出“Roto 笔刷和调整边缘”间距内某帧的分段，则 After Effects 必须先计算该分段，然后再冻结。

带有已冻结（已缓存且已锁定）的分段信息的帧，在图层面板中的“Roto 笔刷和调整边缘”间距视图中用蓝条表示，冻结完成后，图层面板中时间标尺上方将出现一个蓝色警告条，提示分段边界已冻结（图 7-54）。

图 7-54

（2）单击图层面板中的“切换 Alpha 边界”按钮（快捷键 Alt+5），查看蒙版。然后单击“切换透明网格”按钮，沿时间标尺移动当前时间指示器，查看对象的移动没有受到背景的干扰，如图 7-55 至图 7-57 所示。

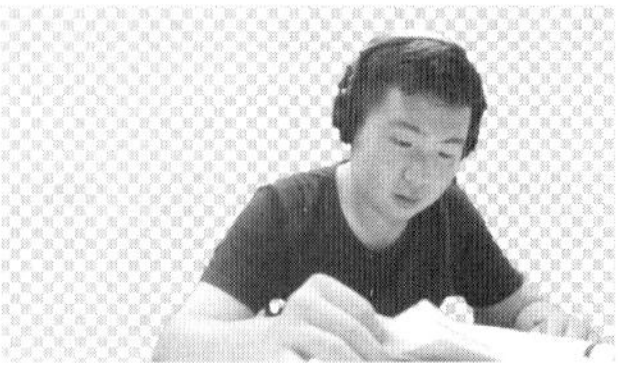

图 7-55

图 7-56

图 7-57

（3）再次单击“切换 Alpha 边界”按钮，查看分段边界。

（4）选择“文件→保存”命令保存作品。

After Effects 保存项目和冻结的分段边界信息。

注意

（1）如单击对话框中的“停止”按钮，则 After Effects 会停止向缓存添加帧，但“Roto 笔刷和调整边缘”分段仍会被锁定且分段信息会被放入缓存，直到再次单击“停止”按钮为止。

（2）要解冻“Roto 笔刷和调整边缘”分段，请再次单击“冻结”按钮。

（3）当“Roto 笔刷和调整边缘”被冻结时，可将鼠标指针放在“冻结”按钮上查看工具提示，其中会说明缓存信息创建的时间。

（4）当“Roto 笔刷和调整边缘”分段被冻结时，放在“Roto 笔刷和调整边缘”工具上的指针会多出一条斜线。它表示除非解冻，否则新的描边不会影响结果。

（5）缓存和锁定的信息是“Roto 笔刷和调整边缘”描边的结果以及“Roto 笔刷和调整边缘”效果的“Roto 笔刷传播”属性组中的属性。除非解冻分段，否则对任意这些项的更改（例如通过绘制新的 Roto 笔刷描边或修改“Roto 笔刷传播”属性组中的属性）不会对“Roto 笔刷和调整边缘”效果的结果造成任何影响。“Roto 笔刷遮罩”和“调整边缘遮罩”属性组中的属性不会被冻结。

（6）当应用程序正运行时，已冻结的“Roto 笔刷和调整边缘”分段信息会被缓存并锁定，且缓存的信息会保存到项目中。

7.5.9　自定义视频背景

将前景图像从背景中分离出来有很多原因。通常情况下，是因为想完全取代背景，将对象移动到一个不同的设置下。然而，如果想在不做其他修改的情况下改变前景或者背景，动态蒙版也是有用的。下面将对背景进行调色，从而改变人物办公环境色调并使对象脱颖而出。

（1）关闭图层面板，回到合成面板，将当前时间指示器移动到时间轴的起点。

合成面板显示合成图像，其中包括一个图层。人物图层只包含从帧分离出来的前景。

（2）单击“项目”选项，显示项目面板，然后从项目面板里将另一份素材副本拖动到时间线面板，并把它放在原来的图层下面。

（3）单击新的图层，按回车键或者退格键，并把图层重新命令为背景，然后再次按回车键或者退格键（图 7-58）。

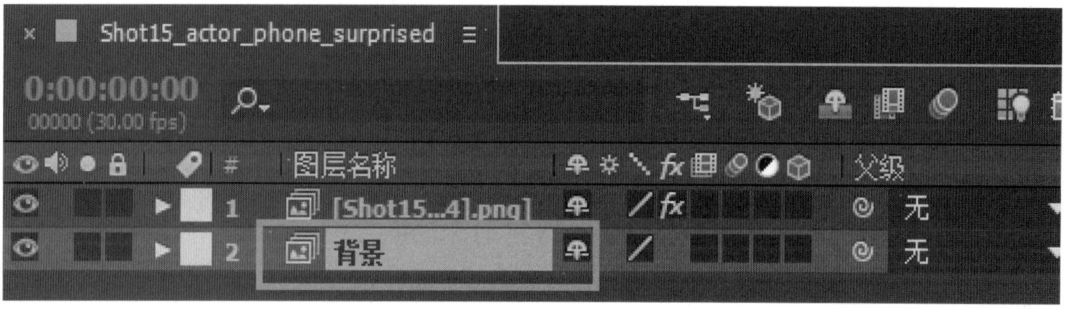

图 7-58

（4）选中背景图层，选择“效果→颜色校正→色相 / 饱和度”命令。

（5）在效果控件面板里，执行以下操作，如图 7-59 所示。

①选择“彩色化”命令。

②在时间第 0 帧时，单击“着色色相”为 0 度，在最后一帧位置设置“着色色相”为 360 度。

③将“着色饱和度”改为 35。

④将“着色亮度”改为 -39。

（6）选择“文件→增量保存”命令（图 7-60）。

如果重新保存，可以返回项目的早期版本再作出调整。如果正在试验或者想要尝试替代效应，这可能是非常有用的。“增量保存”功能保留了项目以前保存的版本，并且创建了一个新项目，这个新项目的文件名没变，数量增加了。

图 7-59

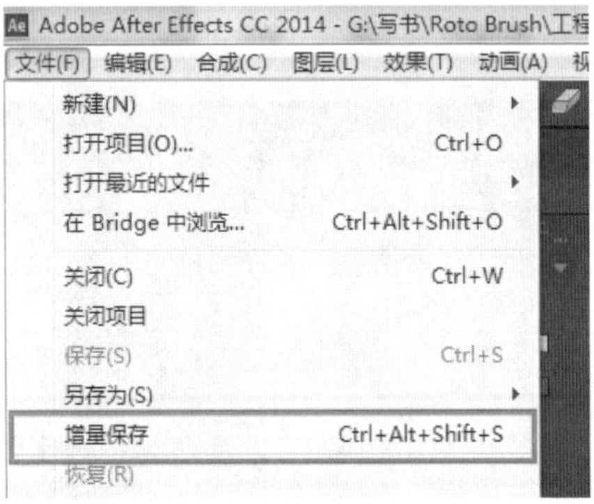

图 7-60

7.6 本章复习

1. 什么是键控？
2. 键控操作要求前期拍摄要注意什么？
3. 如何利用颜色键进行操作？
4. Keylight 工具主要参数有哪些，有什么作用？
5. Roto 笔刷工具的作用是什么？
6. 如何进行分段边界处理？
7. 什么时候可以使用调整边缘工具，如何使用？

第 8 章　稳定与跟踪

8.1　开始

我们都有过这样的经验，当手持 DV 或手机拍摄视频的时候，画面会出现抖动，虽然这种抖动在拍摄时表现得并不明显，但在后期大屏幕播放时会让人感到头晕目眩。除非是要有意制造这种身临其境的抖动效果，在一般情况下我们还是希望画面能够尽量稳定，这也就是为什么专业的摄像机都会非常巨大而笨重，并会配有斯坦尼康稳定器。对于抖动的画面，After Effects 提供了强大的稳定功能，通过分析镜头的抖动为图层添加反向运动进行补偿，从而使画面尽可能稳定，当然在拍摄时尽量保持摄像机的稳定也是非常重要的。

除了画面的稳定，我们有些时候还需要将一些素材植入画面中，使之跟随镜头的变化而运动，达到以假乱真的效果，这就是跟踪。After Effects 的跟踪功能包括单点跟踪、多点跟踪以及通过创建 3D 摄像机视角来实现跟踪的 3D 摄像机跟踪器。

这些强大的工具有的是自动化的，有的则需要手动调整，但只要了解它们的操作方法和适用条件，你会发现自己也可以作出惊艳的效果。下面我们就一起来学习 After Effects 中的稳定与跟踪。

8.2　全自动的变形稳定器 VFX

变形稳定器 VFX 是 After Effects CC 版本中的新功能，不同于早期版本中的稳定运动，它并不需要我们手动设置跟踪点，几乎是一个全自动的过程，简单而强大。我们也可以通过一些参数的调整来实现更多的效果，例如平滑运动、稳定对象等。

8.2.1　恢复默认设置

为了实现操作过程的一致性，首先要恢复 After Effects 程序的默认设置。启动 After Effects 时按下 Ctrl+Alt+Shift 键，系统询问是否删除首选项文件时，单击“确定”按钮（图 8-1）。选择菜单“文件”→“另存为”→“另存为”命令，弹出“另存为”对话框，导航至相关保存路径，将项目命名为“变形稳定器 VFX.aep”，然后单击“保存”按钮，完成对项目的重命名及保存（图 8-2）。

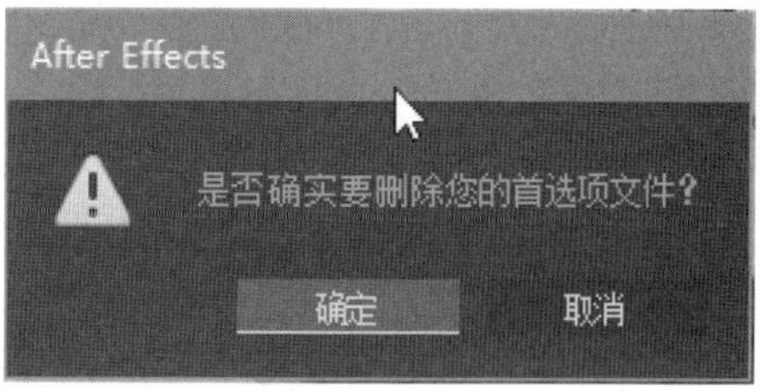

图 8-1

图 8-2

8.2.2 导入素材

下面为新打开的项目导入素材。双击项目面板的空白处打开“导入文件”对话框，导航到“光盘 \ 第 8 章 \ 素材”文件夹下，双击“稳定.mp4”文件，导入素材（图 8-3）。

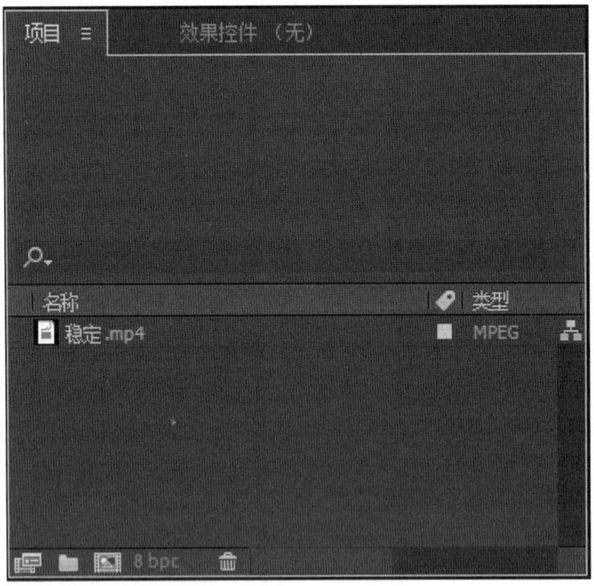

图 8-3

8.2.3 创建合成

将项目面板中的“稳定.mp4”素材拖放到项目面板左下方的“新建合成”按钮上，即以该素材的像素大小、宽高比、帧速率和持续时间为参数创建同名合成，并在时间轴面板与合成面板中显示（图 8-4）。

图 8-4

按小键盘的“0”键预览该素材，这是一段在奔跑中用手机拍摄的视频，人物在动，画面也在动，抖动现象非常严重。

8.2.4　应用变形稳定器 VFX

与早期版本中的“稳定运动”不同，“变形稳定器 VFX”被作为一种特效来应用。我们可以在选定图层的情况下，调用菜单“动画”→“变形稳定器 VFX”命令，或者在效果和预设面板中搜索“变形稳定器 VFX”并调用。

还有一种方法是：在时间轴面板中的待稳定图层上单击鼠标右键，在弹出的上下文菜单中选择“变形稳定器 VFX”（图 8-5）。

图 8-5

“变形稳定器 VFX”被调用后，将立即开始对素材的分析，此时合成面板中会出现蓝色条幅，分析完成后开始应用稳定时，会显示橙色条幅，当橙色条幅消失时，即完成对素材的稳定工作（图 8-6）。

图 8-6

整个稳定过程是在后台运行的，所以在进行稳定分析的过程中，可以去处理其他的素材。完成稳定后，按小键盘的“0”键预览效果，画面得到了基本的稳定。

知识点：变形稳定器 VFX 的工作原理

为了解“变形稳定器 VFX”的工作原理，可以在效果控件面板中查看“变形稳定器 VFX”参数，选择“边界”→“取景”→“仅稳定”命令。可以发现，为了达到稳定画面的效果，稳定器做了很多工作，包括位移、旋转缩放等（图 8-7）。其实就是根据镜头的抖动，做反方向的补偿运动，例如：镜头向左移动多少，画面就向右移动多少；镜头顺时针旋转 10°，画面就逆时针旋转 10°。为了去掉画面运动所产生的黑边，要对画面进行裁切放大，这也就是为什么稳定后的素材比原来放大了的原因。

图 8-7

勾选“高级”→“显示跟踪点”的复选框，可以发现合成面板的画面中出现很多 X 形跟踪点，将“高级”→“跟踪点大小”的参数值适当调大，以便观察（图 8-8）。“变形稳定器 VFX”就是对画面中的这些特征点进行分析跟踪，以便计算出最合理的稳定方案。

图 8-8

如果想限定画面中的稳定区域,可以拖动鼠标选择并删除多余的跟踪点,并在“稳定”→“结果”中选择“无运动”。

8.3 调整参数

在大多数情况下,这种全自动化的稳定效果还是不错的,但有时为了进一步优化结果或为了达到特殊效果,还需要对“变形稳定器 VFX”的参数进行调整。

知识点:变形稳定器 VFX 参数

在效果控件面板中查看“变形稳定器 VFX”参数(图 8-9)(如果无法找到效果控件面板,选择菜单“窗口”→“效果控件”)。

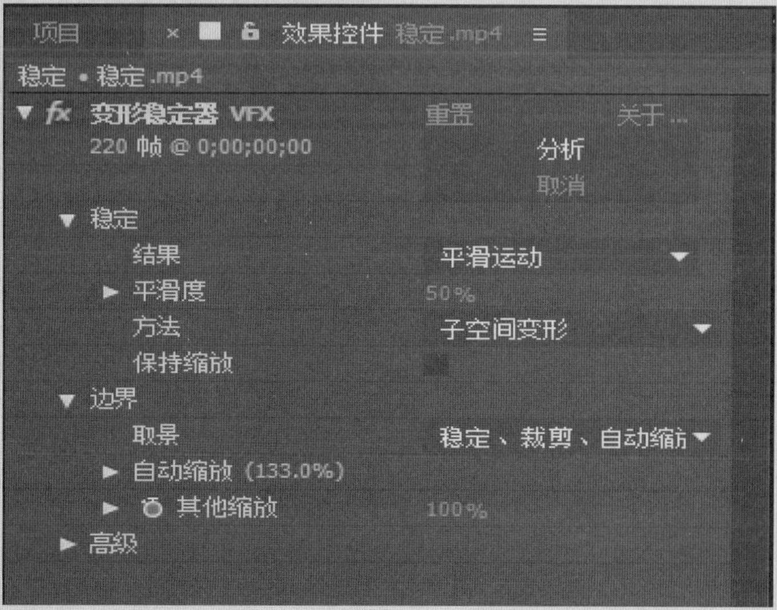

图 8-9

稳定→结果：可选择消除镜头运动的“无运动”，或是使镜头移动更加平滑的“平滑运动”，通过设置“平滑度”参数来调整效果，数值越小越接近于镜头的原始运动（例如 0%），数值越大镜头运动越平滑，但对画面的裁切也会越多。

稳定→方法：通过选择位置、缩放、旋转、透视及子空间变形等方法对镜头进行稳定操作。在某些情况下，“子空间变形”可能会引起画面的变形，“透视”可能会引起梯形失真。你可以通过选择前一种较简单的方法来防止畸变，例如位置、缩放及旋转。

稳定→保持缩放：勾选后，将不对镜头前后方向的运动进行调整。

边界：对稳定后的素材进行边界调整。在“取景”中可分别选择仅稳定、裁切、自动缩放、人工合成边缘等来控制显示边缘的方法。其中“人工合成边缘”是对于稳定画面所产生的空白边缘，使用临近帧的内容计算填充，这样可以有效避免对画面的裁切，对于在固定背景上有规律的镜头运动，这种方法是有效的，但很多时候却得不到满意的结果。“自动缩放”显示当前的自动缩放量，并且允许设置自动缩放量的限值。“其他缩放”用于手动设置画面缩放效果。

高级：用于完成更复杂的特效，详细内容请参考 After Effects 帮助文件。

注意：变形稳定器不会考虑直接应用于同一图层的任何蒙版或特效。如果希望对这些蒙版或效果进行分析，请对其进行预合成并将其放置在上游合成中。

我们将尝试通过调整“变形稳定器 VFX”的参数来实现一些特殊效果。这是一条曾经被人遗弃的小狗（图 8-10），我叫它“多多”，当我发现它时，多多几乎快要被冻死了。现在我们将要在多多身上做一些可怕的事情——抹去它的眼睛。

图 8-10

对于静态图片来说，这项任务似乎并不困难，可以在 Photoshop 中使用“仿制图章”，用脸部的其他部分覆盖眼睛。但在动态视频中，多多的脸在晃动，镜头也在移动，如果一帧一帧地制作，将是一项巨大的工程。

我们的处理思路是：先通过“变形稳定器 VFX”稳定镜头，将多多的脸固定在画面中；然后调用“仿制图章”工具，将它的眼睛抹去；最后再恢复镜头运动。下面我们一起来实现这个效果。

8.3.1 恢复默认设置

为了实现操作过程的一致性，首先要恢复 After Effects 程序的默认设置。启动 After Effects 时按下 Ctrl+Alt+Shift 键，系统询问是否删除首选项文件时，单击“确定”按钮。选择菜单“文件”→“另存为”→“另存为”命令，弹出“另存为”对话框，导航至相关保存路径，将项目命名为“多多的眼.aep”，然后单击“保存”按钮，完成对项目的重命名及保存。

8.3.2　导入素材

下面为新打开的项目导入素材。双击项目面板的空白处打开“导入文件”对话框，导航到“光盘\第 8 章\素材”文件夹下，双击“多多.mov”文件，导入素材。

8.3.3　创建合成

将项目面板中的“多多.mov”素材拖放到项目面板左下方的“新建合成”按钮上，即以该素材的像素大小、宽高比、帧速率和持续时间为参数创建同名合成，并在时间轴面板与合成面板中显示（图 8-11）。

图 8-11

8.3.4　应用变形稳定器 VFX

在时间轴面板中的待稳定图层上单击鼠标右键，在弹出的上下文菜单中选择“变形稳定器 VFX”。为了将多多的脸固定在画面中，需要做以下参数调整。

（1）在效果控件面板中（如果无法找到效果控件面板，选择菜单“窗口”→“效果控件”），勾选“变形稳定器 VFX”→“高级”→“显示跟踪点”，并适当调整“跟踪点大小”，使在合成面板中可以看清所有跟踪点（图 8-12）。

图 8-12

（2）按 Home 键将时间定位在第一帧，在合成面板中按住并拖动鼠标选择画面中除多多脸部以外的所有跟踪点（图 8-13），并按 Del 键删除（图 8-14）。操作中可多次选择画面中的跟踪点并删除。

图 8-13

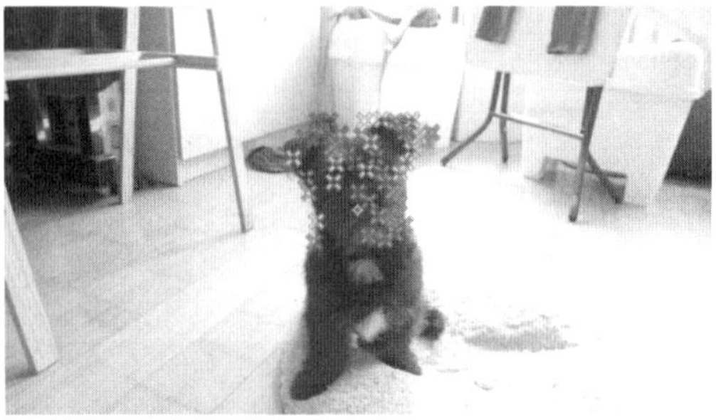

图 8-14

由于在时间序列上会不断产生新的跟踪点，所以需要在时间轴面板中向后适当拖动当前时间指示器，并在合成面板中选择和删除新出现的跟踪点，多次操作直到视频的最后一帧。

我们这么做的目的是：只以画面中的一个主体（多多的脸）为参考来设置稳定。这样就能实现多多脸部在画面中的稳定。

（3）取消“显示跟踪点”。

①将“稳定”→“结果”设为“无运动”，锁定镜头运动。

②将“边界”→“取景”设为“仅稳定”，即不对画面进行缩放和裁切。

③将“高级”→“目标”设为“可逆稳定”，为最后恢复镜头运动做准备。

设置完成后，开始自动分析并应用稳定，完成稳定后，按小键盘的“0”键预览效果（图 8-15）。

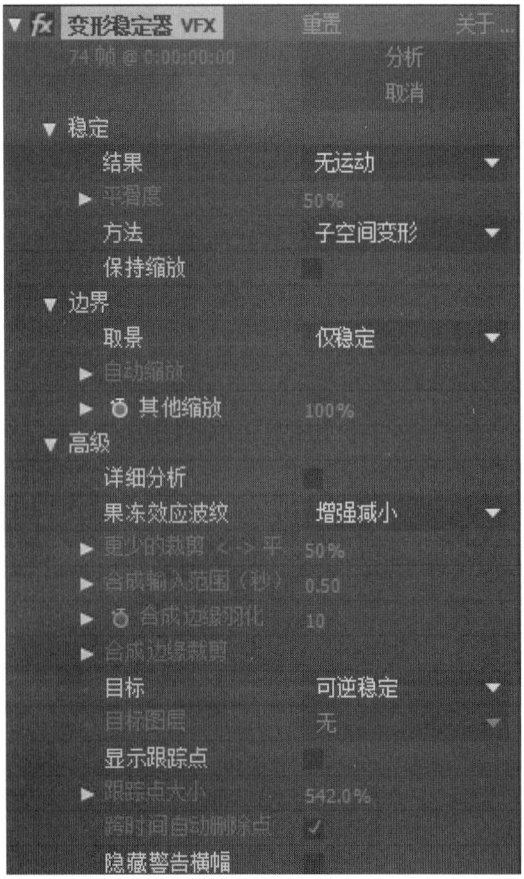

图 8-15

（4）现在多多的脸被稳定在画面中，下面开始抹去眼睛。按 Home 键将时间定位在第一帧，在时间轴面板中双击图层，展开图层面板。确保图层面板中，选中“渲染”复选框。在工具栏中，选择“仿制图章”（快捷键 Ctrl+B 可在“画笔”“仿制图章”“橡皮擦”间切换），在程序右侧的绘画面板中，将“持续时间”设为“固定”，以便图章应用到所有帧上（图 8-16）。

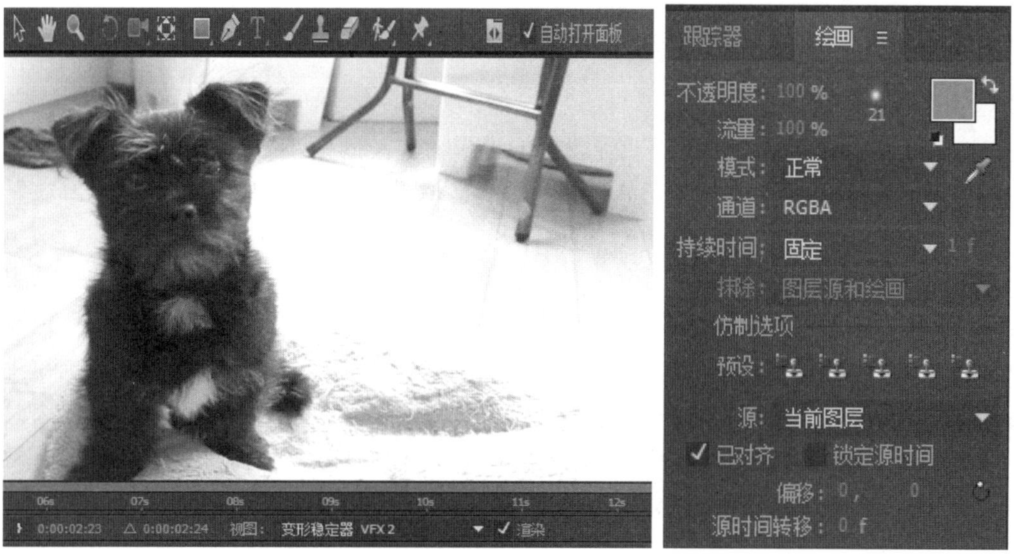

图 8-16

在图层面板中，按住 Alt 键 + 鼠标滚轮，放大多多脸部，并在眼睛周围的毛发上单击鼠标左键进行采样，再松开 Alt 键，在眼睛上单击鼠标左键并拖动以涂抹掉眼睛和用采样处的图像替换（图 8-17）。当应用“仿制图章”后，在效果控件面板中会出现“绘画”特效。

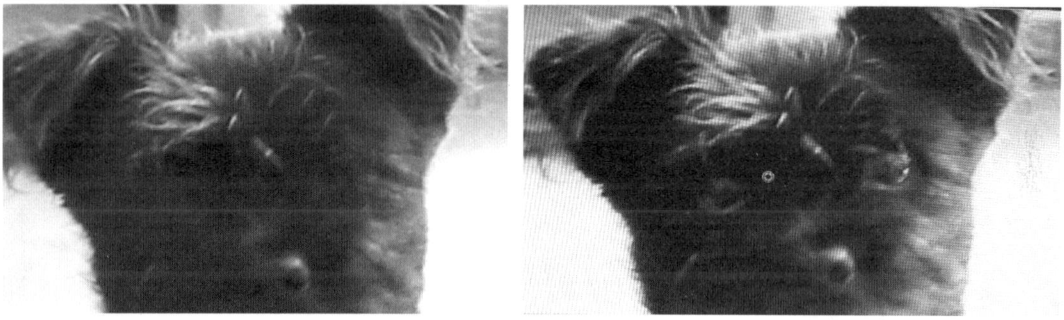

图 8-17

在时间轴面板拖动当前时间指示器，观察是否所有图像都替换正常，如有不足则进行修补。

（5）在效果控件面板中，点选“变形稳定器 VFX”特效，按下 Ctrl+D 键复制该特效，将生成的“变形稳定器 VFX2”特效拖拽到堆栈的最下层。将“变形稳定器 VFX2”→“高级”→“目标”设为“反向稳定”，恢复镜头运动。

在开始的时候要先稳定镜头，并通过设置“可逆稳定”定义特效的可逆性，当完成遮盖操作之后，再以同样的稳定进行反向，即选择“反向稳定”。事实上这种技术还可以用在“美容工作”上，例如去掉新娘脸上的雀斑或是新郎脸上的青春痘。

（6）接下来可以按小键盘的“0”键预览效果，享受这一恐怖的时刻。

8.4 点稳定

尽管自动化的“变形稳定器 VFX”为我们带来了很大的方便，但原始的点稳定还是有它存在的意义的，这也就是为什么在 After Effects CC 版本中加入新的稳定工具的同时还保留了“稳定运动”。

“稳定运动”需要手动选择画面中的跟踪点，可以是一个或两个，通过跟踪并记录跟踪点的相关信息，对图层的变换属性，包括锚点、旋转、缩放等进行反向运动，以达到稳定镜头的目的。这种方法的优点是我们可以指定画面中的特定平面进行锁定，掌控权完全在我们手里。还记得在上一个应用“变形稳定器 VFX”的例子中，为了实现以小狗多多的脸为参照进行稳定，我们需要在时间轴中手动删除脸部以外所有画面上的其他跟踪点，以排除干扰，这显然并不方便。下面试着用“稳定运动”再对多多的视频进行稳定。

8.4.1 恢复默认设置

为了实现操作过程的一致性，首先要恢复 After Effects 程序的默认设置。启动 After Effects 时按下 Ctrl+Alt+Shift 键，在系统询问是否删除首选项文件时，单击“确定”按钮。选择菜单“文件”→“另存为”→“另存为”命令，弹出“另存为”对话框，导航至相关保存路径，将项目命名为“点稳定多多.aep”，然后单击“保存”按钮，完成对项目的重命名及保存。

8.4.2 导入素材

下面为新打开的项目导入素材。双击项目面板的空白处打开“导入文件”对话框，导航到“光盘\第 8 章\素材”文件夹下，双击“多多.mov”文件，导入素材。

8.4.3 创建合成

将项目面板中的“多多.mov”素材拖放到项目面板左下方的“新建合成”按钮上，即以该素材的像素大小、宽高比、帧速率和持续时间为参数创建同名合成，并在时间轴面板与合成面板中显示。

8.4.4 应用稳定运动

（1）选择菜单“窗口”→“跟踪器”命令（图 8-18）。此时程序右侧会出现跟踪器面板（图 8-19），同时出现图层面板并显示跟踪点（图 8-20）。

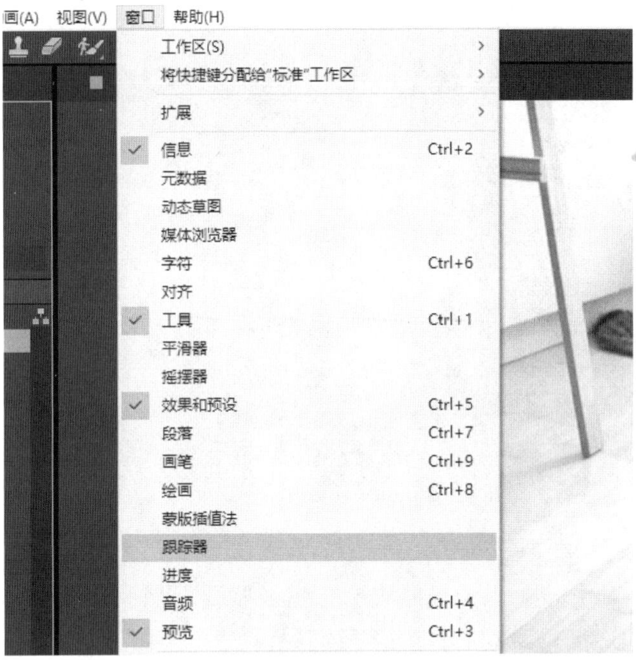

图 8-18

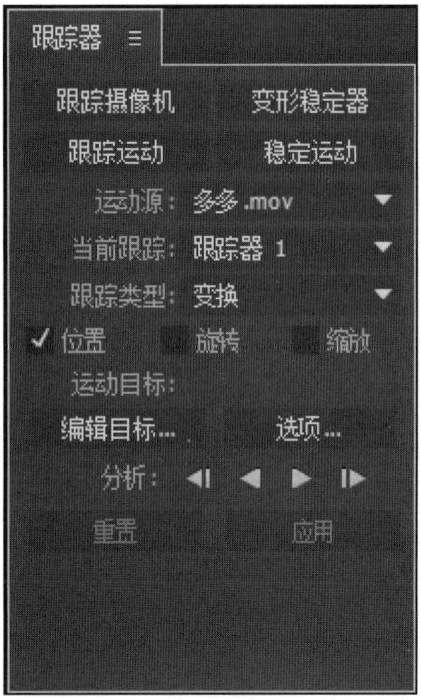

图 8-19

图 8-20

知识点:跟踪点

每个跟踪点都由三部分组成:搜索区域、特征区域和附加点(图 8-21)。

(1)附加点:定义目标(图层或效果控制点)的附加位置,以实现跟踪同步。

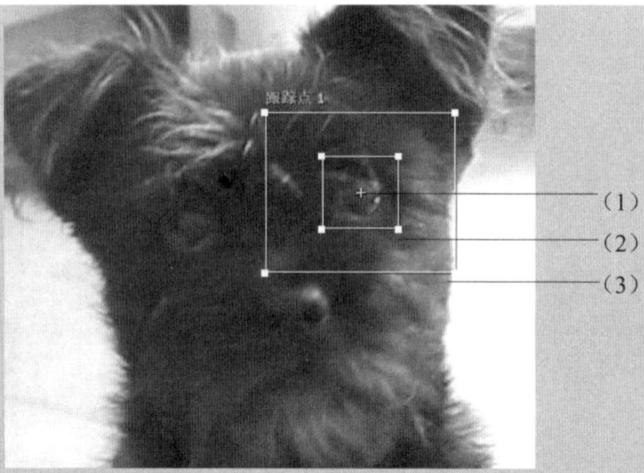

（图 8-21）

（2）特征区域：定义画面中被跟踪的元素。

（3）搜索区域：定义查找跟踪特征区域要搜索的区域。

特征区域与搜索区域的形状不一定是正方形，可通过拖动四角的控制点来调整区域大小。

要得到正确的跟踪数据，跟踪点的选择与调整是非常重要的。

（1）被跟踪的特征点要始终出现在整个视频中。

（2）特征区域要选择有清晰边缘的地方，一般是边角或点。

（3）特征区域要完全包围被跟踪特性且大小要适中，较大的特征区域会产生平滑但不精确的跟踪；较小的特征区域会产生精确但可能过于抖动的跟踪。

（4）搜索区域不易过大，会占用更多系统资源，影响跟踪速度。

（5）附加点不必位于特征区域中心，根据需要可在图层面板中单独拖动附加点到需要的地方。或者按住 Alt 键只拖动特征区域与搜索区域到画面中特征明显的地方，而将附加点留在需要施加跟踪替换的位置（图 8-22）。

即使我们在设置跟踪点时注意到以上要点，但由于视频中的光线变化、运动模糊等原因，还是可能会出现跟踪点漂移跟踪失败的情况。此时可返回跟踪准确帧位置再次调整和分析，或使用逐帧分析并配合手动调整跟踪点位置来完成跟踪（图 8-23）。

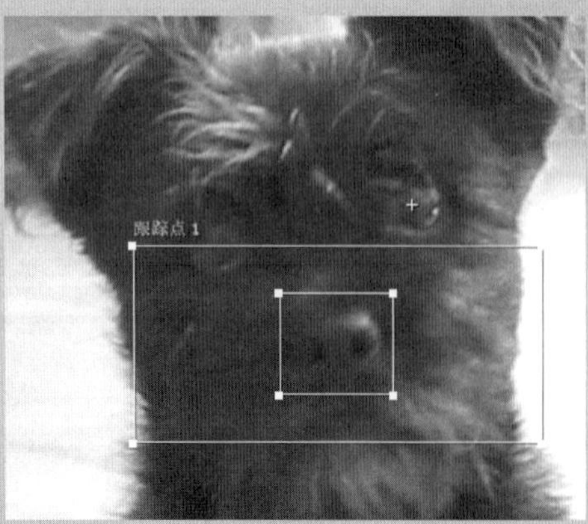

图 8-22

图 8-23

（2）按 Home 键将时间定位在第一帧，在跟踪器面板中单击“稳定运动”。因为素材画面中有镜头的移动、旋转和缩放，所以为实现镜头的稳定，要勾选跟踪器面板中的“位置”“旋转”“缩放”（图 8-24）。此时图层面板中会出现两个跟踪点，按住 Alt 键并滚动鼠标滚轮放大画面，松开 Alt 键，分别拖动两个跟踪点到小狗多多的眼睛上，适当缩放调整跟踪点大小，使内部特征区框住眼睛，外部搜索区稍大（图 8-25）。

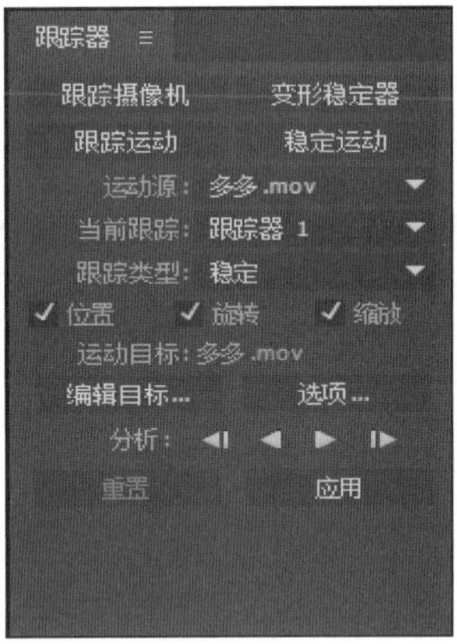

图 8-24

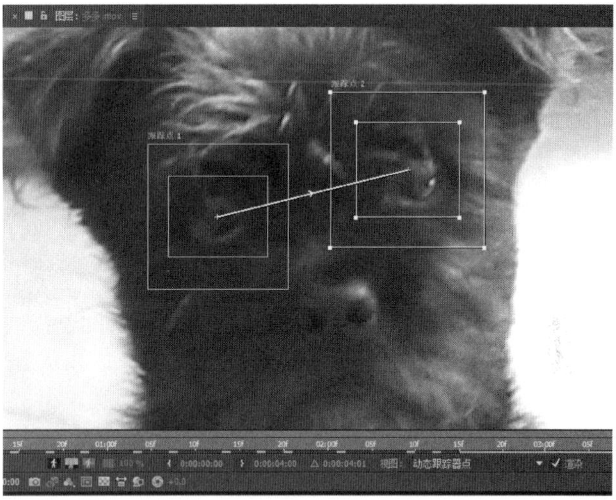

图 8-25

（3）单击跟踪器面板中的“向前分析”按钮，对跟踪点进行分析跟踪。如果在跟踪过程中出现跟踪点脱离目标的现象，可能是因为特征区或搜索区设得过小，可以适当扩大特征区和搜索区，也可能是因为画面过于模糊，系统无法确认特征点，可以将当前时间指示器定位在脱离位置，手动拖动跟踪点到正确位置，并按“逐帧分析”按钮，进行细致调整（图 8-26）。跟踪完成后，单击跟踪器面板中的“应用”按钮，在弹出的选项面板中选择“X 和 Y”项并单击“确定”按钮（图 8-27），对图层应用稳定。

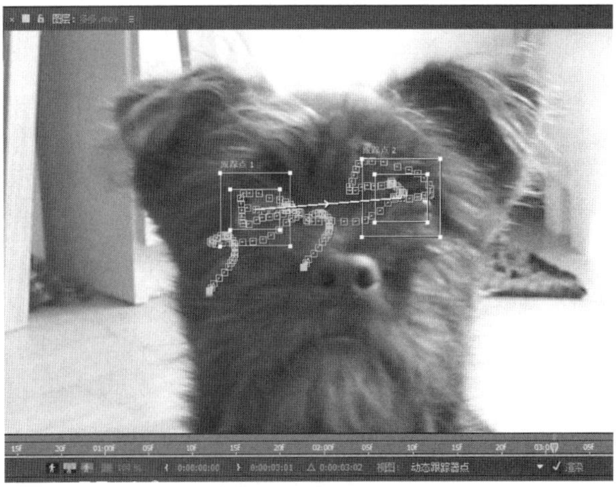

图 8-26

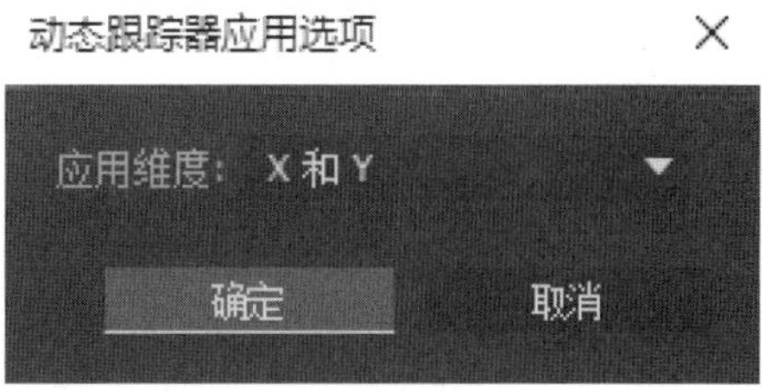

图 8-27

(4)与“变形稳定器 VFX”不同,“稳定运动”并不会生成特效,而是将记录的跟踪点信息反向应用在图层变换属性中,并生成相应关键帧。可以在时间轴面板中点选“图层”,按U 键展开所有关键帧进行查看(图 8-28)。我们可能会注意到,在时间开始处有一个“位置”属性的关键帧,这是进行跟踪时自动生成的,其实并没有什么用处,可以删除它,以免在以后改变图层位置时产生不必要的动画。

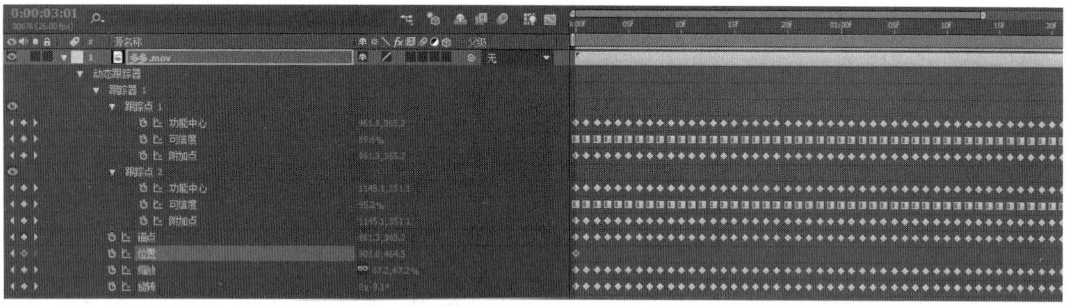

图 8-28

8.4.5 稳定后的处理

按小键盘的“0”键预览效果,画面稳定良好。现在的问题是当我们对稳定的画面进行再加工后如何恢复原来的镜头运动。其实可以通过表达式来实现,但这不是本章要考虑的范围,相关内容我们会在以后介绍。

如果只是想对镜头进行稳定,我们可以对画面进行放大以去掉画面运动所产生的黑边。在时间轴面板中,在图层上单击鼠标右键,在弹出的上下文菜单中选择“效果”→“扭曲”→“变换”(图 8-29)。在效果控件面板中调整“变换”下的“缩放”值(图 8-30),以消除画面黑边。

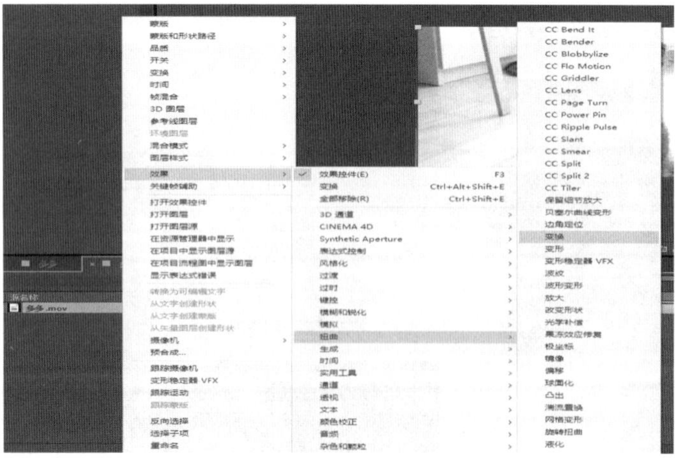

图 8-29

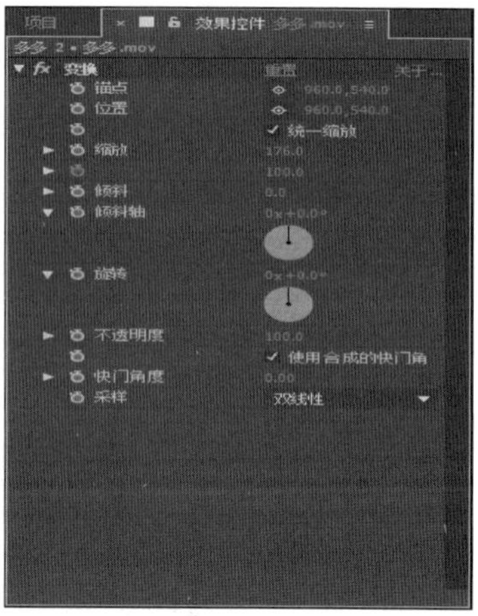

图 8-30

我们还可以制作一个类似人物介绍的效果。在时间轴面板中的图层上单击鼠标右键,弹出上下文菜单，选择“预合成”（图 8-31），在弹出的预合成面板中选择“将所有属性移动到新合成”并单击“确定”按钮（图 8-32）。

图 8-31

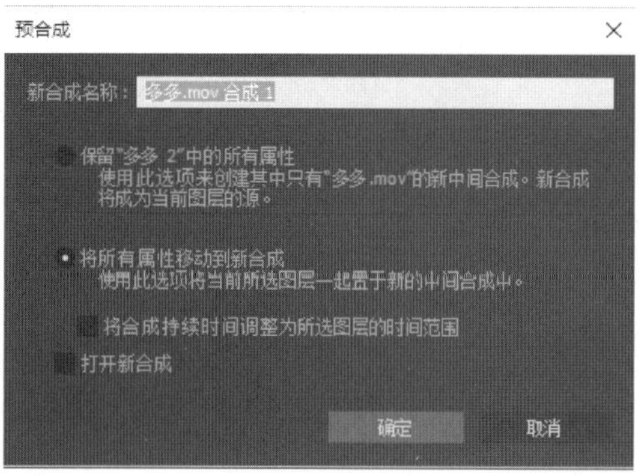

图 8-32

按 Q 键调用“矩形工具”，在合成面板中绘制遮罩，将多多的头部框住。按 V 键调用“选取工具”，在合成面板中将多多头像移至画面右上角。可以为图层添加一些斜角、投影等边缘特效，以完善画中画效果。最后再添加背景层和介绍性文字完成制作（图 8-33）。

图 8-33

8.5　单点跟踪

跟踪点所记录的跟踪数据不仅可以用于图层本身的稳定操作，还可以用于其他图层或特效，实现跟随源图层特征的移动而移动，就像原本就是共同拍摄的一样。

与“稳定运动”相同，单点跟踪也包括两个步骤。

（1）使用跟踪点跟踪分析画面中的特征点，并将跟踪数据保存起来。

（2）应用跟踪数据，稳定：将数据用于图层本身。跟踪：将数据用于其他图层或特效。

下面我们以一个实例来了解单点跟踪。

8.5.1 恢复默认设置

为了实现操作过程的一致性，首先要恢复 After Effects 程序的默认设置。启动 After Effects 时按下 Ctrl+Alt+Shift 键，在系统询问是否删除首选项文件时，单击“确定”按钮。选择菜单“文件”→“另存为”→“另存为”命令，弹出“另存为”对话框，导航至相关保存路径，将项目命名为“干什么.aep”，然后单击“保存”按钮，完成对项目的重命名及保存。

8.5.2 导入素材

下面为新打开的项目导入素材。双击项目面板的空白处打开“导入文件”对话框，导航到“光盘 \ 第 8 章 \ 素材”文件夹下，双击“多多.mov”文件，导入素材。

8.5.3 创建合成

将项目面板中的“多多.mov”素材，拖放到项目面板左下方的“新建合成”按钮上，即以该素材的像素大小、宽高比、帧速率和持续时间为参数创建同名合成，并在时间轴面板与合成面板中显示。

8.5.4 应用跟踪运动

（1）选择菜单“窗口”→“跟踪器”命令，调出跟踪器面板。按 Home 键将时间定位在第一帧，在跟踪器面板中单击“跟踪运动”。由于无旋转、缩放动作，所以只勾选位置项（图 8-34），图层面板中将只显示一个跟踪点（图 8-35）。

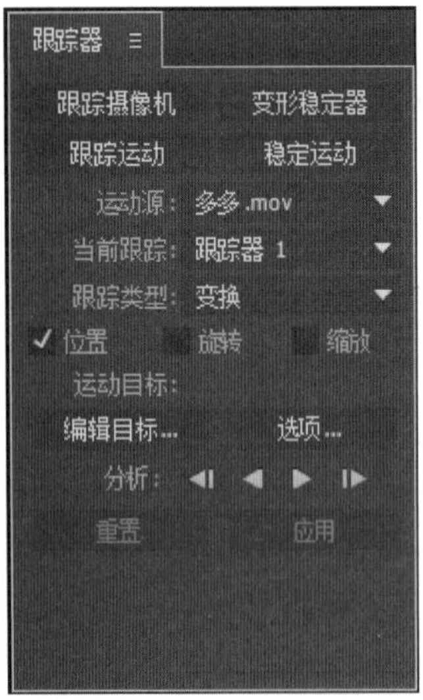

图 8-34

图 8-35

（2）在图层面板中移动并调整跟踪点，使跟踪点的“特征区域”框住多多的左眼，“跟踪区域”适当放大（图 8-36）。

（3）单击跟踪面板中的“向前分析”按钮，开始跟踪（图 8-37）。如在跟踪过程中出现跟踪点偏离目标现象，可在偏离时间点按“逐帧分析”按钮，进行细致调整。

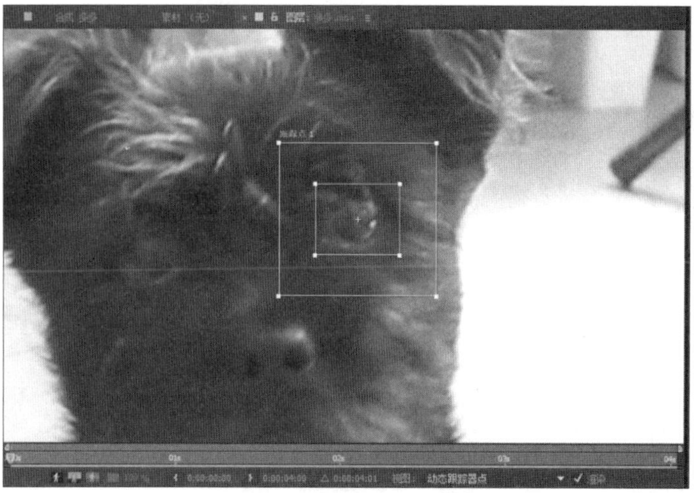

图 8-36

图 8-37

（4）现在我们有了跟踪数据，需要将数据应用到一个新的图层上。按 Ctrl + Y 键新建纯色层，将颜色设为浅蓝色，单击“确定”按钮（图 8-38）。

（5）在选择纯色层的前提下，使用“圆形矩形工具”（图 8-39）和“选取工具”，在合成面板中绘制并调整蒙版，使之在如图 8-40 所示位置。按 Y 键调用“锚点工具”，在合成面板中将纯色层的锚点移至如图尖角处（图 8-40）。

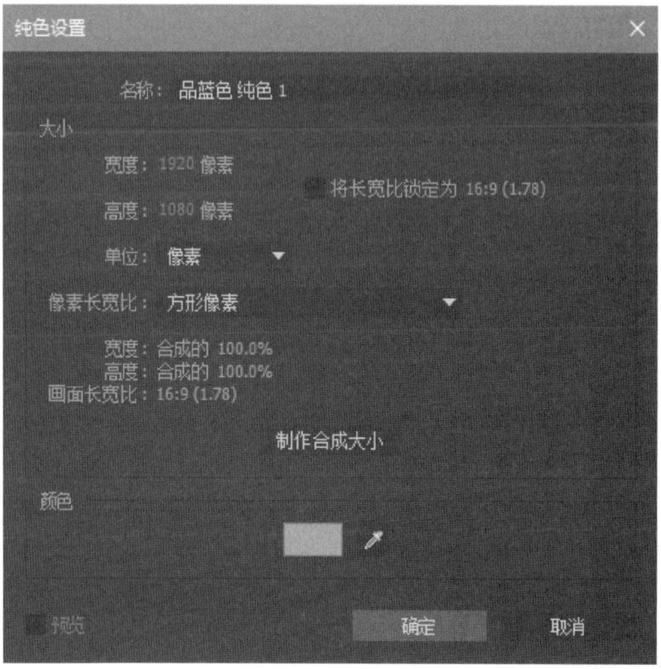

图 8-38

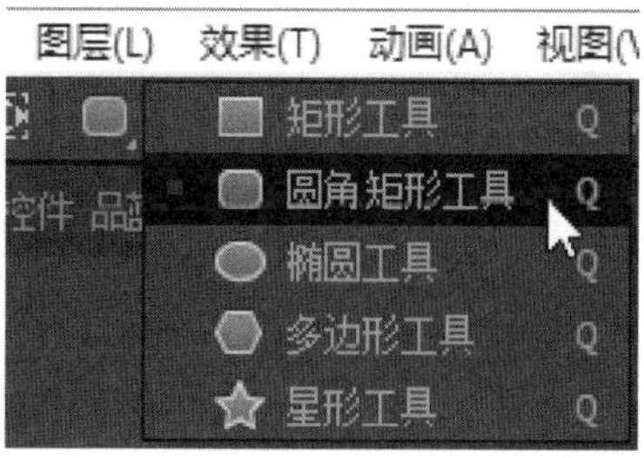

图 8-39

图 8-40

（6）使用“文字工具”在合成面板中的蓝色背景上输入文字“干什么?”，并在字符面板中调整字体、字号及颜色（图 8-41）。

图 8-41

（7）单击激活时间轴面板，按 F4 键切换至模式显示，将文字层“父级”的橡皮筋拖动到纯色层上（图 8-42），这样文字层将跟随纯色层运动。

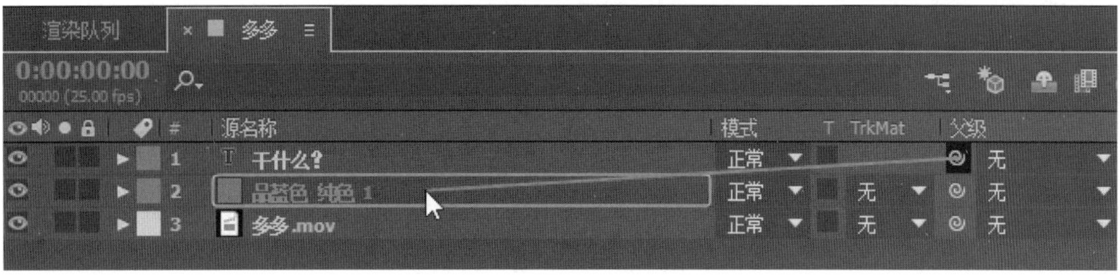

图 8-42

（8）下面开始应用之前的跟踪数据，在程序右侧的跟踪器面板中的“运动源”的下拉菜单中选择“多多.mov”（图 8-43）。单击“编辑目标”按钮，在“图层”项中选择纯色层图层后单击“确定”按钮（图 8-44），即将之前的跟踪数据应用到纯色层上。最后在跟踪器面板中单击“应用”按钮，并单击“确定”按钮（图 8-45、图 8-46）。

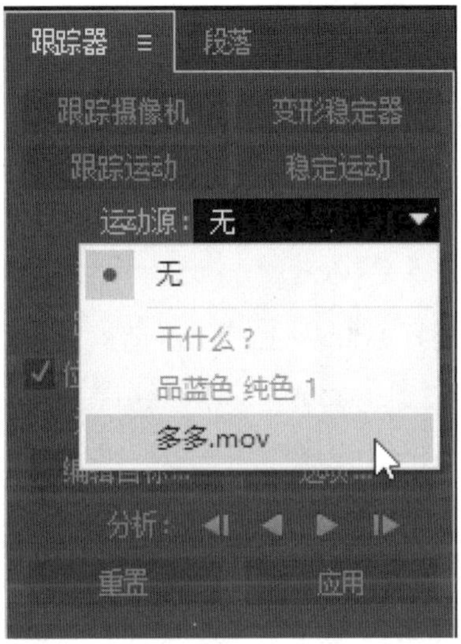

图 8-43

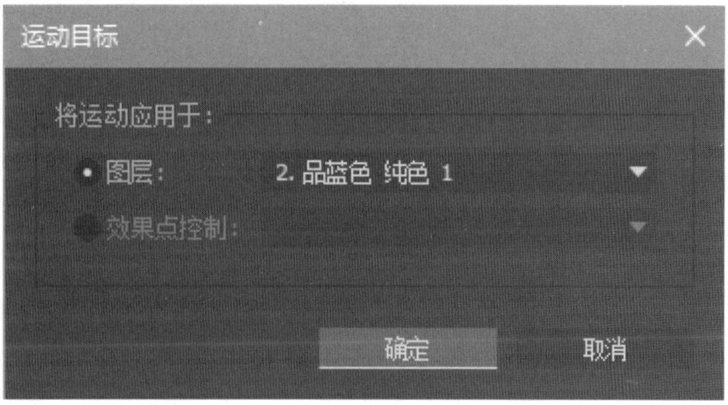

图 8-44

图 8-45

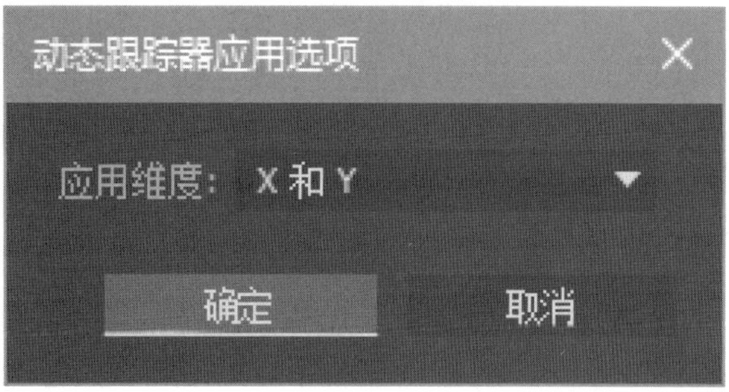

图 8-46

（9）按小键盘的“0”键预览效果，并按 Ctrl + S 键保存最终结果。

8.6 多点跟踪

多点跟踪往往会应用于平面的替换，例如公交车车身的广告牌、商场中的大屏幕等。After Effects 提供了两种多点跟踪方式，分别是“平行边角定位”和“透视边角定位”，可以通过在跟踪器面板的跟踪类型中进行选择。两者都会调用“边角定位”特效以扭曲图层，但区别在于“平行边角定位”会跟踪画面中的 3 个点，并计算第四个点的位置，使 4 点间的连线保持平行；“透视边角定位”会跟踪画面中的 4 个点，从而可以模拟透视效果。相对来说，“透视边角定位”应用得更广泛。

下面可以试着应用“透视边角定位”来替换一个显示器的屏幕。

8.6.1 恢复默认设置

为了实现操作过程的一致性，首先要恢复 After Effects 程序的默认设置。启动 After Effects 时按下 Ctrl+Alt+Shift 键，在系统询问是否删除首选项文件时，单击“确定”按钮。选择菜单“文件”→“另存为”→“另存为”命令，弹出“另存为”对话框，导航至相关保存路径，将项目命名为“屏幕替换.aep”，然后单击“保存”按钮，完成对项目的重命名及保存。

8.6.2 导入素材

下面为新打开的项目导入素材。双击项目面板的空白处打开“导入文件”对话框，导航到“光盘\第 8 章\素材”文件夹下，框选“屏幕替换.mov”与“多多.mov”文件，单击“导入”按钮，导入素材。

8.6.3 创建合成

选中项目面板中的“屏幕替换.mov”与“多多.mov”素材并拖放到项目面板左下方的“新建合成”按钮上，由于两素材规格相同，所以在弹出的基于所选项新建合成面板中使用默认设置（图 8-47），单击“确定”按钮，即以该素材的像素大小、宽高比、帧速率和持续时间为参数创建名为“屏幕替换”合成，并在时间轴面板与合成面板中显示。

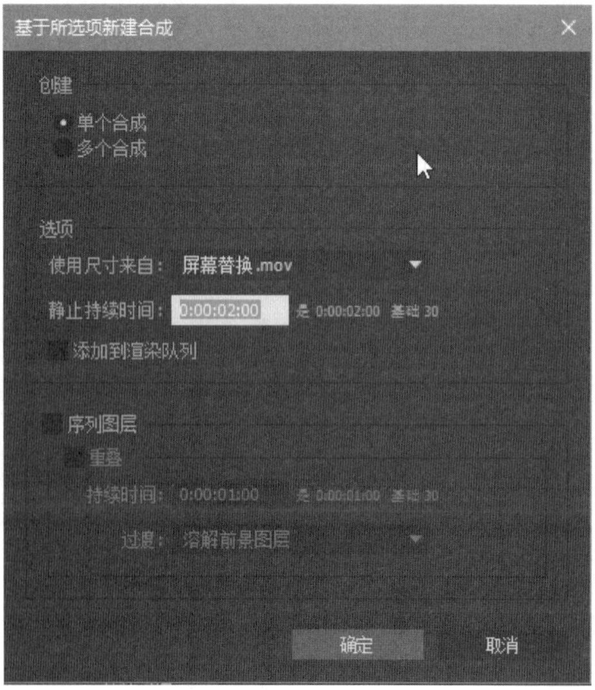

图 8-47

调整时间轴面板中图层的堆栈顺序，使“多多.mov”层位于顶层（图 8-48）。我们发现“多多.mov”层只有 4 秒，不足以填充 8 秒的“屏幕替换.mov”图层，需要调整“多多.mov”层的播放速度。鼠标右键单击“多多.mov”层，在弹出的上下文菜单中选择“时间”→“时间伸缩”，在弹出的时间伸缩面板中将新持续时间设为 8 秒，单击“确定”按钮完成设置（图 8-49）。

图 8-48

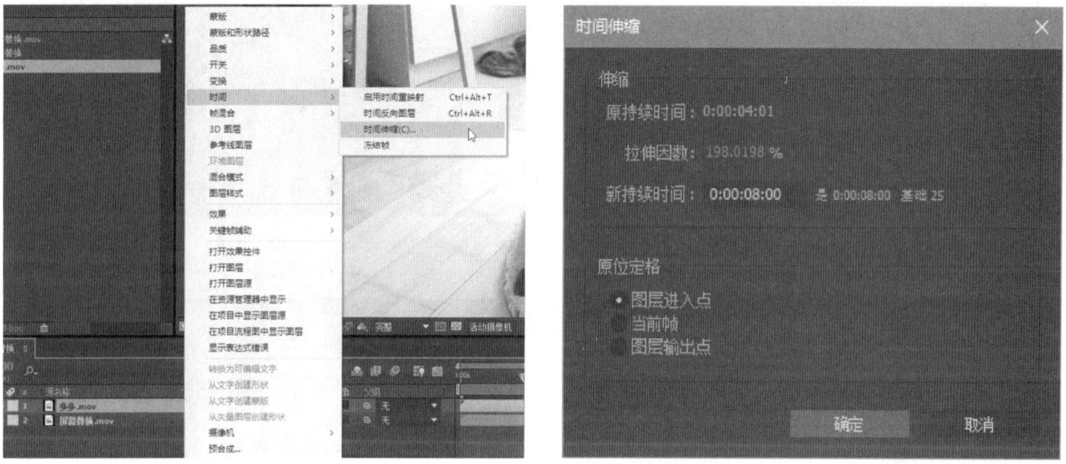

图 8-49

8.6.4　应用透视边角定位

（1）按 Home 键将时间定位在第一帧，在时间轴面板中用鼠标右键单击“屏幕替换.mov”图层，在弹出的上下文菜单中选择“跟踪运动”命令（图 8-50），调出跟踪器面板。在跟踪器面板中将跟踪类型设为“透视边角定位”（图 8-51），在新弹出的图层面板中将显示 4 个跟踪点。

（2）在图层面板中分别拖动 4 个跟踪点到待替换屏幕的显示器屏幕四角上（图 8-52）。4 个跟踪点的摆放顺序不要打乱，因为它们分别对应着待替换图层的 4 个边角。

4 个跟踪点的位置如下：

跟踪点 1 位于左上，跟踪点 2 位于右上，跟踪点 3 位于左下，跟踪点 4 位于右下。

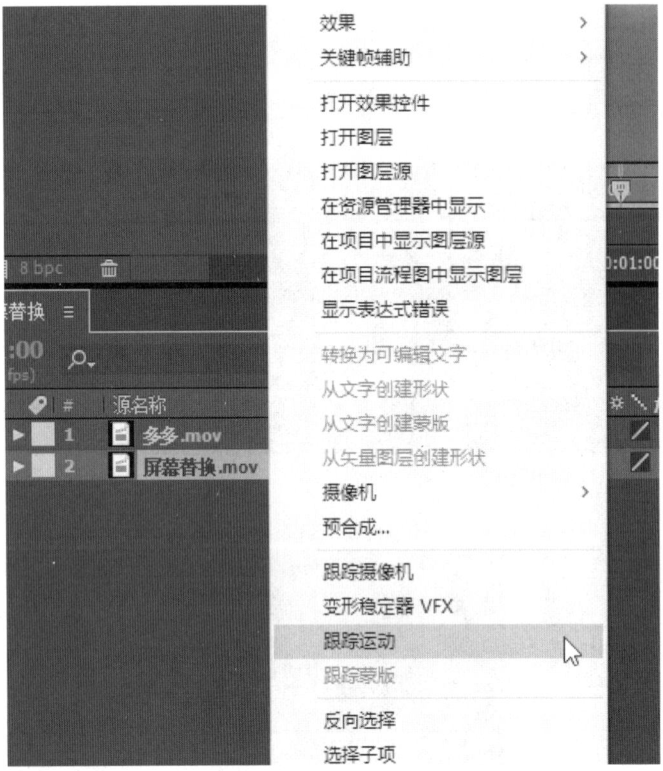

图 8-50

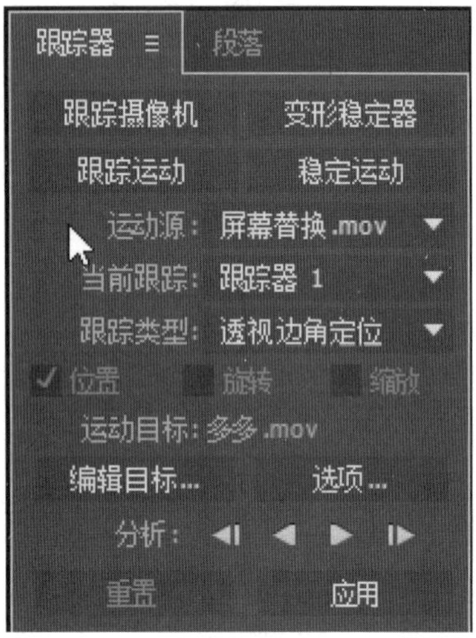

图 8-51

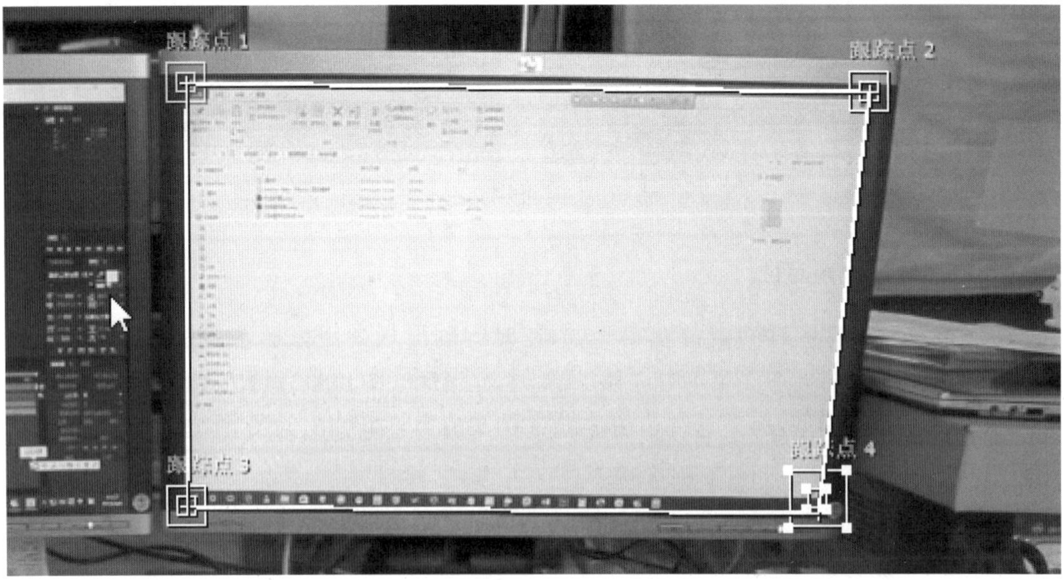

图 8-52

(3)对 4 个跟踪点的位置和大小进行调整,使特征区域定位在边角处,搜索区域适当调大,附加点要准确定位在屏幕的边角处。 需要注意的是,由于这段素材的拍摄使用了广角镜头,使显示器屏幕的上下边缘有一些弧形畸变,可适当将附加点向外扩充以框住整个屏幕。

由于系统深蓝色的状态栏与显示器的黑色边框间的对比度不明显，这样在跟踪过程中位于显示器屏幕下端的两个角就很可能出现跟踪点漂移的情况。这种情况下需要在保持附加点不变的同时，将特征区域调整到对比度高的地方。可以按住 Alt 键，拖动特征区域与搜索区域到对比度强且特征明显的区域（图 8-53）。

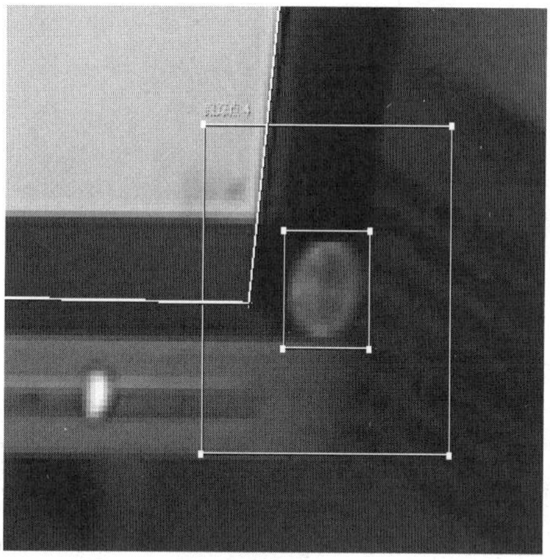

图 8-53

（4）跟踪点设置完毕，单击跟踪器面板中的“向前分析”按钮进行分析跟踪。如果出现跟踪点漂移现象，可能是由于特征区或搜索区设得过小，可以适当扩大特征区和搜索区。或者将当前时间指示器定位在脱离位置，手动拖动跟踪点到正确位置，并按逐帧分析按钮，进行细致调整。

（5）跟踪完毕后，在跟踪器面板中单击“编辑目标”按钮，在弹出的运动目标面板中将图层项设为“1. 多多.mov”（图 8-54），并单击“确定”按钮。回到跟踪器面板中，单击“应用”按钮（图 8-55），实现屏幕替换。

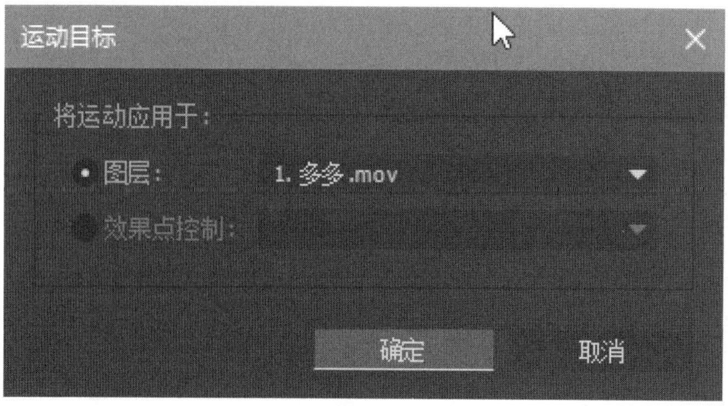

图 8-54

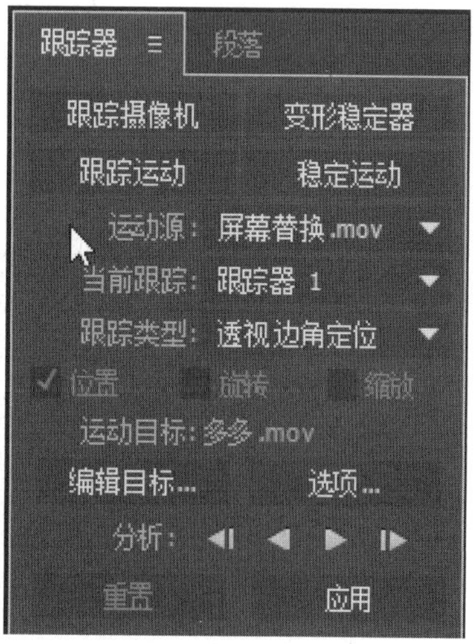

图 8-55

与单点跟踪不同，边角定位跟踪除了对图层位置属性进行关键帧设置以外，还会在效果控件面板中添加“边角定位”特效，并设置关键帧以扭曲替换图层（图 8-56、图 8-57、图 8-58）。

图 8-56

图 8-57

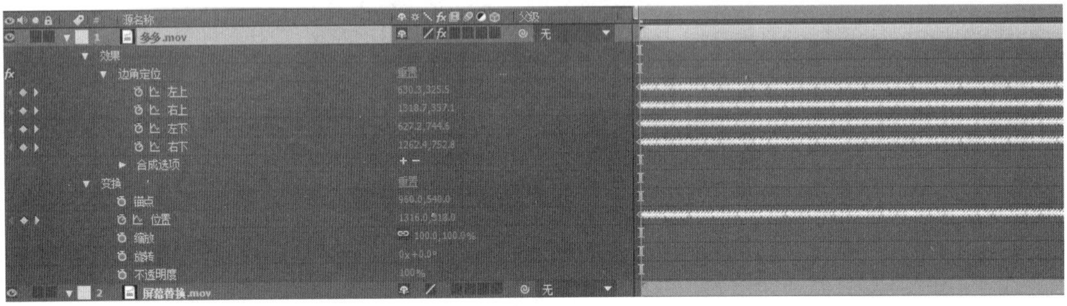

图 8-58

8.6.5 屏幕替换后的处理

屏幕替换完成后，按小键盘的“0”键预览效果，可以发现屏幕替换效果还是不错的，如果你对画面质量要求不高的话，这时就可以收手了。但如果你是个完美主义者或想做得更专业一些的话，那接下来还有很多工作要做。

观察替换后的屏幕时，会发现它很清晰。清晰虽然是件好事，但它不应该这样清晰，特别是在与旁边的屏幕进行对比时，这会使替换的屏幕与整个背景格格不入，人们会很轻易地发现这是后加上去的画面。这样的错误在以前的一些小成本电视剧中会经常出现，其实可以通过简单的几步操作，让画面看上去更真实。

（1）处理过于锐化的屏幕边缘。在时间轴面板中的“多多.mov”图层上单击鼠标右键，在弹出的上下文菜单中选择“预合成”（图 8-59），弹出预合成面板，选择“保留‘屏幕替换’中的所有属性”，单击“确定”按钮，生成新合成（图 8-60）。这样做的目的是将用于屏幕替换的“边角定位”特效及关键帧继续保留在外部合成里，同时又可进入新生成的合成内部进行边缘的细微调整。

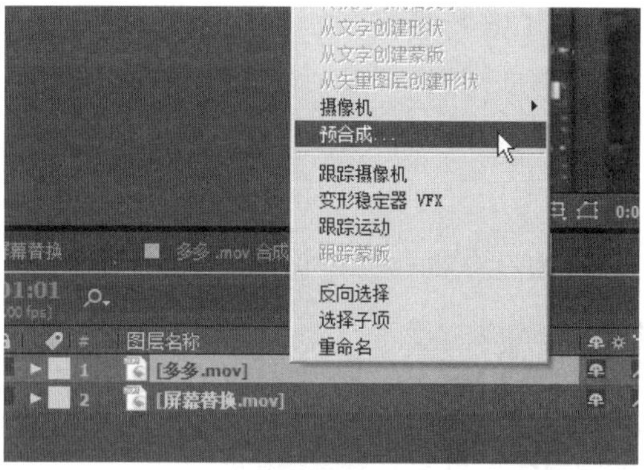

图 8-59

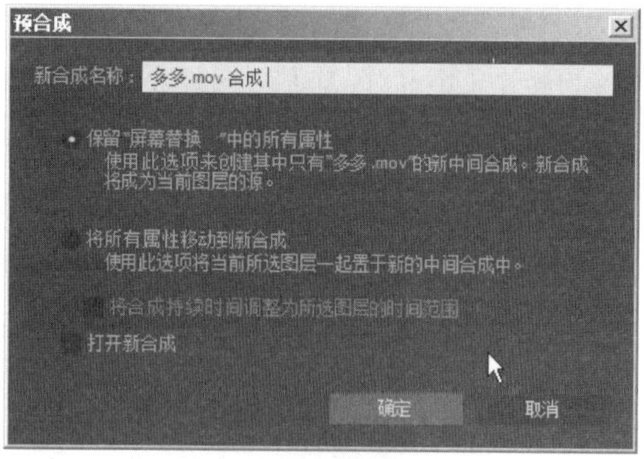

图 8-60

在时间轴面板中双击新生成的“多多.mov 合成”进入合成内部，在选择“多多.mov”图层的情况下，双击工具栏的“矩形工具”为图层自动绘制最大化矩形蒙版。在时间轴面板中点选该图层，按下 F 键，调出“蒙版羽化”选项，调整数值为“15.0,15.0”，将边缘进行羽化（图 8-61）。

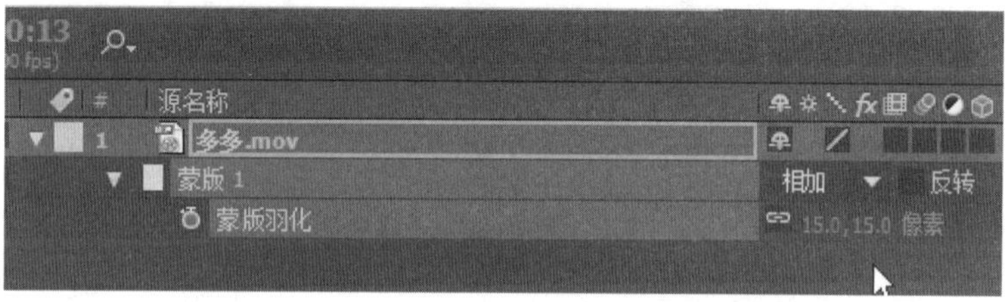

图 8-61

（2）返回屏幕观看效果，发现虽然替换后的屏幕边缘变得柔和了，但由于羽化边缘的半透明效果，露出了下面原屏幕的画面（图 8-62）。这时需要再添加一个背景层以遮挡住下面的画面。

图 8-62

按下 Ctrl+Y 键新建一个黑色纯色层（图 8-63），在时间轴面板中选择“多多.mov 合成”，并按下 U 键，调出所有设有关键帧的属性。按下 Ctrl 键选择“边角定位”与“位置”属性，再按下 Ctrl+C 键复制。选择新建的黑色纯色层，按下 Ctrl+V 键粘贴属性，使得新建黑色纯色层与“多多.mov 合成”有相同位置及移动属性（图 8-64、图 8-65）。

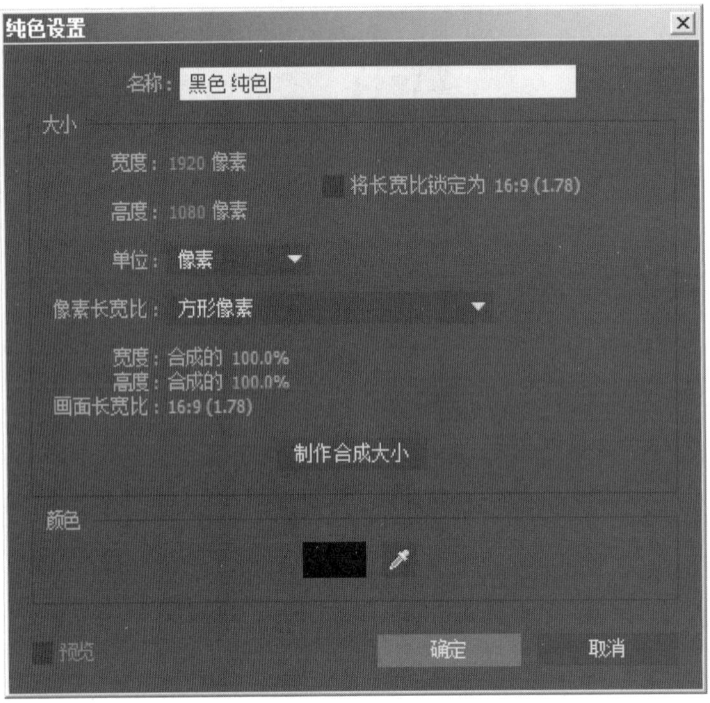

图 8-63

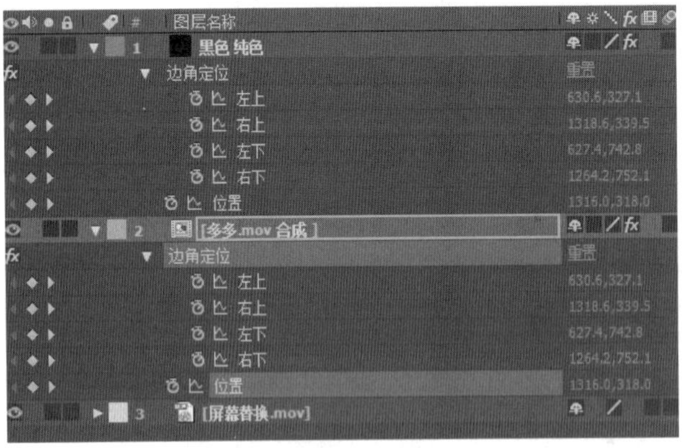

图 8-64

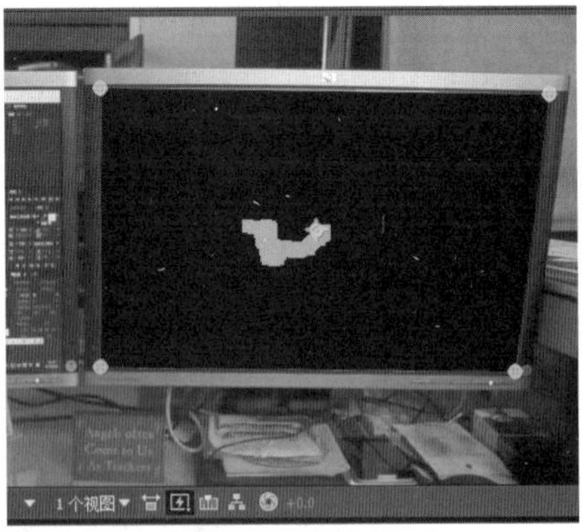

图 8-65

在时间轴面板将黑色纯色层拖至“多多.mov 合成”之下，选择黑色纯色层，按 S 键调出缩放属性，将值设为“101.6,101.6%”进行放大，以遮挡住屏幕边缘露出的底图（图 8-66）。

为了使黑色边缘不至于过硬而显得突兀，需要进行适当模糊。在黑色纯色层上单击鼠标右键，在弹出的上下文菜单中选择“效果”→“模糊和锐化”→“快速模糊”，在效果控件面板中将“快速模糊”特效的“模糊度”设为 3.0（图 8-67）。

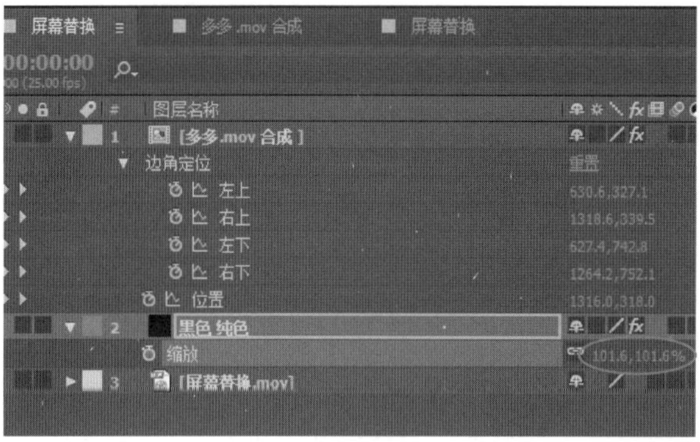

图 8-66

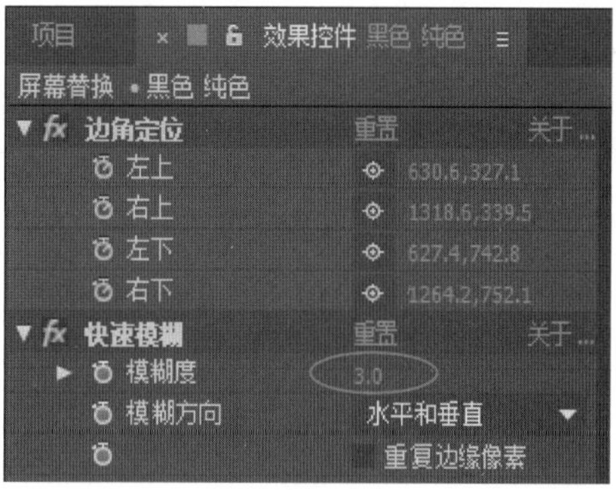

图 8-67

边缘处理好后，下面该解决替换画面过于清晰的问题了。在时间轴面板中开启上面两图层的运动模糊开关，并开启时间轴面板顶部的“启用运动模糊”合成开关（图 8-68）。这样当镜头移动时可使运动看起来更平滑、更自然。

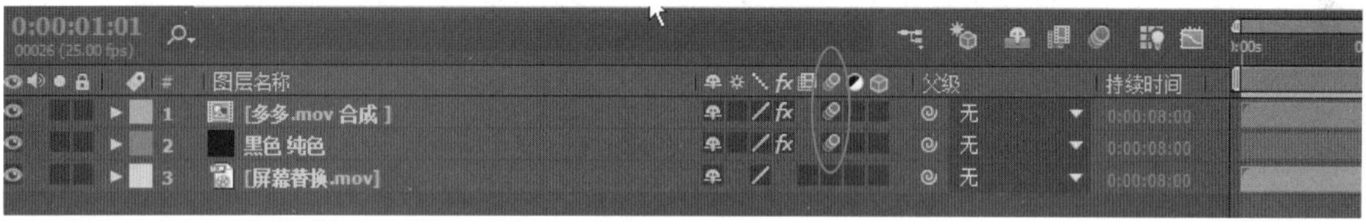

图 8-68

在时间轴面板的空白处上单击鼠标右键，在弹出的上下文菜单中选择“新建”→“调整图层”（图 8-69）。在其上单击鼠标右键，在弹出的上下文菜单中选择“效果”→“杂色与颗粒”→“匹配颗粒”。在效果控件面板中，将“匹配颗粒”特效的“查看模式”设为“最终输出”，将“杂色源图层”项设为“屏幕替换.mov”图层，即以“屏幕替换.mov”素材上的噪点为参考，为替换的屏幕素材添加噪点（图 8-70）。

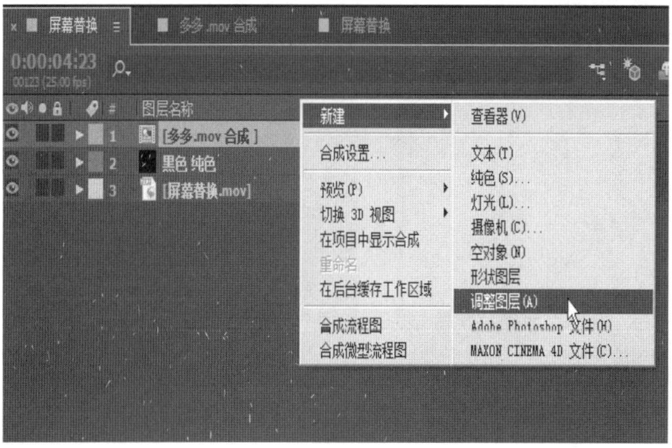

图 8-69

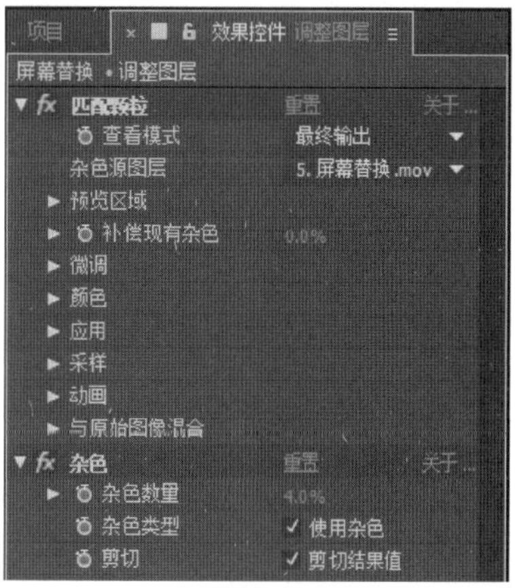

图 8-70

如果觉得噪点还是不够明显，可以再次单击鼠标右键，在弹出的上下文菜单中选择“效果”→“杂色与颗粒”→“杂色”。在效果控件面板中，将“杂色”特效的“杂色数量”设为“4.0%”。

调整图层的作用范围是其下的所有图层，也就是说为它添加的噪点不仅会用于替换的屏幕，还会用于画面中的其他部分。所以，需要为调整图层设定显示范围，这可以通过轨道遮罩来实现。

在时间轴面板中选择“多多.mov 合成”，按 Ctrl+D 键复制该图层，将新复制的图层拖至堆栈顶层。单击时间轴面板底部的“切换开关 / 模式”按钮，调出轨道遮罩选项，将调整图层的轨道遮罩模式设为“Alpha 遮罩”（图 8-71）。

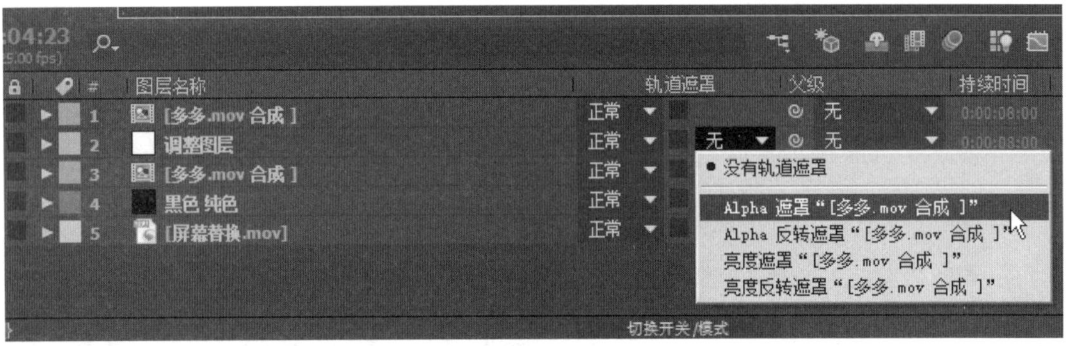

图 8-71

（3）对替换的屏幕调色，使其与周围的环境更和谐。在时间轴面板中的“多多.mov 合成”上单击鼠标右键，在弹出的上下文菜单中选择“效果”→“颜色校正”→“曲线”（图 8-72）。在效果控件面板中，调整“曲线”特效的“RGB”通道，降低画面对比度（图 8-73）。

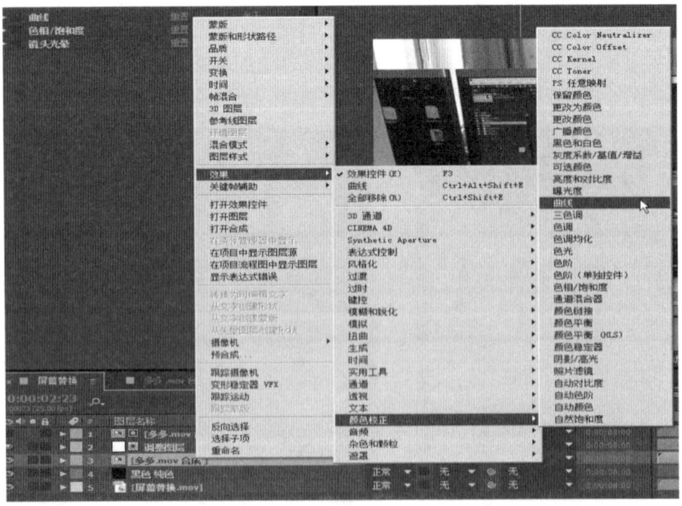

图 8-72

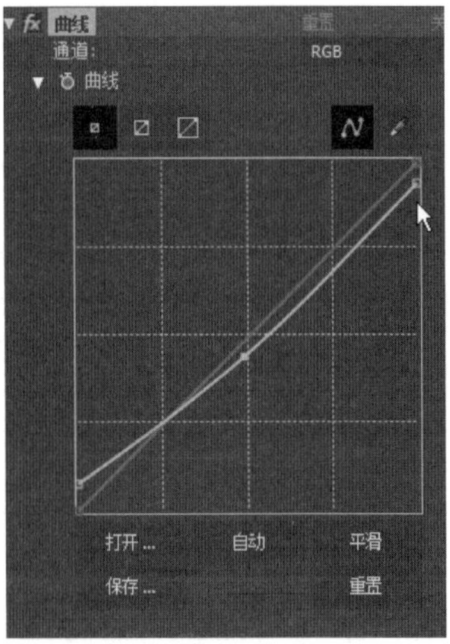

图 8-73

在时间轴面板中的“多多.mov 合成”上单击鼠标右键，在弹出的上下文菜单中选择“效果”→“颜色校正”→“色相 / 饱和度”。在效果控件面板中，调整“色相 / 饱和度”特效的“主饱和度”通道，降低画面饱和度（图 8-74）。

在合成面板按 Alt 键并滚动鼠标滚轮放大图像观察，发现替换屏幕边缘黑色底框与左边的显示器相比，颜色过深，需要调整（图 8-75）。在时间轴面板中的黑色纯色层上单击鼠标右键，在上下文菜单中选择“效果”→“生成”→“填充”。在效果控件面板中，选择“填充”特效中“颜色”项右侧的吸管图标（图 8-76），在合成面板中单击画面左侧显示器屏幕边缘的黑色底框处拾取颜色（图 8-77）。

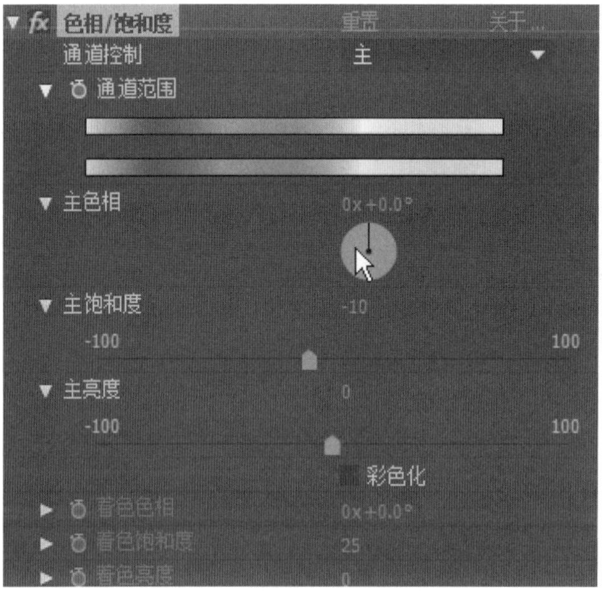

图 8-74

图 8-75

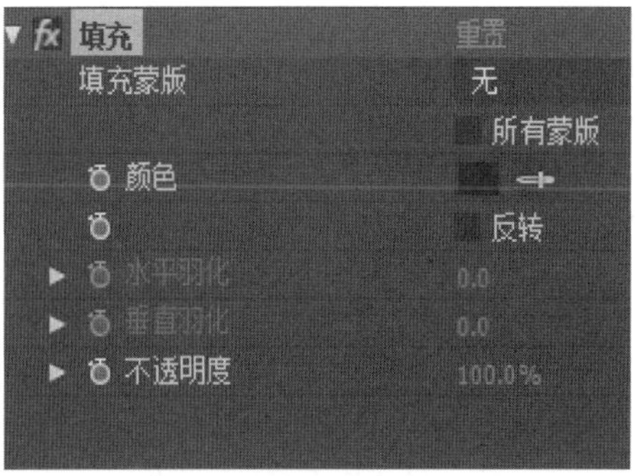

图 8-76

图 8-77

（4）完成所有调整后按小键盘的“0”键预览效果，按 Ctrl+S 键保存最终结果。

使用边角定位的点跟踪可以将素材中的一些平面进行替换，但前提是所设定的跟踪点必须始终出现在画面中，如果因为镜头的移动使跟踪点脱离了屏幕，那将无法完成跟踪任务，这也是点跟踪技术的弱点。面对这样的情况，可以使用其他的方法来解决。

8.7 3D 摄像机跟踪器

还记得我们前面讲到的全自动化的“变形稳定器 VFX”吗？“3D 摄像机跟踪器”也有着相同的工作方式，它非常容易使用且不需做过多的调整。“3D 摄像机跟踪器”作为特效会对 2D 画面中的运动进行分析，提取相关位置及摄像机的镜头类型等信息，自动创建一个 3D 摄像机层，以匹配画面的变化。在经过分析的场景中只需要设置一个 3D 坐标，就可以轻易地将任何物体置于画面中。即使由于镜头运动使得设定的 3D 坐标出离了画面，也不会影响最终的跟踪效果，这也是点跟踪无法做到的。

下面我们就试着应用“3D 摄像机跟踪器”来为一条小路加上些东西。

8.7.1 恢复默认设置

为了实现操作过程的一致性，首先要恢复 After Effects 程序的默认设置。启动 After Effects 时按下 Ctrl+Alt+Shift 键，在系统询问是否删除首选项文件时，单击“确定”按钮。选择菜单“文件”→“另存为”→“另存为”命令，弹出“另存为”对话框，导航至相关保存路径，将项目命名为“上学去.aep”，然后单击“保存”按钮，完成对项目的重命名及保存。

8.7.2 导入素材

下面为新打开的项目导入素材。双击项目面板的空白处打开“导入文件”对话框，导航到“光盘 \ 第 8 章 \ 素材”文件夹下，双击“上学去.mov”文件，导入素材。

8.7.3 创建合成

将项目面板中的“上学去.mov”素材，拖放到项目面板左下方的“新建合成”按钮上，即以该素材的像素大小、宽高比、帧速率和持续时间为参数创建同名合成，并在时间轴面板与合成面板中显示。

在素材中一个小女孩在一条小路上滑行，而且镜头有摇动，我们要做的是在路边加上一段立体的文字，在此之前需要先对这段素材进行分析。

8.7.4 应用跟踪摄像机

在时间轴面板中鼠标右击图层，在弹出的上下文菜单中选择“跟踪摄像机”（图 8-78），此时在效果控件面板中会出现“3D 摄像机跟踪器”特效（图 8-79），并在合成面板中立即开始对素材进行分析，此时合成面板中会出现蓝色条幅（图 8-80），分析完成后开始解析摄像机，会显示橙色条幅（图 8-81），当橙色条幅消失时，即完成了对素材的分析工作。

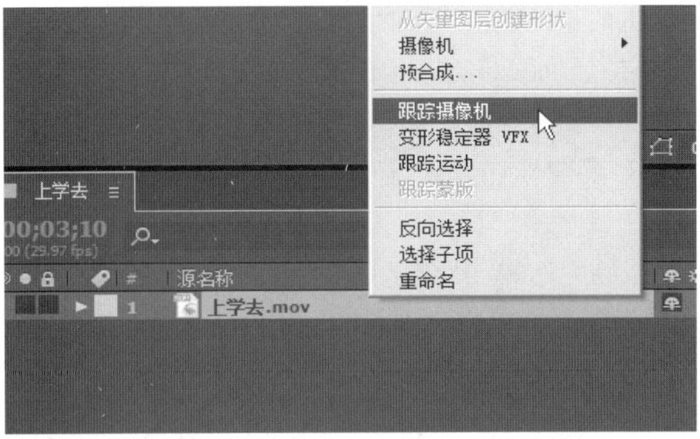

图 8-78

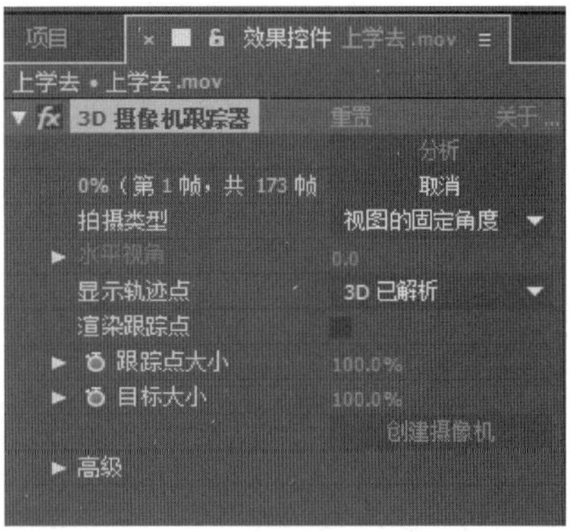

图 8-79

图 8-80

图 8-81

与“变形稳定器 VFX”相同，整个分析过程是在后台运行，完成分析后，在时间轴面板拖动当前时间指示器，观察生成的跟踪点，发现一些问题。画面中用跟踪点的大小不同表示距离摄像机的远近，素材中后部的跟踪点出现了混乱情况（图 8-82）。

图 8-82

这是因为前景人物的运动会降低摄像机的精确性，为了对场景进行准确的分析，应该先用蒙版去掉运动的人物，再对图层调用“3D 摄像机跟踪器”，具体操作如下。

先选择并删除效果控件面板中调用的“3D 摄像机跟踪器”，再做如下操作。

（1）为人物绘制蒙版，蒙版无须精确，只要能框住人物就行。在时间轴面板中点选图层，按下 Home 键将时间定位在第一帧，在工具栏中选择矩形工具，在合成面板中将人物框住（图 8-83）。按 M 键，调出图层的“蒙版路径”，单击“蒙版路径”前的秒表，打开关键帧记录器并生成关键帧，将蒙版的叠加模式设为“无”，以方便设置接下来的蒙版路径变化（图 8-84）。

图 8-83

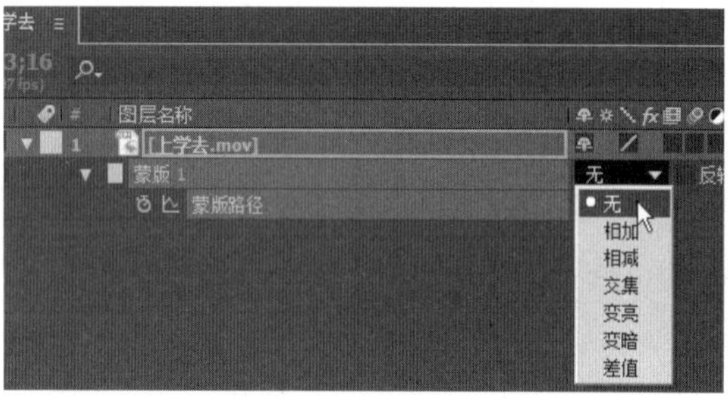

图 8-84

反复按下 Page Down 键向后移动当前时间指示器，根据人物位置变化调整蒙版位置及大小，并生成多个关键帧（图 8-85）。

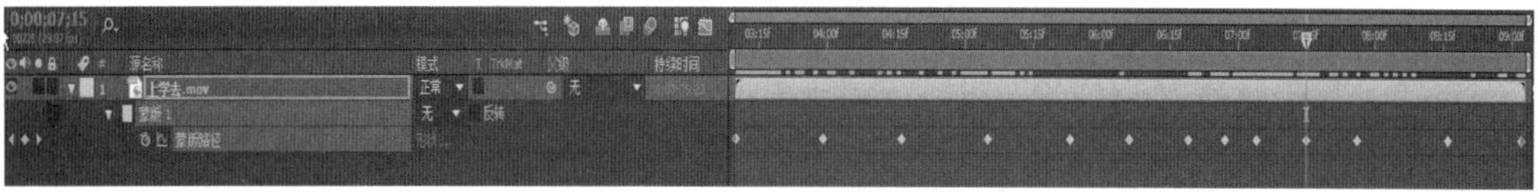

图 8-85

蒙版调整完成后，再将蒙版的叠加模式设为“相减”，这样在整个画面中人物被屏蔽（图 8-86），将不再干扰“3D 摄像机跟踪器”对场景的分析。

图 8-86

（2）在应用“3D 摄像机跟踪器”之前，应该注意“3D 摄像机跟踪器”会忽略图层上的特效与蒙版。也就是说，不能在绘有蒙版的图层上直接使用“3D 摄像机跟踪器”，因为它根本就认不出这些蒙版，需要先将图层进行预合成。

在图层上单击鼠标右键，在弹出的上下文菜单中选择“预合成”（图 8-87），在弹出的预合成面板中，选择“将所有属性移动到新合成”并单击“确定”按钮（图 8-88）。

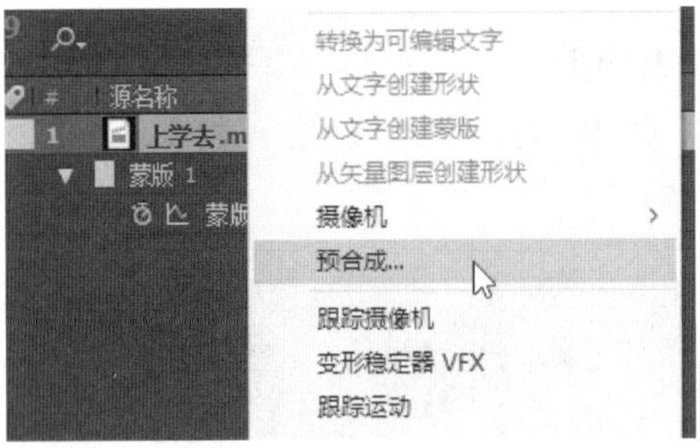

图 8-87

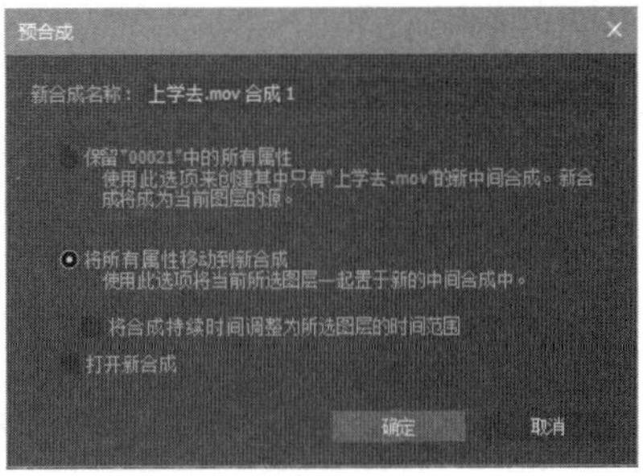

图 8-88

（3）在时间轴面板中新生成的“上学去.mov 合成 1”上单击鼠标右键，在弹出的上下文菜单中调用“跟踪摄像机”（图 8-89），并开始对素材进行分析。

分析后的素材中会显示很多跟踪点（如无法看到跟踪点，可在效果控件面板中，点选“3D 摄像机跟踪器”将其激活），当鼠标在合成面板的图像中移动时，系统会自动选择邻近的 3 个跟踪点进行连接生成半透明的三角形平面，并产生一个红色标靶以确定加入素材所在的 3D 坐标。也可以按住 Ctrl 键并选择任意 3 个跟踪点，以生成想要的平面。我们要做的效果是在小路上加入一段立体文字，所以选择 3 点生成的平面要与小路平面相匹配（图 8-90）。

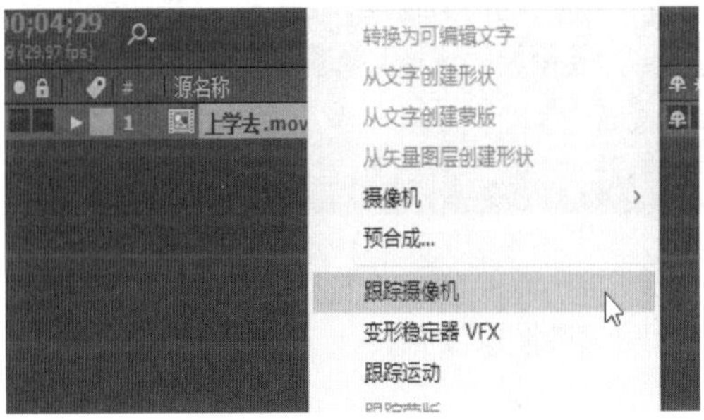

图 8-89

图 8-90

红色标靶的位置是可以移动的，在合成面板的画面中，可以单击并拖动红色标靶，以生成的平面为依据进行移动，来决定将要插入文字的原点位置（图 8-91）。

图 8-91

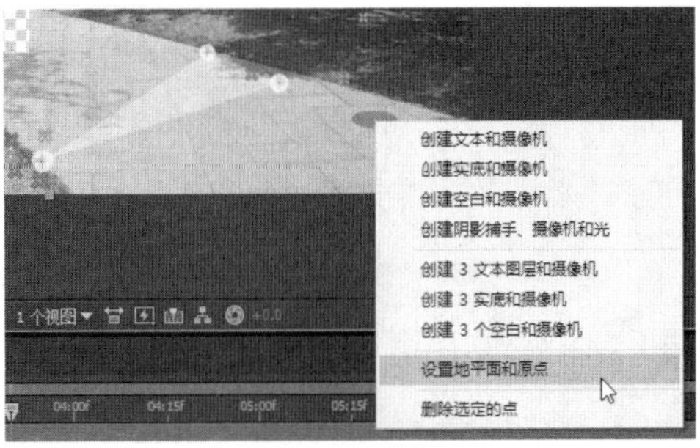

图 8-92

在红色标靶上单击鼠标右键，在弹出的上下文菜单中选择“设置地平面和原点”（图 8-92），这一步操作似乎没有什么用，但它将原点的坐标设为（0,0,0），这将使后面的位置调整工作更加容易。

再次在红色标靶上单击鼠标右键，在弹出的上下文菜单中选择“创建文本和摄像机”（图 8-93），在时间轴面板中会新建一个“3D 跟踪摄像机层”和一个“3D 文字层”（图 8-94），合成面板中在标靶处显示文字（图 8-95）。

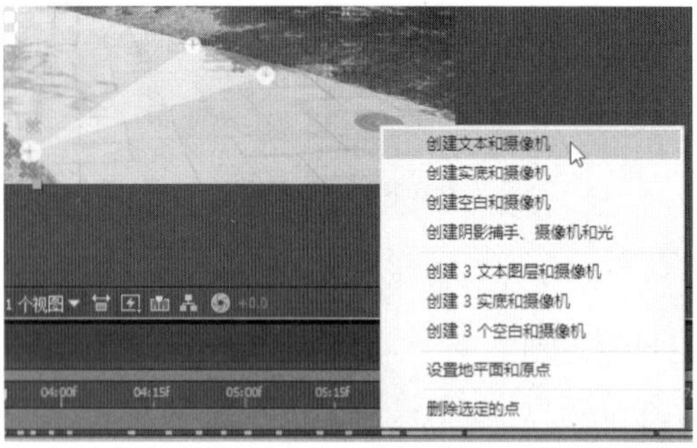

图 8-93

图 8-94

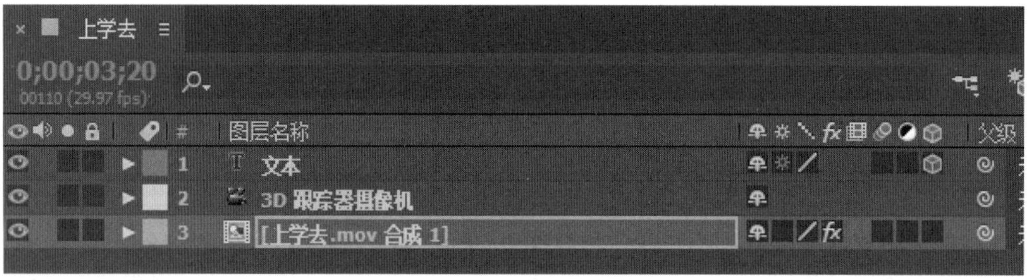

图 8-95

（4）在时间轴面板中双击文字层，输入文字“上学路上”，并按下 Ctrl + 6 键调出字符面板，调整字体、字号、颜色等属性。

在时间轴面板中选择文字层，按下 R 键调出方向属性，调整数值，使合成面板中的文字立于小路边；按下 S 键调出图层缩放属性，调整文字大小；按下 P 键调出位置属性，调整位置（图 8-96）。

图 8-96

（5）虽然已经把文字置于场景中，但还是显得和环境格格不入，因为它缺少该有的光影效果，下面来为文字创建灯光与阴影。

在时间轴面板中选择“上学去.mov 合成 1”，按下 E 键调出“3D 摄像机跟踪器”特效，选择“3D 摄像机跟踪器”特效（图 8-97），从而在合成面板中显示跟踪点。找到创建文本层时所使用的相同平面标靶并单击鼠标右键，在弹出的上下文菜单中选择“创建阴影捕手和光”（图 8-98），与此同时时间轴面板中会自动添加一个灯光层“光源 ^1”和一个白色纯色层“阴影捕手 1”。

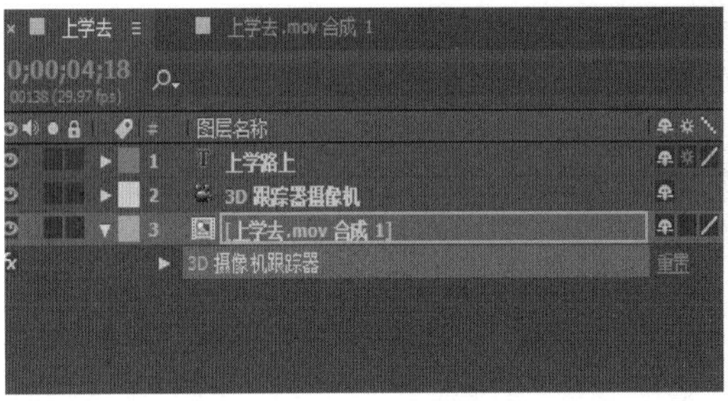

图 8-97

图 8-98

选择“阴影捕手 1”层，按下 S 键调出缩放属性，调整图层大小；按下 P 键调出位置属性，调整图层位置；按下 R 键调出旋转属性，调整方向。使得文字的阴影可以全部显示出来。

用鼠标双击“上学去.mov 合成 1”进入合成，将图层蒙版的叠加模式设为“无”（图 8-99），以显示人物。返回“上学去”合成，点选“光源 ^1”层，按下 P 键调出位置属性，比对人物阴影的角度调整灯光层的位置，使文字阴影角度与场景相符（图 8-100）。

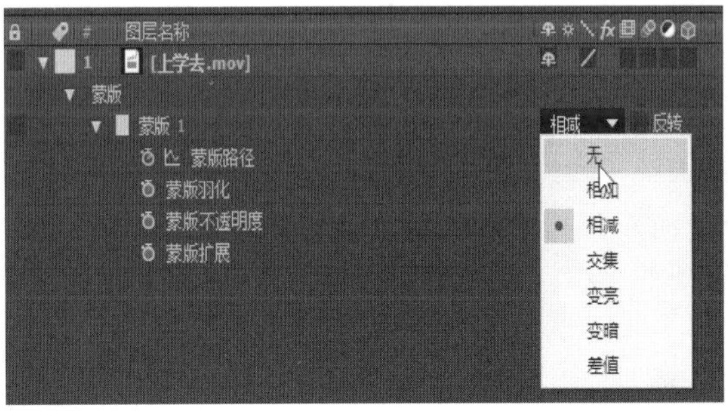

图 8-99

图 8-100

在菜单栏选择“图层”→“灯光设置”，在弹出的灯光设置面板中，调整“阴影深度”与“阴影扩散”项的参数（图 8-101），使文字的阴影与场景中的阴影相匹配。

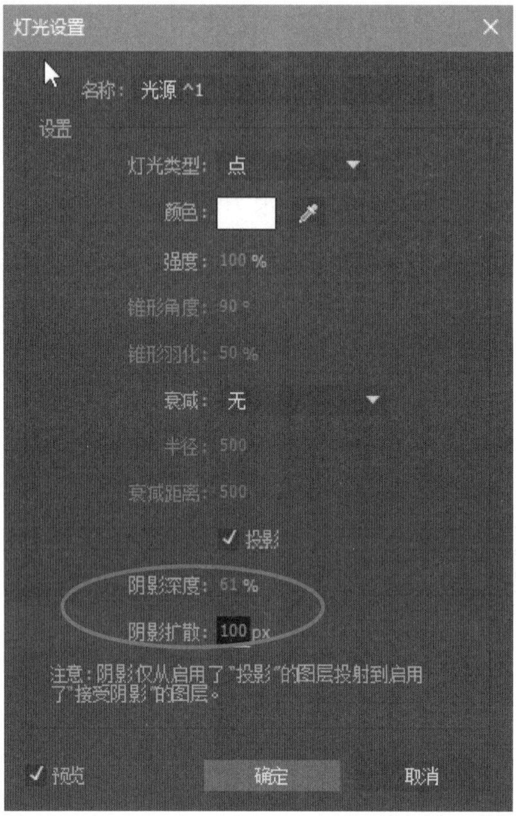

图 8-101

由于添加灯光角度的问题，文字变得很黑，需要添加环境光以照亮文字。在菜单栏选择“图层”→“新建”→“灯光”（图 8-102）。在弹出的灯光设置面板中，将“名称”设为“环境光”，将“灯光类型”设为“环境”（图 8-103），单击“确定”按钮，生成名为“环境光”的灯光层，同时文字被照亮。

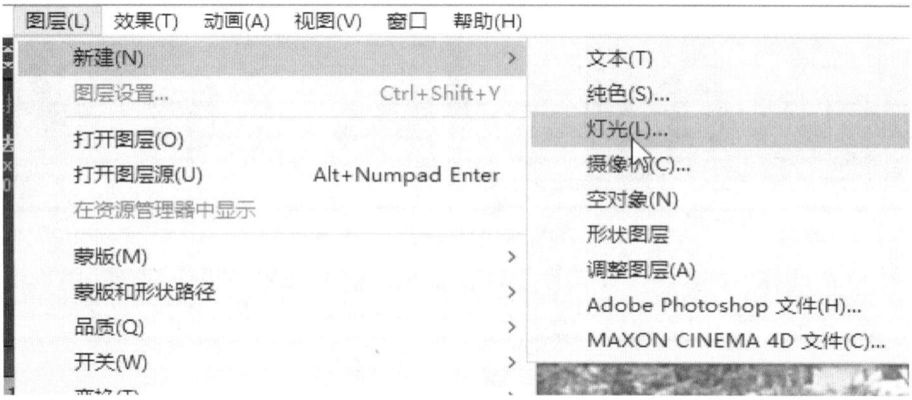

图 8-102

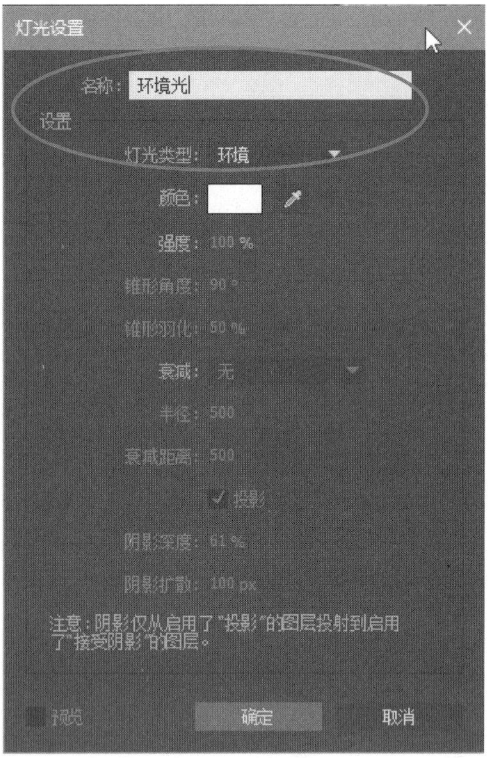

图 8-103

（6）按下小键盘的“0”键预览效果，发现当人物经过文字时，人与文字的层叠关系出现问题，文字置于人物之上（图 8-104）。这时可以通过将视频层复制一层并置于堆栈顶层，再沿人物轮廓绘制蒙版以遮挡住下面的文字。

在时间轴面板中点选“上学去.mov 合成 1”图层，按下 Ctrl + D 复制该图层，将其拖至图层堆栈顶端，按回车键重命名为“蒙版”（图 8-105）。

图 8-104

图 8-105

这里可以使用“钢笔工具”在合成面板中沿人物边缘绘制蒙版，并做蒙版路径的关键帧，以遮住下面的文字层。但是“Roto 笔刷工具”更加便捷。

在工具栏单击“Roto 笔刷工具”（快捷键 Alt + W），在时间轴面板中用鼠标双击“蒙版”层打开图层面板。将当前时间指示器定位在人物经过文字之前的位置，按住 Ctrl 键在图层面板中拖动鼠标左键以调整笔刷尺寸到合适的大小。使用绿色圆形 + 号笔刷 在人物身体轮廓内部（不要出边界）拖动光标（图 8-106），系统会分析计算出蒙版的轮廓。按 Alt 键并滚动鼠标滚轮放大画面进行微调，按住 Alt 键使得笔刷变为红色圆形 - 号笔刷 ，再拖动鼠标左键以减去蒙版边缘多余的部分。蒙版不需要覆盖全部人体，只要能遮盖住下层的文字即可（图 8-107）。配合 Page Down 键向后浏览蒙版的变化，并使用“Roto 笔刷工具”修复后续帧中蒙版的形状，直至人物滑过文字，返回合成面板查看效果，人物已经遮挡了身后的文字（图 8-108）。

图 8-106

图 8-107

图 8-108

在时间轴面板中，单击“蒙版”层的运动模糊开关，并开启合成的运动模糊开关（图 8-109）。

图 8-109

（7）还可以为文字再加上一些特效。此处在时间轴面板中将当前时间指示器定位在人物经过文字之前。在程序界面右侧的效果面板搜索框中输入“3D”，在搜索结果中选择“3D 基础旋转 Y 层叠”（图 8-110），将其拖动到文字层应用。

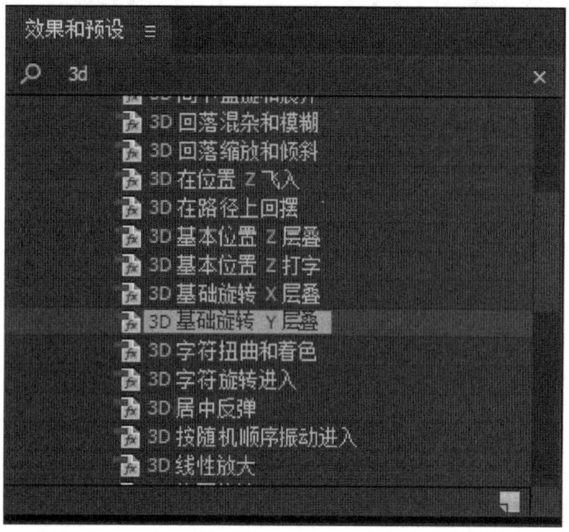

图 8-110

通过完成这个实例不难发现，与点跟踪的工作方式不同，“3D 摄像机跟踪器”操作简单、方便实用，通过创建 3D 摄像机来匹配画面视角的变化，从而实现将物体置于场景中。但是也存在一些问题例如前景人物对画面的干扰（可以通过绘制蒙版的方法解决），一些运动画面中的运动模糊（可在拍摄素材时提高帧速率），都会导致跟踪的失败。所以，到底选择哪种跟踪方式，还要根据具体情况来决定。

8.8 本章复习

1. 简述变形稳定器 VFX 的使用方法。
2. 如何设置跟踪点？
3. 如何解决跟踪过程中跟踪点跑偏的问题？
4. 应用透视边角定位替换平面的注意事项有哪些？
5. 3D 摄像机跟踪器的使用方法有哪些？

第 9 章　时间控制

时间拉伸、时间重映射和时间扭曲效果均可用于创建慢动作、快动作、冻结帧或其他时间调整效果。有关时间扭曲效果的制作本章不做重点讲解，本章将为大家介绍时间拉伸、时间重映射等知识点。

9.1　时间拉伸

通过相同的因子对整个图层进行加速或减速的过程称为时间拉伸。当拉伸图层时长时，素材中的音频和原始帧（以及属于该图层的所有关键帧）都会沿着新的持续时间重新分布。注意仅在你希望的图层和所有图层关键帧更改为新的持续时间时才能使用此命令。

9.1.1　恢复默认设置

为了实现操作过程的一致性，首先要恢复 After Effects 程序的默认设置。启动 After Effects 时按下 Ctrl+Alt+Shift 键，系统询问是否删除首选项文件时，单击“确定”按钮。选择菜单的“文件→另存为→另存为”命令，弹出“另存为”对话框，导航至相关保存路径，将项目命名为“时间拉伸.aep”，然后单击“保存”按钮，完成对项目的重命名及保存。

9.1.2　导入素材

下面为新打开的项目导入素材。双击项目面板的空白处打开“导入文件”对话框，导航到“光盘 \ 第 9 章 \ 素材”文件夹下，选择“时间控制.avi”文件，在“导入为”项下拉菜单中选择“素材”，即以素材方式导入素材，然后单击“导入”按钮。

这样在项目面板中显示已导入的素材，用鼠标选择项目面板中的“时间控制”素材，并将它拖放至时间轴中。

9.1.3　从特定时间拉伸图层时长

（1）在时间轴或项目面板中，选择相关图层（图 9-1）。

图 9-1

（2）选择“图层”菜单选项“时间”选项下的“时间拉伸”命令（图 9-2）。

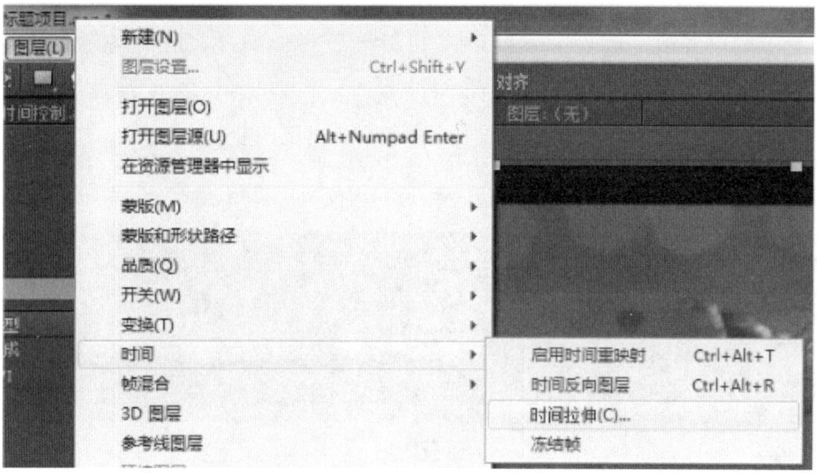

图 9-2

（3）为该层键入新的持续时间，或键入拉伸系数（图 9-3）。

图 9-3

（4）要指定拉伸图层时长的时间点，单击“原位定格”选项之一，然后单击“确定”按钮（图 9-4）。

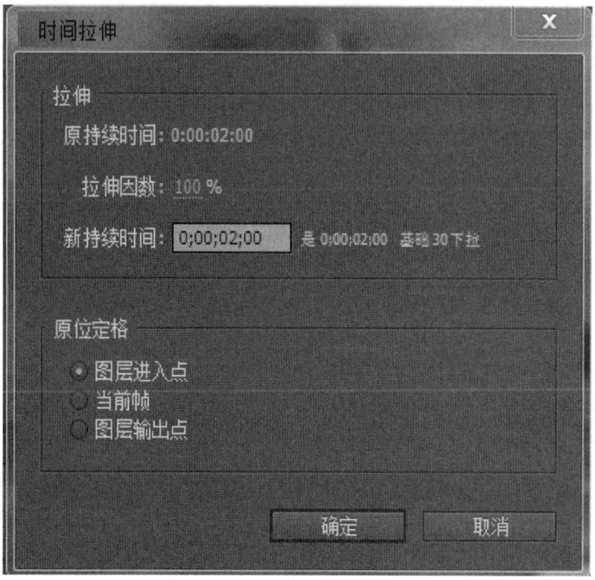

图 9-4

小知识

1. 使用拉伸控制速度

在时间轴窗口中，单击底部的按钮，可以展开拉伸属性，如图 9-5 所示。拉伸属性可以加快或者放慢素材层的时间，默认情况下拉伸值为 100%，代表正常速度播放素材；小于 100% 时会加快播放速度；大于 100% 时将减慢播放速度。但是，拉伸属性不可以形成关键帧，因此不能制作变速的动画特效。

图 9-5

入点和出点参数面板可以方便地控制层的入点和出点信息，通过它们同样可以改变素材的播放速度，改变拉伸值。

2. 确定时间调整基准点

在进行拉伸过程中，变化时的基准点在默认情况下是以入点为基准的。在 After Effects 中，时间调整的基准点同样是可以改变的。单击时间拉伸参数，弹出时间拉伸对话框，在下面的原位定格选项组却可以设置在改变拉伸值时，层变化的基准点，如图 9-6 所示。

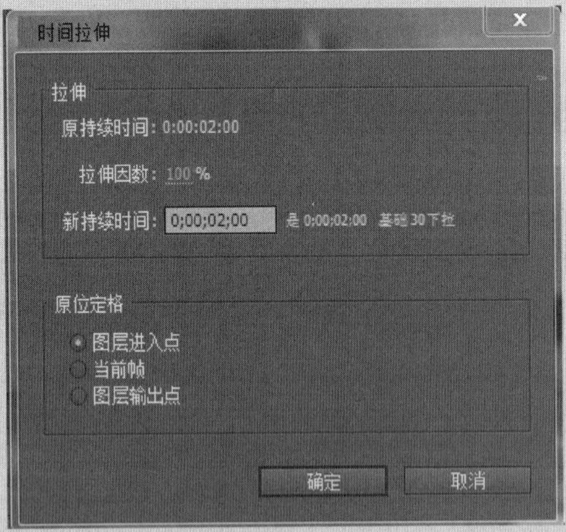

图 9-6

(1) 图层进入点：以层入点为基准，也就是在调整过程中，固定入点的位置。

(2) 当前帧：以当前时间指针为基准，也就是在调整过程中，同时影响入点和出点位置。

(3) 图层输出点：以层出点为基准，也就是在调整过程中，固定出点的位置。

9.1.4　将图层的时间拉伸到特定时间

（1）在时间轴面板中，将当前时间指示器移到图层开始或结束的帧上（图 9-7）。

图 9-7

（2）通过从时间轴面板菜单中选择底部的按钮，来显示“入点”和“出点”列（图 9-8）。

图 9-8

（3）要将入点或出点拉伸到当前时间，按住 Ctrl 键的同时单击入点或出点中图层的进入或离开时间即可。

拉伸图层的时长，并非其关键帧

当拉伸图层的时长时，默认情况下其关键帧的位置也随之拉伸。我们可以通过剪切和粘贴关键帧避免此行为。

（1）记下第一个关键帧出现的时间。

（2）在时间轴面板中，单击一个或多个图层属性的名称，这些属性包含要保留的同一时间的关键帧。

（3）选择“编辑”菜单下“剪切”命令（图 9-9）。

图 9-9

（4）将图层移动或拉伸到其新的入点和出点。

（5）在剪切关键帧之前，将当前时间指示器移动到第一个关键帧出现的时间。

（6）选择“编辑”菜单下“粘贴”命令（图 9-10）。

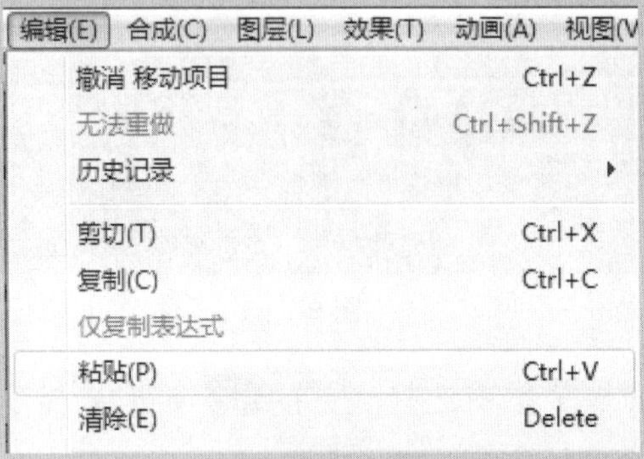

图 9-10

利用拉伸属性可以方便地实现动态影像的倒放功能，只要把拉伸调整为负值即可。例如，保持素材原来的播放速度，只是实现倒放，可以将拉伸值设置为 -100%。

9.1.5 反转图层的播放方向

当反转图层的播放方向时，选定图层上所有属性的所有关键帧的顺序也会反转。图层本身保留其相对于合成的原始入点和出点。

（1）在时间轴面板中，选择要翻转的图层（图 9-11）。

图 9-11

（2）选择“图层”菜单选项“时间”选项下的“时间反向图层”命令，或按下 Ctrl+Alt+R 快捷键（图 9-12）。

9.1.6 反转关键帧而不反转图层播放

虽然可以跨多个图层和属性来选择和反转关键帧，但属性的每组关键帧仅会在其原始时间范围内反转，而任何其他选定属性的关键帧组则不会。时间轴面板的标记不会反转，因此我们可能需要在反转关键帧之后移动这些标记。

（1）在时间轴面板中，选择要反转的关键帧范围（图 9-13）。

（2）选择“动画”菜单选项“关键帧助手”选项下的“时间反向关键帧”命令（图 9-14）。

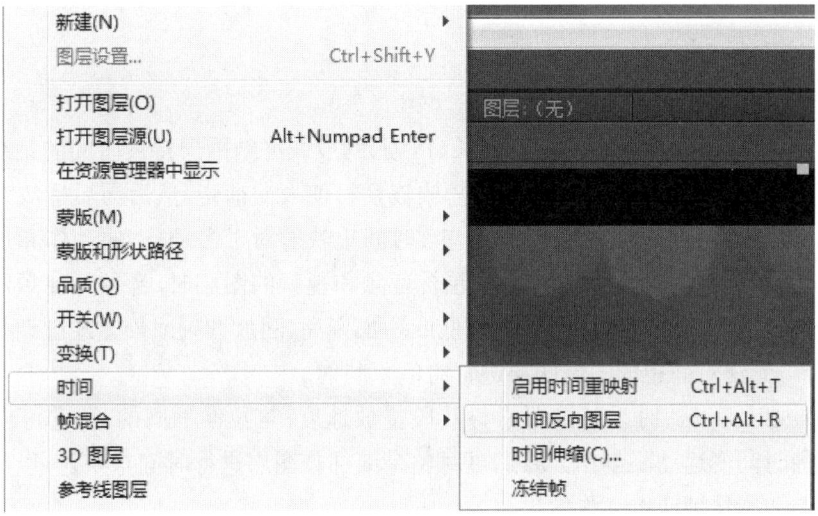

图 9-12

图 9-13

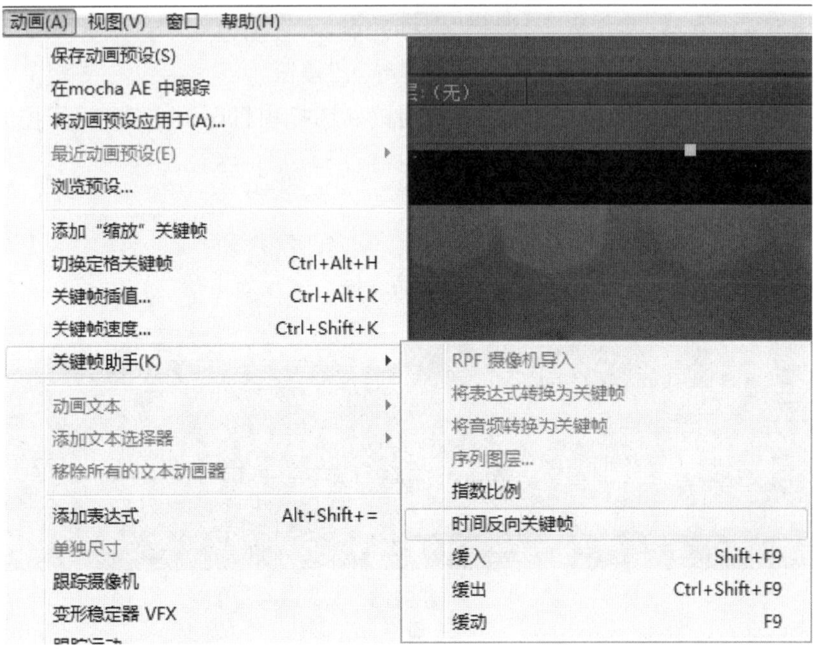

图 9-14

9.2 时间重映射

我们可以使用时间重映射的过程延长、压缩、回放或冻结图层持续时间的某个部分。例如，如果使用某个人行走的素材，则可以播放该素材使人向前走，然后向后播放几帧使人向后退，之后再次向前播放使该人恢复向前走，时间重映射对于慢动作、快动作和反向运动组合很有用。当我们将时间重映射应用于包含音频和视频的图层时，音频与视频仍然保持同步。我们可以重映射音频文件，以逐渐降低或增加音高、回放音频或创建经过调频的声音或凌乱的声音。无法对静止的图像图层进行时间重映射。

时间重映射可以随时重新设置素材片段播放速度，与拉伸不同的是，它可以设置关键帧，进行各种时间变速动画创作。我们可对整个或部分图层进行时间重映射，以创建许多不同的效果，例如冻结帧或慢动作效果。

9.2.1 恢复默认设置

为了实现操作过程的一致性，首先要恢复 After Effects 程序的默认设置。启动 After Effects 时按下 Ctrl+Alt+Shift 键，系统询问是否删除首选项文件时，单击“确定”按钮。选择菜单“文件”→“另存为”→“另存为”命令，弹出“另存为”对话框，导航至相关保存路径，将项目命名为“时间重映射.aep”，然后单击“保存”按钮，完成对项目的重命名及保存。

9.2.2 导入素材

下面为新打开的项目导入素材。双击项目面板的空白处打开“导入文件”对话框，导航到“光盘\第 9 章\素材”文件夹下，选择“时间控制.avi”文件，在“导入为”项下拉菜单中选择“素材”，即以素材方式导入素材，然后单击“导入”按钮。

这样在项目面板中显示已导入的素材，用鼠标选择项目面板中的“时间控制”素材，打开将它拖放至时间轴中。

9.2.3 应用时间重映射

（1）在时间轴窗口中选中动态素材层（图 9-15）。

图 9-15

（2）选择“图层”菜单选项“时间”选项下的“启用时间重映射”命令，可以为当前层应用时间重映射控制，对层应用时间重映射后，可以在时间轴窗口中对其进行精确调整。与时间拉伸不同，时间重映射并不影响其他图层的时间设置（图 9-16）。

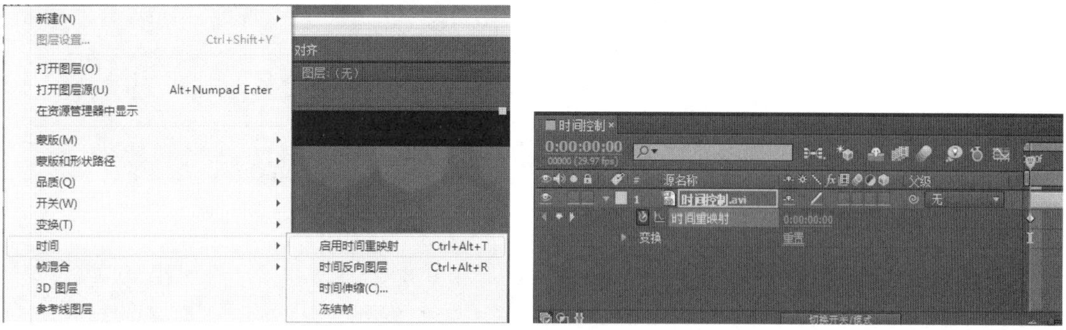

图 9-16

9.2.4　在图层持续时间内冻结当前帧

（1）在合成或时间轴面板中，选择图层（图 9-17）。

图 9-17

（2）将当前时间指示器置于要冻结的帧上（图 9-18）。

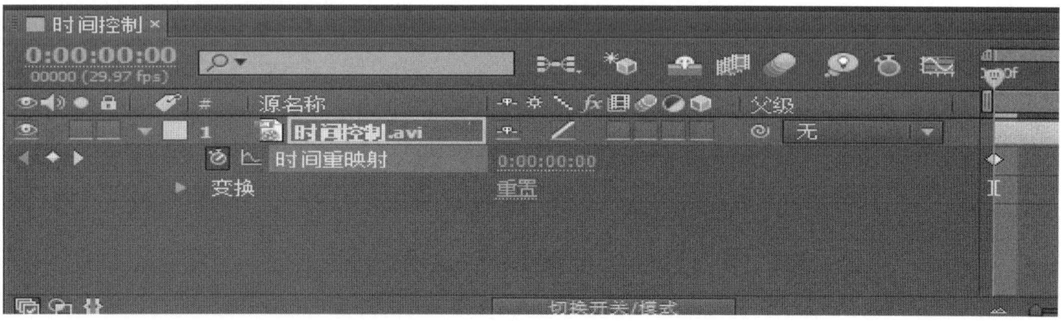

图 9-18

（3）选择“图层”菜单选项“时间”选项下的“冻结帧”命令（图 9-19）。

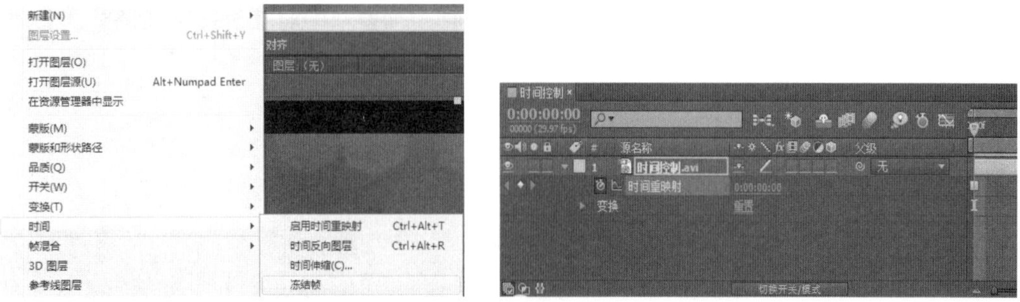

图 9-19

时间重映射已启用，定格关键帧位于当前时间指示器的位置上以冻结该帧。如果之前在图层上启用了时间重映射，则在应用“冻结帧”命令时会删除创建的所有关键帧。

9.2.5　在不改变速度的情况下冻结第一帧

（1）在合成或时间轴面板中，选择要重映射的图层（图 9-20）。

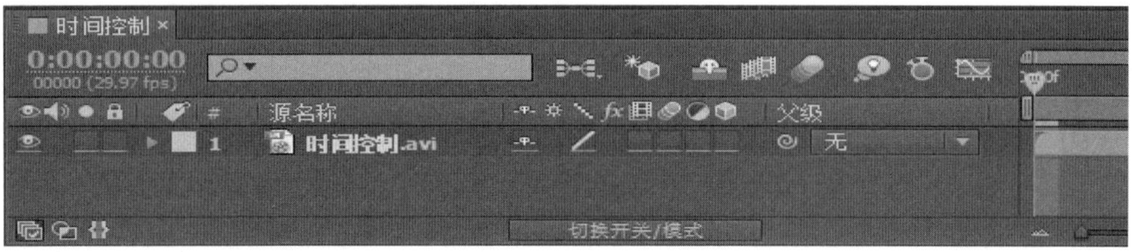

图 9-20

（2）选择“图层”菜单选项“时间”选项下的“启用时间重映射”命令。此命令默认情况下会添加两个时间重映射关键帧，一个在图层的开始处，一个在图层的结尾处（图 9-21）。

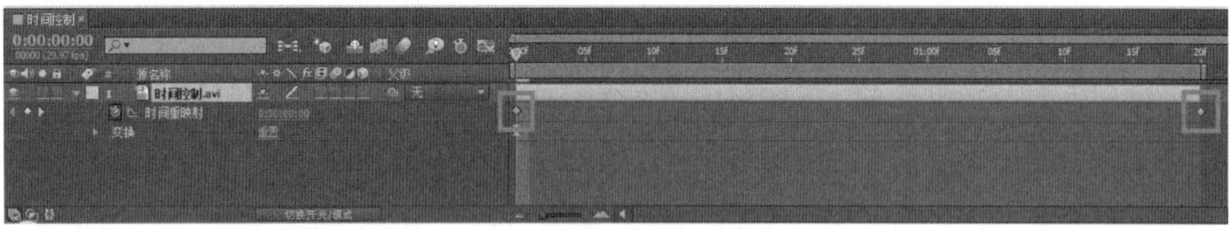

图 9-21

（3）将当前时间指示器移动到影片开始的位置（图 9-22）。

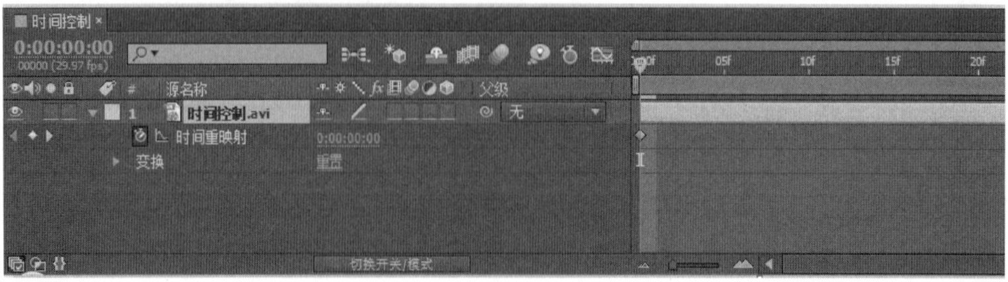

图 9-22

（4）单击时间重映射属性名称以选择开始和结束关键帧（图 9-23）。

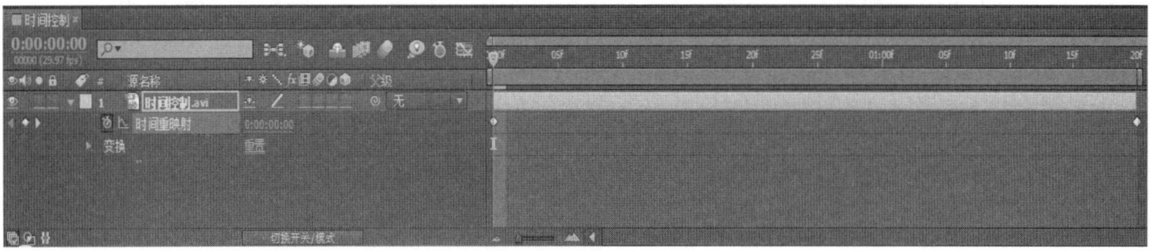

图 9-23

（5）将第一个关键帧拖至当前时间指示器，这会移动开始和结束关键帧（图 9-24）。

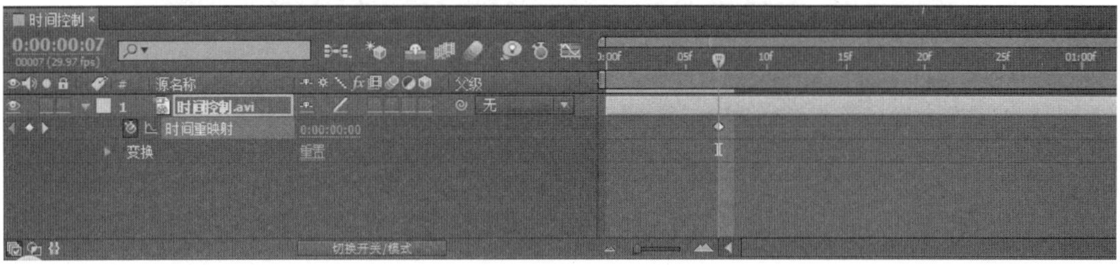

图 9-24

在图层持续时间的中段冻结帧

（1）在合成或时间轴面板中，选择要重映射的图层。

（2）选择“图层”菜单选项“时间”选项下的“启用时间重映射”命令。此命令默认情况下会添加两个时间重映射关键帧，一个在图层的开始处，一个在图层的结尾处。

（3）将当前时间指示器移动到想要冻结的帧上，并在当前时间设置一个时间重映射关键帧，方法是单击“时间重映射”属性的关键帧导航器（图 9-25）。

图 9-25

（4）选择最后两个时间重映射关键帧（第二个和第三个关键帧）并将它们拖向右侧。

（5）按 F2 键取消选择关键帧，然后单击第二个（中间）关键帧以将其选中。

（6）按下 Ctrl+C 键复制该关键帧。

（7）按下 Ctrl+V 键在当前时间粘贴该关键帧。

（8）要拉伸图层以便通过延长其持续时间来容纳冻结帧操作所添加的时间，按 K 键两次以将当前时间指示器移动到最后一个时间重映射关键帧，然后按下 Alt+] 键。

注：第一个和第二个关键帧之间的图层部分以不变的速率播放，第三个和第四个关键帧之间的图层部分也一样。第二个和第三个关键帧相同，因此会在这两个关键帧之间的时间内播放单个冻结帧。

9.2.6 使用图表编辑器重映射时间

（1）在合成或时间轴面板中，选择要重映射的图层（图 9-26）。

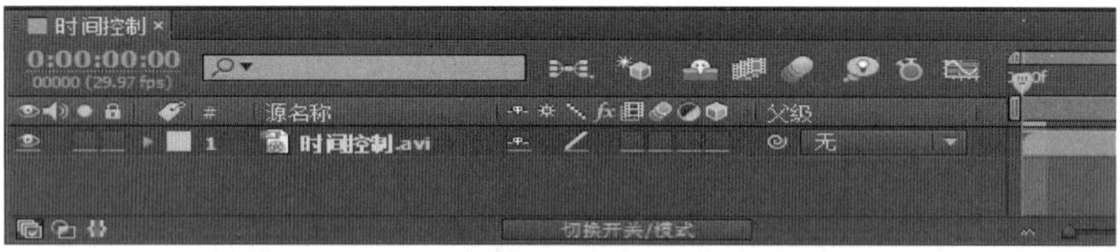

图 9-26

（2）选择"图层"菜单选项"时间"选项下的"启用时间重映射"命令（图 9-27）。

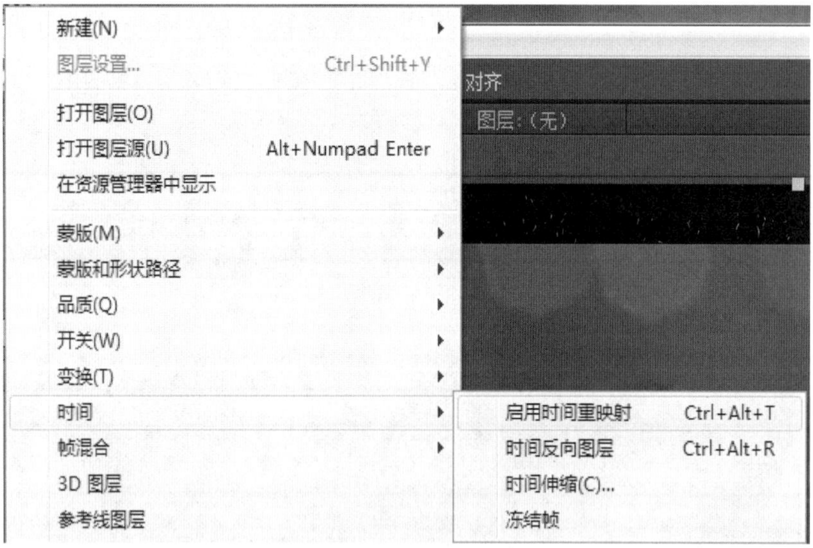

图 9-27

（3）在时间轴面板中，单击"时间重映射"属性的名称以将其选中（图 9-28）。

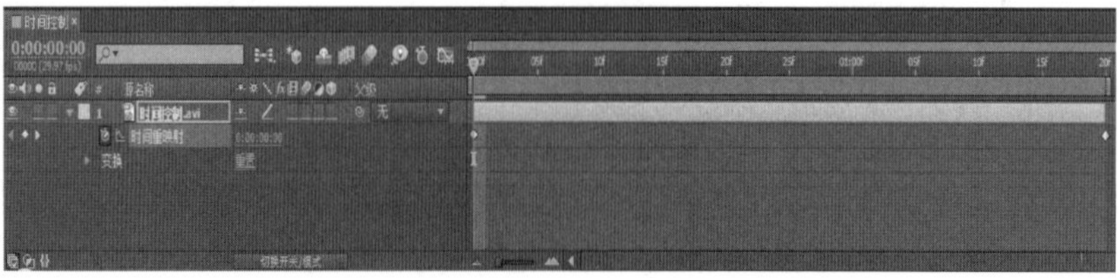

图 9-28

（4）将当前时间指示器移到添加关键帧的时间位置，然后单击关键帧导航器中的关键帧按钮以添加关键帧（图 9-29）。

图 9-29

（5）在图表编辑器中，上下拖动关键帧标记，在拖动时观察时间重映射值。要与其他关键帧对齐，在按住 Shift 键的同时进行拖动（图 9-30）。

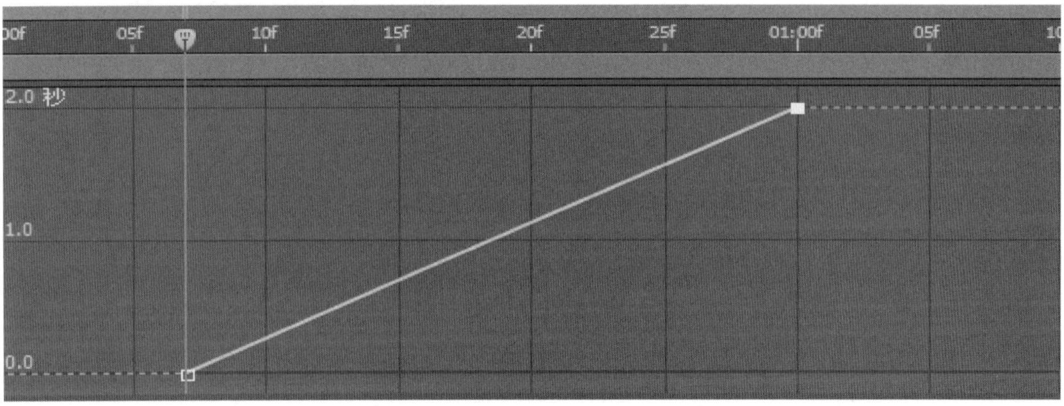

图 9-30

要在图表编辑器模式和图层条模式之间切换，按 Shift+F3 快捷键。在移动时间重映射关键帧之前，最好先在图层中选择所有后续的时间重映射关键帧。当重映射当前关键帧的时间时，此选择将保留图层其余部分的时间。

1) 要放慢图层的速度，请向下拖动关键帧。（如果图层是反向播放的，则向上拖动）

2) 要加快图层的速度，请向上拖动关键帧。（如果图层是反向播放的，则向下拖动）

3）要向后播放帧，需将关键帧向下拖到低于上一个关键帧值的值位置。

4）要向前播放帧，需将关键帧向上拖到高于上一个关键帧值的值位置。

5）要冻结上一个关键帧，需将当前关键帧标记拖到等于上一个关键帧值的值位置，以便曲线是一条水平的直线。另一个方法是选择关键帧，然后选择动画？切换定格关键帧，然后在需要重新开始运动的位置再添加一个关键帧。

9.2.7　对音频音高进行时间重映射

（1）在合成或时间轴面板中，选择想要重映射的图层（图 9-31）。

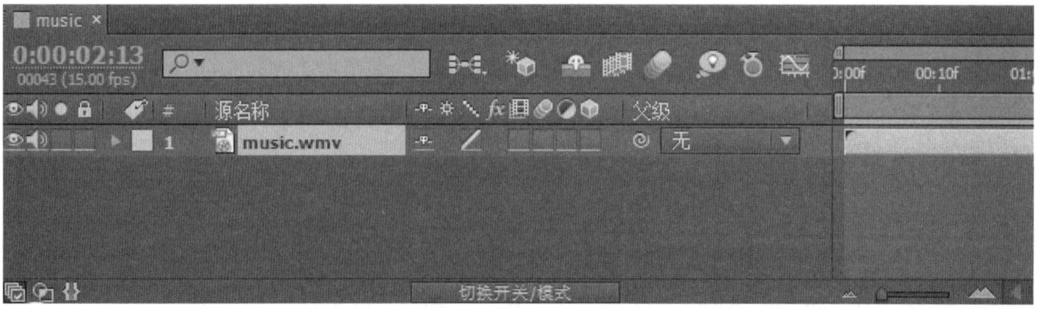

图 9-31

（2）选择“图层”菜单选项“时间”选项下的“启用时间重映射”命令（图 9-32）。

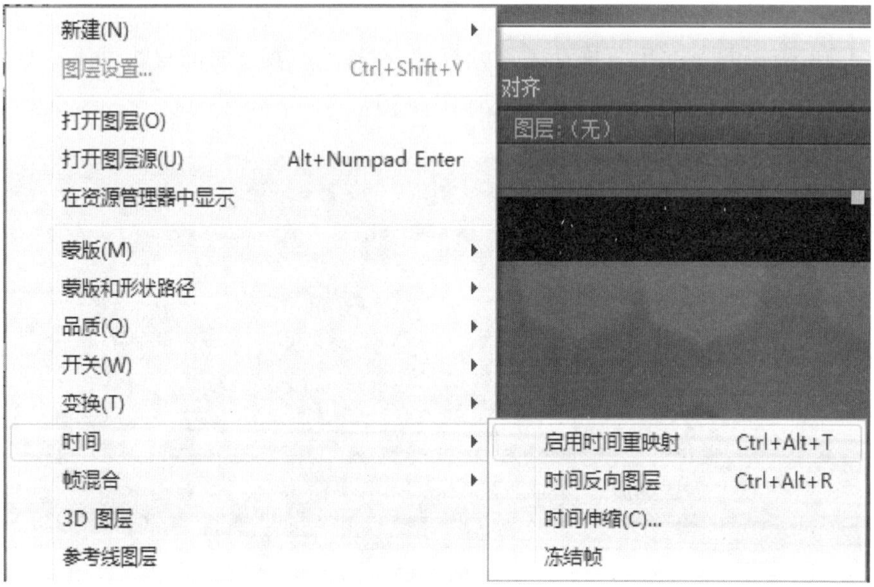

图 9-32

（3）必要时，单击时间轴面板中的“图表编辑器”按钮以显示图表编辑器（图 9-33）。

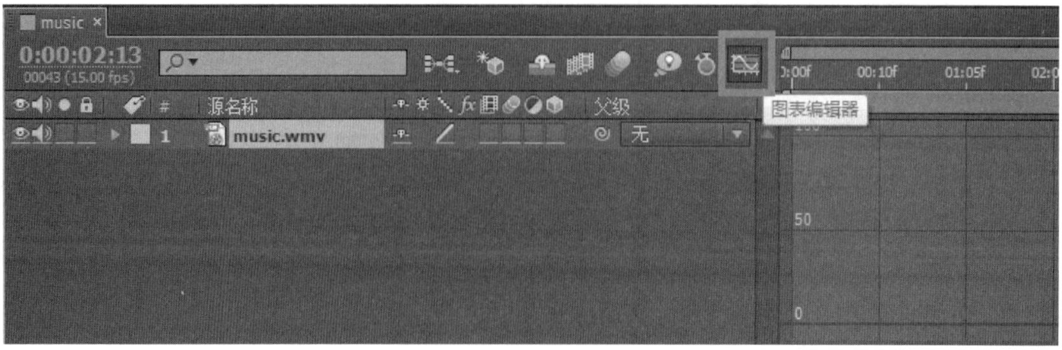

图 9-33

（4）单击图表编辑器底部的“选择图表类型和选项”按钮，并选择“编辑速度图表”（图

9-34）。

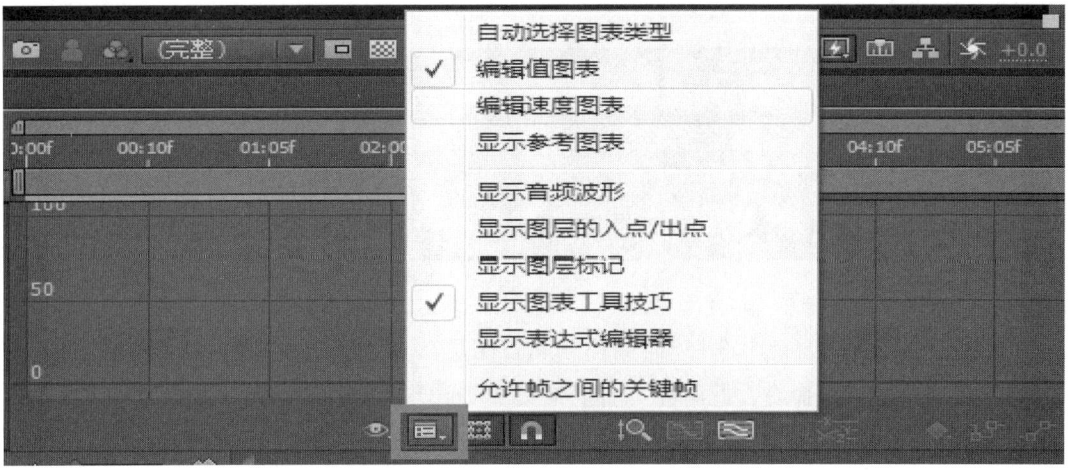

图 9-34

（5）将当前时间指示器移到需要开始变化的帧位置，然后单击“添加关键帧”按钮（图 9-35）。

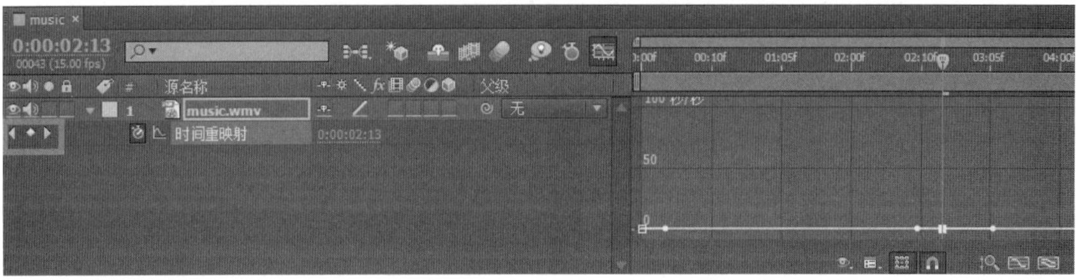

图 9-35

（6）在关键帧下面的速度图表中，拖动标记并在拖动时观察速度值。

1）要降低音高，向下拖动速度图表标记。

2）要提高音高，向上拖动速度图表标记。

时间重映射属性的速度图表与音频文件的音高直接相关。通过对速度图表进行细微的更改，可以创建各种有趣的效果。为避免发出刺耳的声音，可能需要将速度值保持在 200% 以下。当速度过高时，可使用位于“音频”属性下的“级别”控件来控制音量。在“时间重映射”图表中设置新的入点和出点后，可能会在音频（或者音频和视频）图层的开始和结束位置听到咔哒声。我们可以使用级别控件移除这些咔哒声。

9.2.8　时间控制实例

（1）为新打开的项目导入素材。双击项目面板的空白处打开“导入文件”对话框，导航到“光盘\第 9 章\素材”文件夹下，选择“时间控制.avi”文件，在“导入为”项下拉菜单中选择“素材”，即以素材方式导入素材，然后单击“导入”按钮。这样在项目面板中显示已导入的素材，用鼠标选择项目面板中的“时间控制”素材，打开将它拖放至时间轴中，产生一个合成（图 9-36）。

图 9-36

（2）在“时间轴”窗口中选择“时间控制.avi”图层，选择“图层”菜单选项“时间”选项下的“启用时间重映射”命令。此时在“时间轴”窗口中出现了一个时间重映射属性，并且在素材的入点和出点自动设置了两个关键帧，这两个关键帧就是该层的入点和出点的关键帧（图 9-37）。

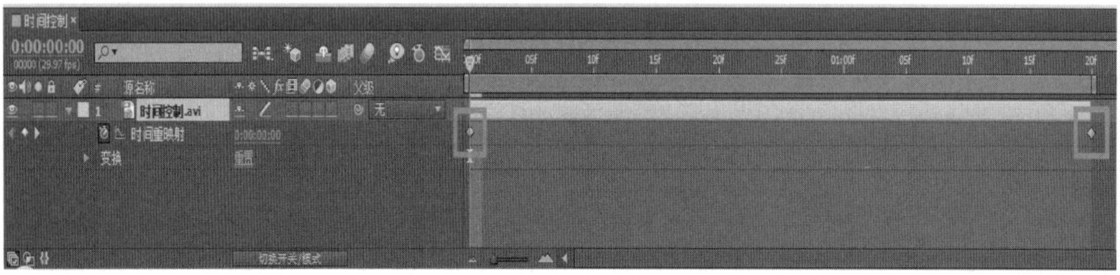

图 9-37

（3）在“时间轴”窗口中将时间滑块拖到第 1 秒位置，在关键帧导航器中增加一个关键帧，并将时间重映射属性右侧的当前帧参数更改为 2 秒，这样原始素材的 2 秒就被压缩为 1 秒内播放，即加快动作的效果（图 9-38）。

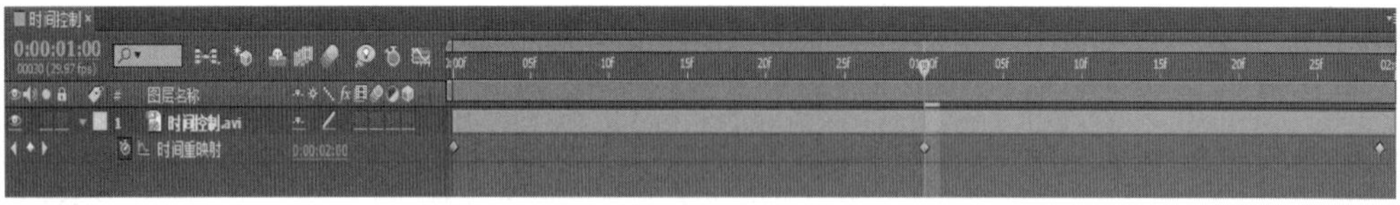

图 9-38

（4）在“时间轴”窗口中将时间滑块拖到第 1 秒 10 帧位置，建立一个关键帧，在时间重映射当前时间栏中动画属性值和第 1 秒的动画属性值一致，均为 2 秒，这样这 10 帧动作被暂停（图 9-39）。

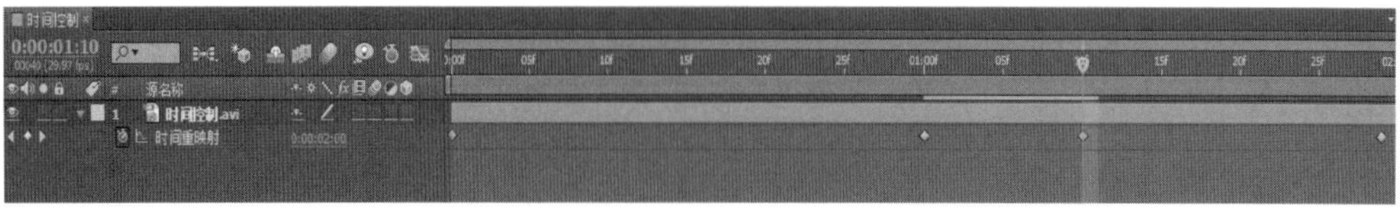

图 9-39

（5）最后将结束帧时间重映射右侧的动画属性值设置为 0 秒，从第 10 帧至结束播放的是原始素材的第 2 秒至第 0 秒的内容，即倒播效果（图 9-40）。

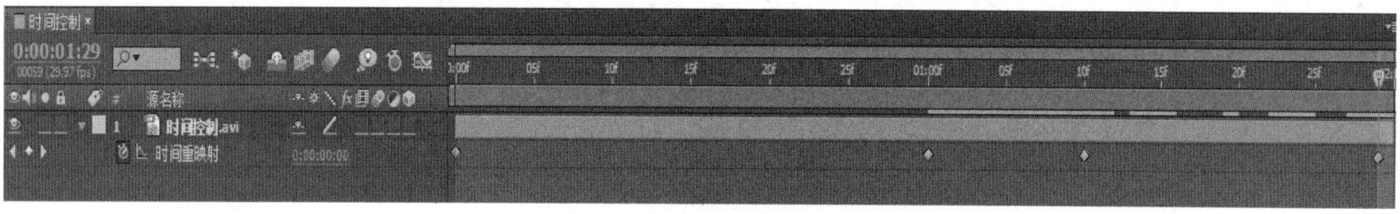

图 9-40

（6）按下小键盘的“0”键预览变速效果，可以发现前 1 秒的时间内，小虫运动的速度被加快了，随后有 10 帧的定帧效果，最后是小虫的倒退运动效果。具体参数可以参照源文件“时间控制.aep”。

9.3　本章复习

1. 什么是时间拉伸？
2. 什么是时间重映射？

第 10 章　色彩校正

10.1　色彩

在这个世界中，色彩无处不在，它使自然界显得生机勃勃，是人类最基础的审美形式。色彩甚至有温度、有情感，它以我们所无法理解的方式影响我们的决定。

在影视作品中色彩的运用甚至会对整个影片的成败起到决定性作用。著名摄影师斯托拉罗曾说："色彩是电影语言的一部分，我们使用色彩表达不同的情感和感受，就像运用光与影象征生与死的冲突一样。我相信不同色彩的意味是不同的，而且不同文化背景的人对色彩的理解也是不同的。"

作为最重要的合成技能之一，色彩校正可以修正素材偏色、饱和度、对比度等拍摄时留下的问题，让我们将不同的素材完美地合成在一起，使它们看上去属于同一个世界。或者通过匹配颜色，使不同序列的镜头连接起来的时候，保持色调一致。甚至可以对画面中的某一种颜色进行单独调整，而不影响画面中的其他部分。

在学习色彩校正之前，我们先来了解一些基础的色彩知识，这将对我们将来的创作有非常重要的指导意义。

10.1.1　色彩的三大属性

要想定义我们所看到的色彩，就要从色彩的三大属性说起，即色相、饱和度、亮度。

（1）色相是除黑白灰以外各类色彩的相貌称谓，如红、橙、黄、绿、青、蓝、紫，它是区别各种不同色彩的最准确的标准。

（2）饱和度是指色彩的鲜艳程度，也称色彩的纯度，纯度越高，表现越鲜明，纯度越低，表现则越黯淡。

（3）亮度是指颜色的明亮程度，或者说是该颜色与黑色或白色接近的程度。

10.1.2　三原色

"愿原力与你同在。"这是在电影《星球大战》中绝地武士们经常挂在嘴边的一句话。其中的"原力"是一种宇宙中强大而又无处不在的神秘力量。在色彩的世界中也有着这样一种颜色，它们无处不在却又独一无二，那就是"原色"，确切地说是"三原色"。之所以被称为三原色，是因为这三种颜色是不能靠其他颜色混合得到的，而其他任何颜色却可由这三种颜色按照一定的比例混合出来。

作为色彩链中最重要的颜色，对于三原色却有着不同的说法。有人说三原色是红、绿、蓝，也有人说是红、黄、蓝，这又是怎么回事呢？

这其实涉及颜色的混合理论，我们可以通过不同的方法创造需要的颜色，其中有两种最基本的颜色模型：减色法和加色法（图 10-1）。

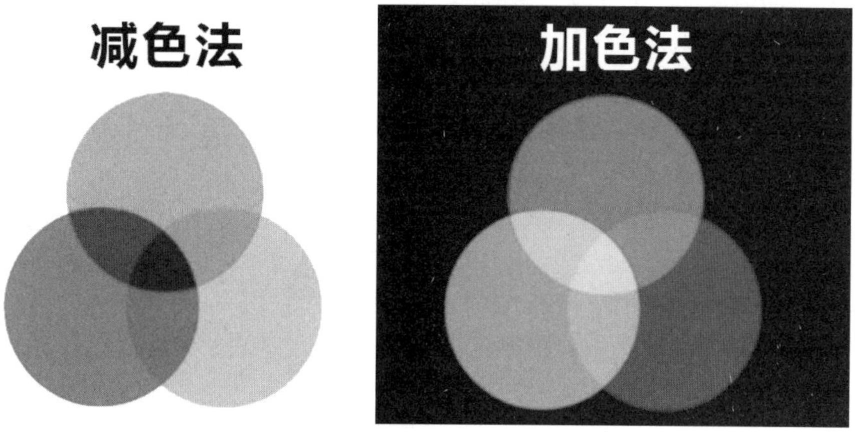

图 10-1

1. 减色法

左图是减色法，减色法的三原色分别是青、品红、黄（英文缩写 CMY）。三原色两两叠加的部分演变成另一组颜色，而中间三原色全部叠加的部分变成了黑色。

减色法是在白色的背景上开始，我们把颜色逐步叠加，增加它们的强度，直到最终变为黑色。就像我们在一张白纸上涂颜色，你叠加上去的颜色越多，效果就会越暗。之所以叫减色法，是因为随着颜色的叠加，通过这些颜色反射到我们眼中的光线在不断减少。减色法通常被用在绘画和印刷领域，也就是被称为 CMYK 的模式，其中“K”代表黑色，因为在印刷领域中用三原色进行混合无法做到足够的黑，所以需要再单独加一个黑色进行补充。

2. 加色法

右图是加色法，加色法的三原色分别是红、绿、蓝（英文缩写 RGB）。三原色两两叠加的部分演变成另一组颜色，而中间三原色全部叠加的部分变成了白色。

与减色法相反，加色法是在黑色的背景上开始，颜色不断重合叠加最终变为白色。例如我们计算机的显示器，在没有任何光源的时候我们只能看到黑色的屏幕，当光线不断叠加、强度不断提高时，屏幕颜色也会越来越亮直到趋于白色。加色法源于光线的叠加，一般靠色光产生颜色的电子设备上都采用加色法，即 RGB 模式。

10.1.3　色相环

前面我们提到使用三原色按比例进行叠加可以得到其他任何颜色，我们将通过色相环来深入学习这一概念。你可能见过各种不同颜色的色相环，如果这曾经让你感到困惑的话，那现在通过第一节的学习你应该了解到，这是不同色彩模式的原因。下面我们就以减色法的 12 色相环进行说明。

我们还是从三原色说起，品红、黄、青，它们在色相环中的位置刚好形成一个等边三角形（图 10-2）。在每个原色之间还会有很多过渡的颜色，当然这些过渡色都是由三原色混合而来的。

图 10-3 显示的这一组颜色被称为“二次色”，二次色同样有 3 个，分别是红、绿、蓝，它们在色相环中同样形成一个等边三角形。二次色位于三原色之间的中间位置，并由两边的原色按等比例混合得到，例如绿色就是由黄和青混合而得。

我们会发现在二次色和原色之间还有空隙，这里存放的颜色被称为“三次色”（图 10-4）。三次色一共有 6 个，分别由相邻的原色和二次色按等比例混合而得。

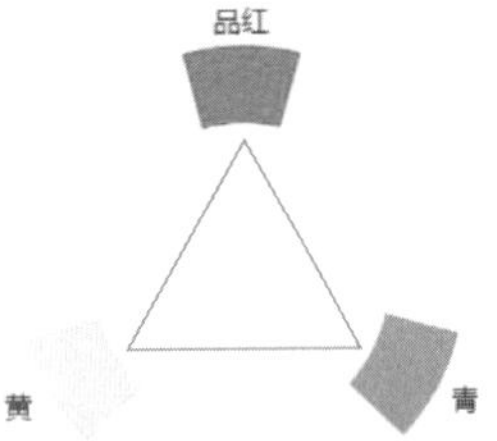

图 10-2

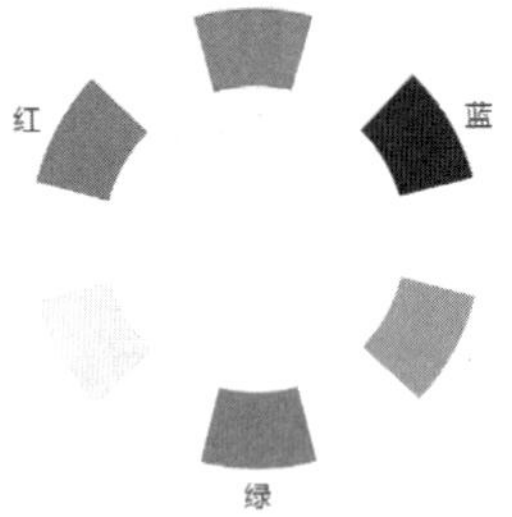

图 10-3

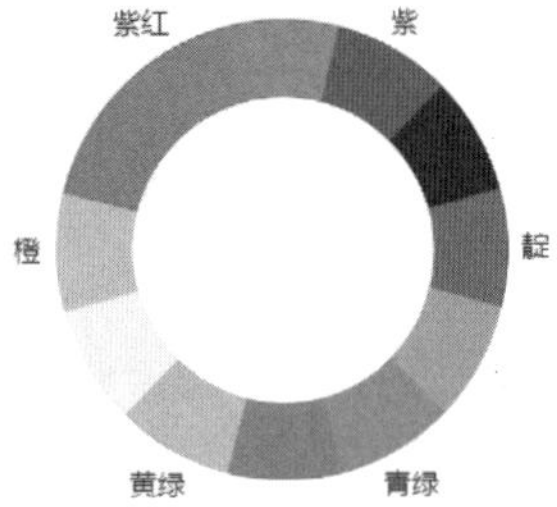

图 10-4

色相环就是由三原色、二次色和三次色共 12 个颜色共同组成，当然这个 12 色相环并不能表示所有的颜色，因为当我们混合产生二次色或三次色时，如果混合比例不同就会生成别的过渡色。所以大部分软件中显示的色相环应该是有更平滑过渡的（图 10-5）。

10.1.4 补色

在色环上直径相对的两种颜色称为补色（图 10-6），例如红与青、品红与绿、蓝与黄。在光学的 RGB 模式中两种补色以相同的比例混合能够产生白色，而在印刷业的 CMY 模式中两种补色以相同的比例混合能够产生黑色。

图 10-5

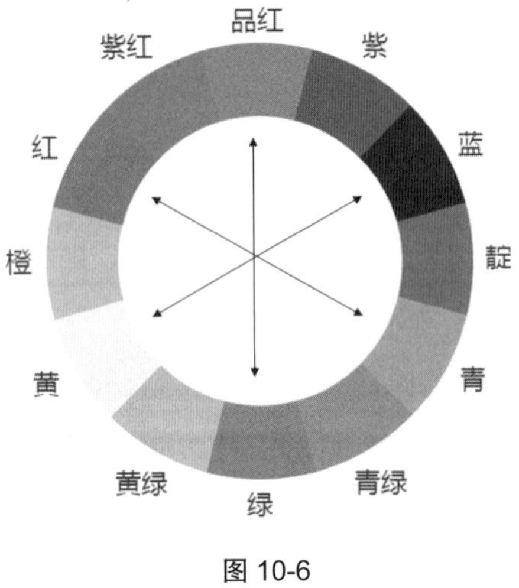

图 10-6

补色间有强烈的分离性，因此在色彩的表现中，恰当地运用补色，能加强色彩的对比，使红的更红、绿的更绿，拉开距离感。这一点在绘画作品、平面设计、广告设计中应用得非常广泛。

10.1.5　明调、暗调和色调

我们能看到的颜色都可以追溯到色相环中的 12 种颜色，它们有着百分之百的纯度。但现实中的颜色未必都是这样完全饱和的，它们或明或暗，这也就是我们接下来要说的明调、暗调和色调。

（1）**明调**。所谓明调就是在色相环的颜色上加入白色，这将改变原来颜色的饱和度。加入白色比例越高，得到颜色的饱和度就越低，也就是越不鲜艳（图 10-7）。

（2）**暗调**。与明调相反，如果为颜色加入黑色会产生暗调，这将改变原来颜色的亮度。加入黑色比例越高，得到颜色的亮度就越低，也就是越接近黑色（图 10-8）。

（3）**色调**。加白色是明调，加黑色是暗调，如果同时加入白色和黑色就会产生色调。黑白混合就是灰色，加入不同比例的灰色，将同时改变原颜色的饱和度与亮度，进而得到更加丰富多彩的颜色效果（图 10-9）。

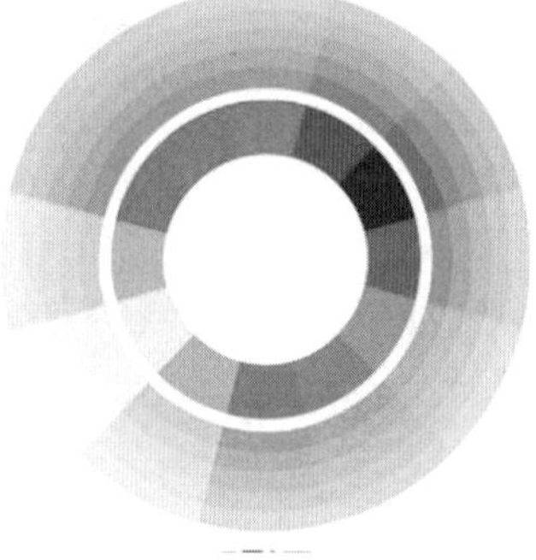
图 10-7

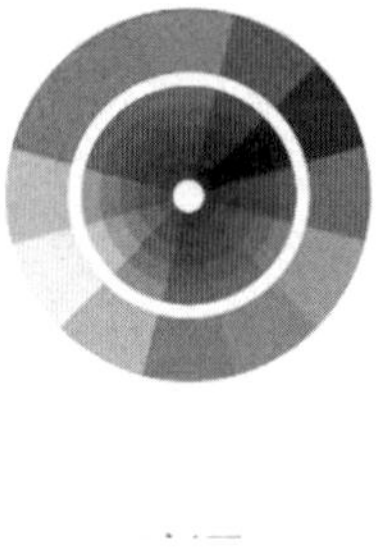
图 10-8

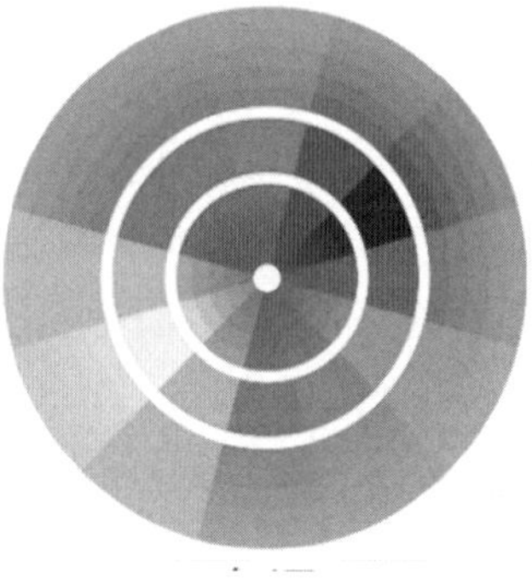
图 10-9

10.1.6　色温

如果我说色彩是有温度的，你是不是会感到奇怪。你可以在搜索引擎上去搜索色温来了解它的定义，但比起去理解那种晦涩难懂的科学定义，我更喜欢用一个例子来说明。在我小时候，家里无论取暖还是做饭都会用到煤球炉子，那时我爱做的一件无聊事就是把火筷子（捅火炉子的铁棍）放到炉中，直到它被烧成红色，我再把火筷子拿出来看着那漂亮的红色慢慢消退。尽管我从没有用手摸过，但看着通红的颜色，我就知道那温度一定非常高。这就是我对色温最初的理解，虽然不科学但应该是准确的，这是一个抽象的概念，我们再通过下面两幅图来说明（图 10-10、图 10-11）。

这是我办公室窗外的景色，分别在秋冬两季拍摄。很明显图 10-10 让人感到温暖，而图 10-11 会有寒冷的感觉。之所以会有这样的感觉，不是因为场景中有没有雪，而是因为图 10-10 中充斥着大量的橘、黄等明显的暖色，而图 10-11 占画面主导的是低饱和度的淡蓝色（属于冷色）。暖色使人感觉温暖、开心，而冷色给人一种寒冷、清新、忧郁的感觉，那到底什么颜色属于暖色，什么又属于冷色呢？我们还是以减色法的色相环来进行说明。

图 10-10

图 10-11

如图 10-12 所示，一条分界线将色环分为冷暖两部分，其中象征火焰的红色是最热的颜色。由红色开始沿色环向两边移动，这些颜色所代表的温度会逐渐下降，直到代表最低温度的青蓝色。由此不难看出尽管我们用一条线将色环分为冷暖两部分，但实际上除了两级的红和蓝，其他颜色的冷暖是相对而言的，特别是对处于分界线上的颜色来说就更是如此。例如在前面提到的两张窗外景色的图片中，都有绿色的树叶，在以黄色为主导的秋季的图片中，绿色就应该算是冷色，相反在有淡蓝色雪景的冬季图片中，绿色又成了暖色。

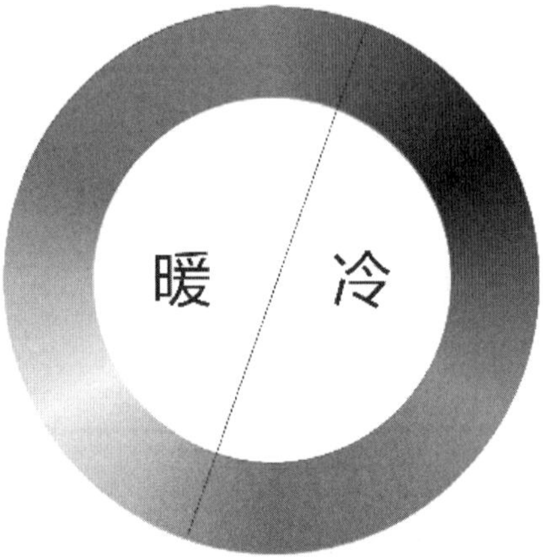

图 10-12

除了冷暖，颜色还分主动与被动。一般我们认为暖色属于主动色，给人扩张、前进的感觉；而冷色就属于被动色，给人收缩、后退的感觉。在色彩的应用中，我们可以充分利用冷暖色的对比来突出重点（图 10-13、图 10-14）。

图 10-13

图 10-14

10.2　设置颜色深度

所谓颜色深度，简单来说就是最多支持多少种颜色，一般是用二进制的位数来表示。例如：有 256 种颜色的 GIF 图片，用二进制表示就是从 00000000 到 11111111，总共需要 8 位二进制数，就表示为 2^8，所以颜色深度表示为 8 位。如果是包含 RGB 三个通道的素材，三个通道每一个都有 8 位，共 24 位的颜色总深度。位数越大，所能表现的颜色就越多，画面就越细腻，所付出的代价就是会消耗更多的系统资源和处理时间。

在 After Effects 中，新建项目的默认颜色深度是 8 位，你可以在项目面板左下角处找到它的参数显示。在 After Effects 中进行颜色校正是有颜色损失的，为了保证色彩质量，在进行色彩校正之前有必要将颜色深度调高。按住 Alt 键单击项目面板左下角处的颜色深度显示（图 10-15），参数将在 8bpc、16bpc、32bpc 之间进行循环切换（bpc 为每通道位数），我们可以根据需要进行选择。

图 10-15

这里需要说明的是，不是所有特效都支持 32 位颜色深度，当在使用这些特效时，会出现一个黄色的三角形警告符号，这意味着会自动移除超出其识别范围的颜色，从而降低颜色精度（图 10-16）。

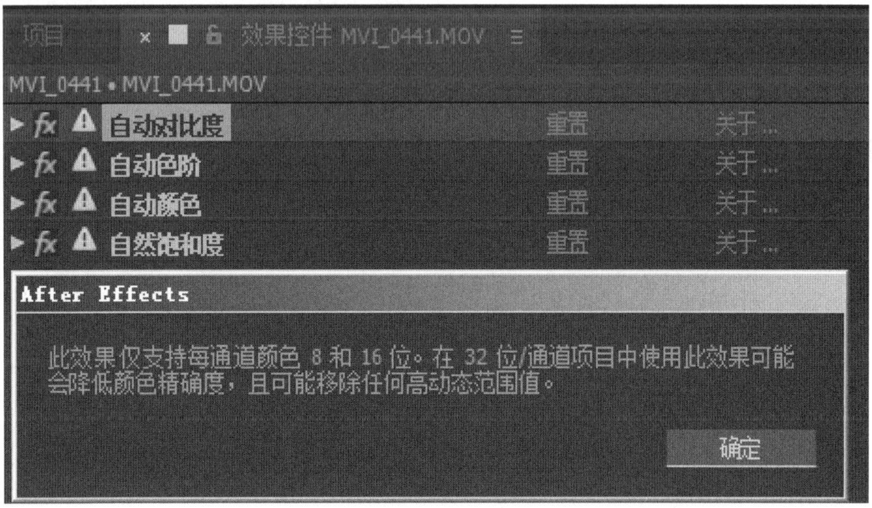

图 10-16

10.3 自动校色

在学习专业的校色方法之前，我们先来说说 After Effects 中的自动校色工具。如果你想快速地对素材的亮度、对比度和颜色进行整体调整的话，就可以使用系统提供的自动校色特效，就像你在 Photoshop 中做的一样。只需在时间线面板中用鼠标右键击图层，在弹出的上下文菜单中选择“效果”→“颜色校正”→“自动对比度 / 自动色阶 / 自动颜色”（图 10-17）。

在调用特效后，系统会分析图像的阴影、中间调和高光，自动对比度效果可调整整体对比度和颜色混合效果，自动颜色效果可调整图像的对比度和颜色，自动色阶效果可单独调整各颜色通道。每种效果都可将图像中最亮和最暗的像素映射为白色和黑色，然后重新分配中间的像素。结果，高光看起来更亮，阴影看起来更暗。

虽然是自动校色，但这三个特效都有一些参数供我们调整（图 10-18）。但一般情况下都会使用默认值，因为自动校色的优点就在于快速方便，如果校色效果不满意，可以选择功能更加强大的校色特效。

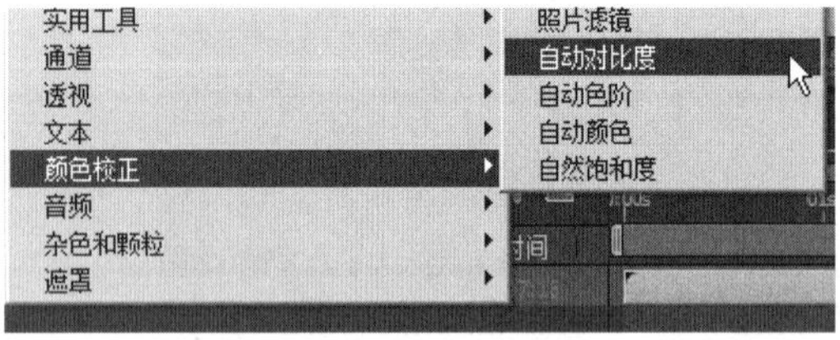

图 10-17

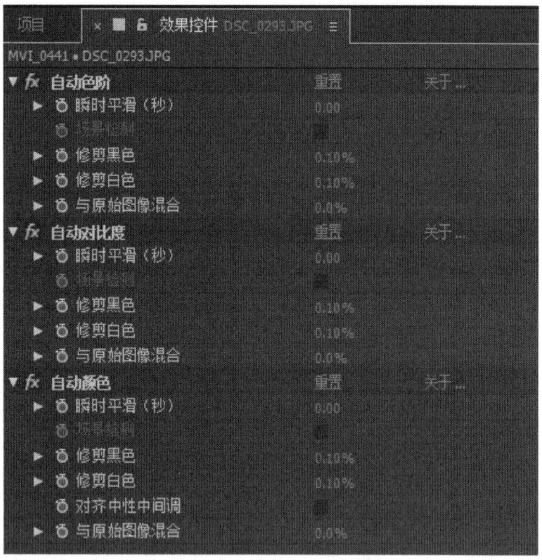

图 10-18

10.4 色阶

作为最古老的校色工具，“色阶”一直被广泛使用的原因就是它的快速与可靠。通过色阶可以调整图像的亮度和对比度。在特效的色彩校正分组中还有一个“亮度和对比度”特效，虽然它的功能在名称上表现得非常明确，但我们更愿意使用“色阶”来调整图像的亮度和对比度。这是因为在直方图的指引下，我们可以快速调整画面的亮度和对比度，更重要的是可以通过“灰度系数”来调整中间调，以平衡整个画面，而这一点是靠单纯调整“亮度和对比度”所无法做到的（图 10-19）。

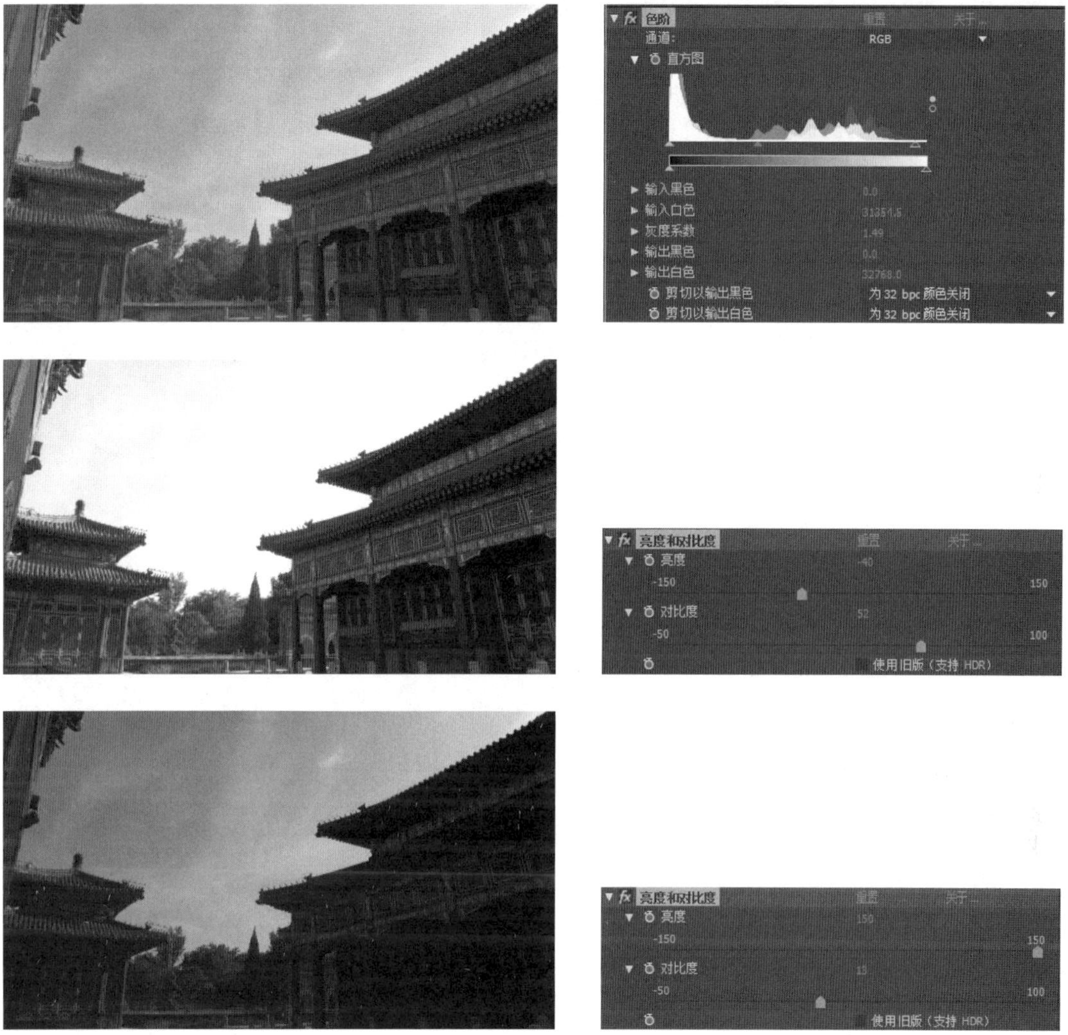

图 10-19

10.4.1　色阶的使用方法

色阶由“输入黑色”“输入白色”“灰度系数”“输出黑色”和“输出白色”5 个基本控件组成。你可以拖动每个控件项的数字滑块调整相应数值，但更直观的方法是在直方图中拖动代表这些控件的三角滑块（图 10-20）。

默认情况下调整是对图像的 RGB 通道统一进行，你也可以在“通道”选项中分别选择红、绿、蓝和 Alpha 通道，对单个通道进行调整，以此来校正图像颜色，或产生风格化的色调（图 10-21）。

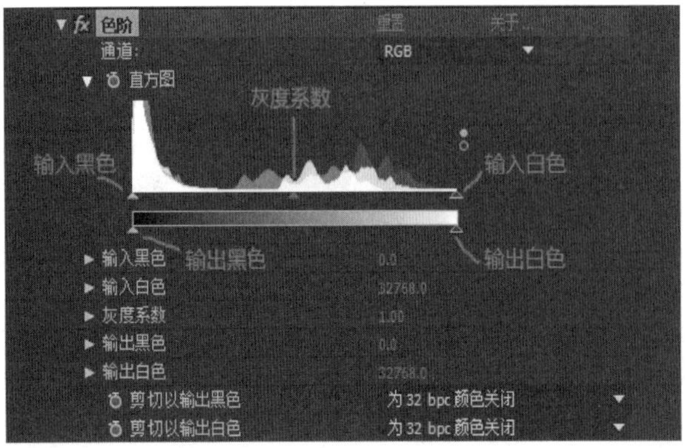

图 10-20

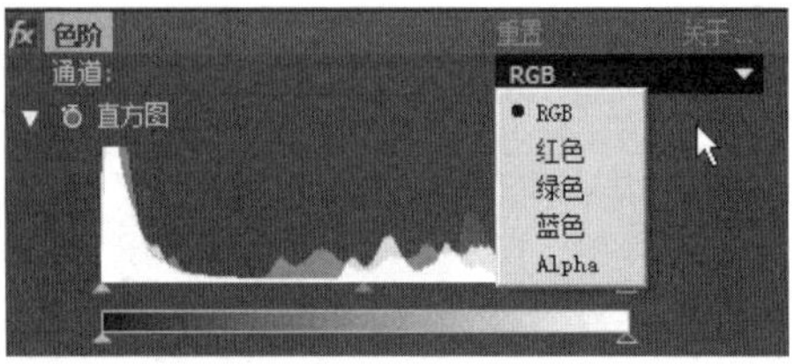

图 10-21

一般的调节方法是，在直方图上拖动“输入黑色”三角滑块向右移动，将更多的像素变为纯黑色，相反拖动“输入白色”三角滑块向左移动，将更多的像素变为纯白色，这样将增加画面的对比度。中间的“灰度系数”可以理解为颜色范围的中间点，它的改变不会影响最黑和最白的两端，但可以平衡画面的对比度，向左移动灰度变亮，向右移动灰度变暗。

“输出黑色”和“输出白色”的调整用于降低画面的对比度。向右移动“输出黑色”三角滑块，减少图像中的暗色，向左移动“输出白色”三角滑块，减少图像中的亮色，从而降低画面的对比度产生朦胧效果。

直方图

直方图也被称为柱状图，它按照从黑到白不同的明暗级别统计画面中的像素数，是一种关于画面明暗分布的指示图。

我们可以举一个简单的例子进行说明（图 10-22）：假如有一张 30 个像素的照片，当然这些像素有明有暗，根据明暗的不同将它们分成 8 个级别。将这些像素摆在直方图上，横轴表示亮度级，左边纯黑，右边纯白，中间灰度渐变。最后摆放的结果就如图所示，4 个纯黑像素、2 个纯白像素、6 个中灰像素。

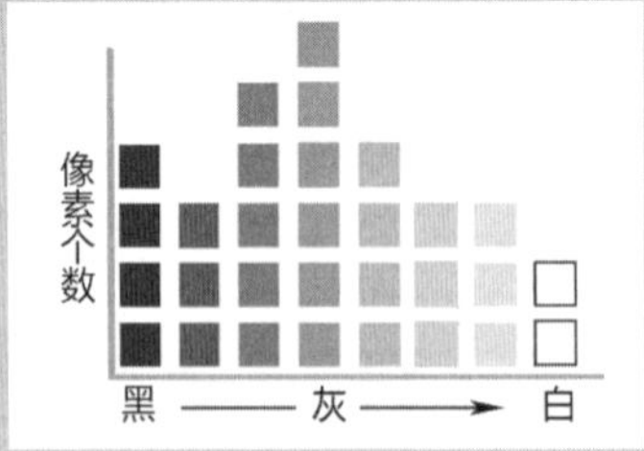

图 10-22

当然现在的相片和视频中的像素要比例子中的多得多，明暗级别也多达 256 个，但道理都是相同的。以直方图为参考，我们可以根据需要对画面的明暗作出相应调整，最终得到满意的效果。

10.4.2　简单法则

尽管直方图的样式并不能决定画面的好坏，但我们还是可以根据它来得到一个基本满意的中性图像。其实方法很简单，只需要在 RGB 通道下向中间移动“输入黑色”和“输入白色”三角滑块，将直方图的两边沿头尾位置完全包括（图 10-23）。这样做的目的就是让图像从暗到亮都有像素分布（图 10-24）。

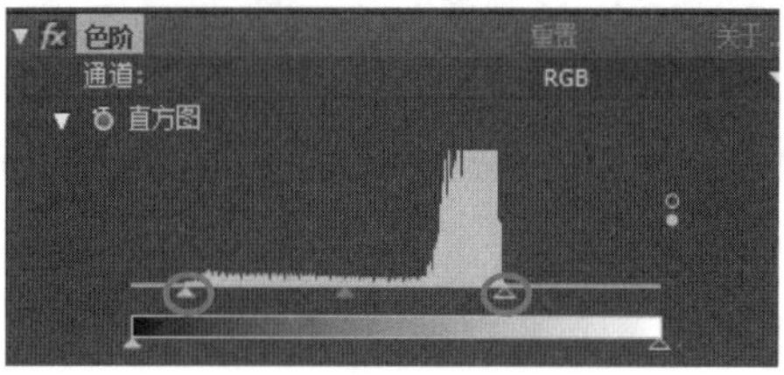

图 10-23

图 10-24

事实上这个操作和我们前面提到的“自动色阶”效果相似，但“自动色阶”会占用更多的系统资源，且可调节性更差。

10.4.3　色阶应用

下面通过一个实例来具体了解色阶的应用。

（1）为了实现操作过程的一致性，首先要恢复 After Effects 程序的默认设置。启动 After Effects 时按下 Ctrl+Alt+Shift 键，系统询问是否删除首选项文件时，单击“确定”按钮（图 10-25）。选择菜单“文件”→“另存为”→“另存为”命令，弹出“另存为”对话框，导航至相关保存路径，将项目命名为“校色.aep”，然后单击“保存”按钮，完成对项目的重命名及保存。

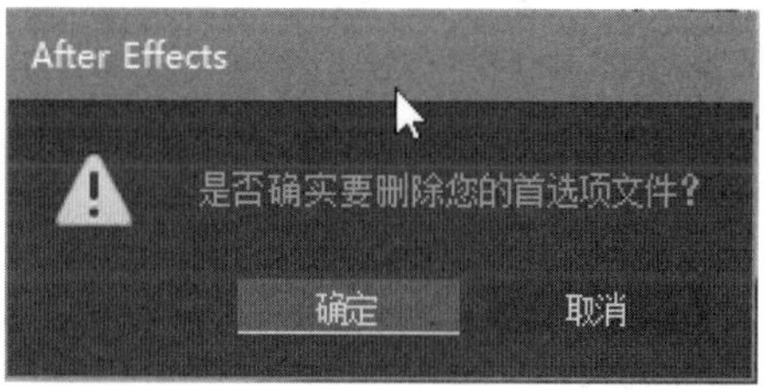

图 10-25

（2）下面为新打开的项目导入素材。双击项目面板的空白处打开“导入文件”对话框，导航到“光盘 \ 第 10 章 \ 素材”文件夹下，双击“滑雪.mov”文件，导入素材。

（3）将项目面板中的“滑雪.mov”素材，拖放到项目面板左下方的“新建合成”按钮上，即以该素材的像素大小、宽高比、帧速率和持续时间为参数创建同名合成，并在时间轴面板与合成面板中显示（图 10-26）。

图 10-26

按下小键盘的“0”键预览该素材，这是一段阴天拍摄的滑雪场视频，无论亮度、对比度、色彩都存在很大问题，需要使用“色阶”特效校色。

（4）在时间轴面板的素材图层上单击鼠标右键，在弹出的上下文菜单中选择“效果”>“颜色校正”>“色阶”（图 10-27）。

（5）在时间轴面板中拖动当前时间指示器，并在效果控件面板中观看“色阶”特效的直方图变化，发现视频的直方图数据有变化，因为需要整体提亮，所以选择视频相对较暗的后半部分进行校色。按 End 键将当前时间指示器定位在视频结尾处，在效果控件面板中，单击直方图，将显示方式切换为只显示当前默认的 RGB 通道直方图（图 10-28）。

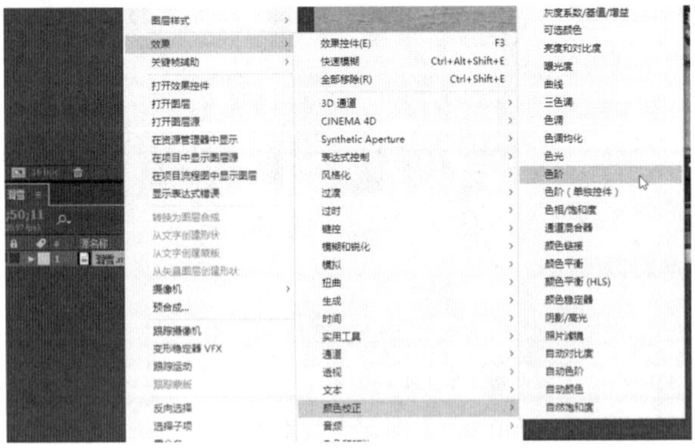

图 10-27

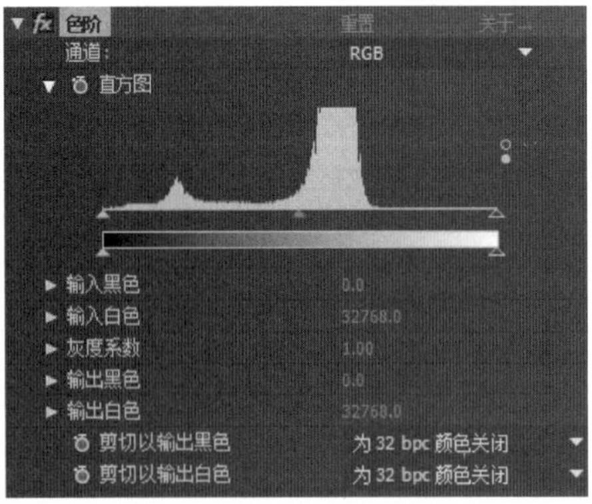

图 10-28

（6）向中间移动“输入黑色”和“输入白色”三角滑块，将直方图的两边沿头尾位置完全包括（图 10-29）。在合成面板中观察效果，发现雪景环境还是偏暗（图 10-30）。

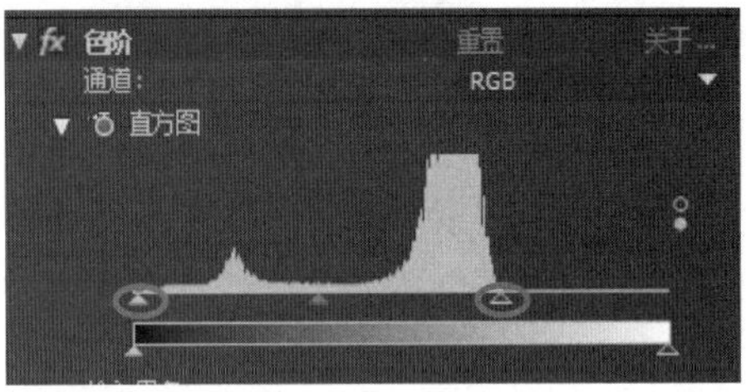

图 10-29

图 10-30

（7）继续拖动“输入白色”三角滑块向左移动，将更多像素设为纯白色，从而实现雪白效果。同时拖动中间的“灰度系数”三角滑块向左适当移动，调亮画面灰度，烘托雪景氛围（图 10-31、图 10-32）。

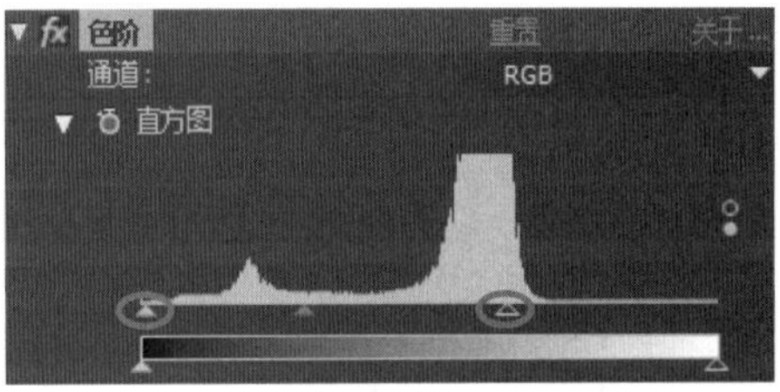

图 10-31

图 10-32

（8）最后按下小键盘的“0”键，预览最终效果，并按 Ctrl + S 保存项目。

通过这个实例可以看出，尽管使用“色阶”的简单法则大多数情况下可以得到一个基本满意的中性图像。但这并不是总能奏效的，还要根据素材的具体情况和创作需要来进行相应的调整。

10.5 曲线

“曲线”和“色阶”在功能上有重叠的地方，同样可以调整亮度对比度，同样可以选择五个通道分别设置，但两个特效的操作方式截然不同。在你刚看到曲线图表的时候，也许会感到不知所措，但当你熟悉它的运作方式之后你会发现这是种非常高效的操作方式。

10.5.1 曲线功能

在“色阶”中我们只能使用“输入黑色”“输入白色”“灰度系数”三个控件进行调整。而“曲线”可以在线段上定义多个合适的点，这样就增加了可控性，甚至能够只对动态范围的一部分进行灰度调节（图 10-33）。

曲线图表的水平轴代表像素的原始亮度值(输入色阶);垂直轴代表新的亮度值(输出色阶)。在默认对角线中,所有像素的输入值和输出值均相同。

从"通道"菜单中可以选择要调整的通道,包括 RGB、红、绿、蓝和 Alpha 通道。

默认使用"贝塞尔曲线工具"调整曲线,单击"铅笔"按钮,将可以使用铅笔工具在图表中绘制曲线。单击"平滑"按钮可使曲线变得平滑,单击"重置"按钮将曲线重置为线条。"保存"按钮用于保存你所修改的曲线,并从"打开"按钮进行调用。单击"自动"按钮,系统将分析画面明暗并自动生成曲线,对画面调节,效果类似于前面提到的"自动颜色"。

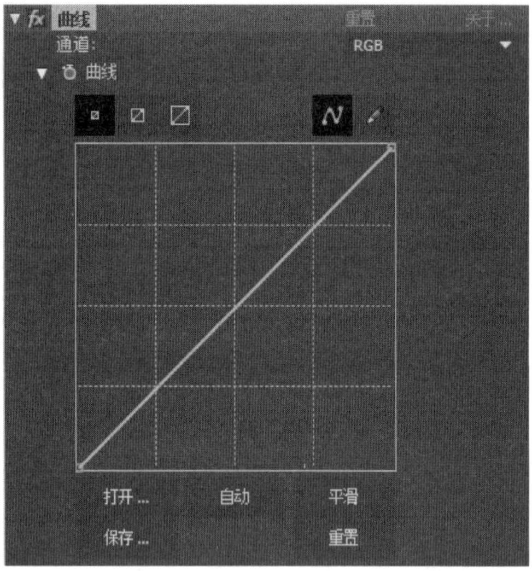

图 10-33

10.5.2 典型曲线

"曲线"的基本操作方法是:一般不改变对角线两端点的位置,在线段上单击生成一个控制点并拖动,根据合成面板中的图像先从整体上调整灰度系数和对比度,然后再单击生成第二个控制点修正之前的一些问题,如果不足继续添加控制点进行修正,依此类推。例如图 10-37 的情况,只希望提高亮部而不改变暗部,先用一个控制点提高亮部,再用两个控制点将中间及以下部分约束在直线上。尽管可以在曲线中添加很多控制点,但如果点太多将会使调整变得困难。

有一些典型的曲线模型我们可以借鉴:图 10-34 增加灰度系数,提亮画面;图 10-35 降低灰度系数,压暗画面;图 10-36 的 S 曲线,提高亮度和对比度;图 10-37 只提高亮部的灰度系数,暗部保持不变。

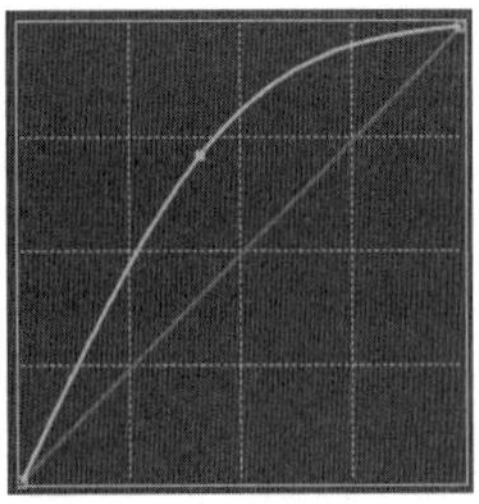

图 10-34

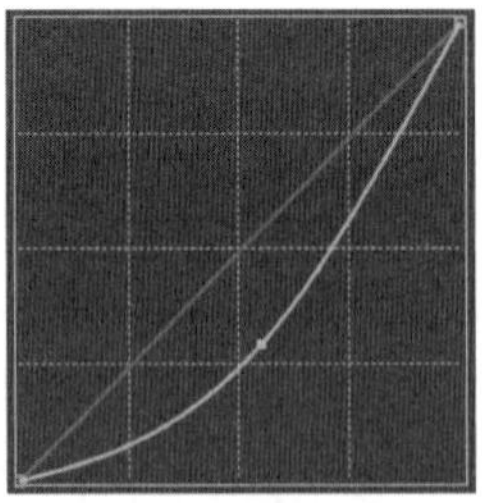

图 10-35

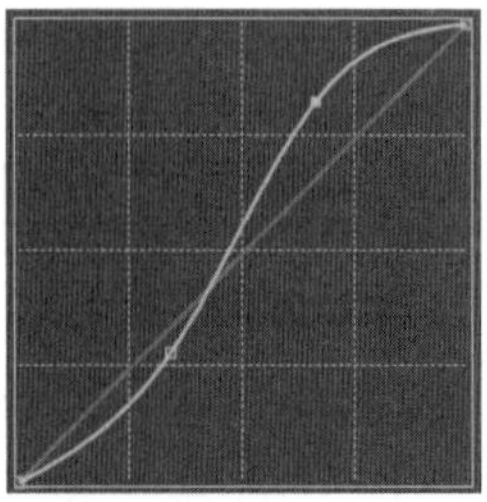

图 10-36

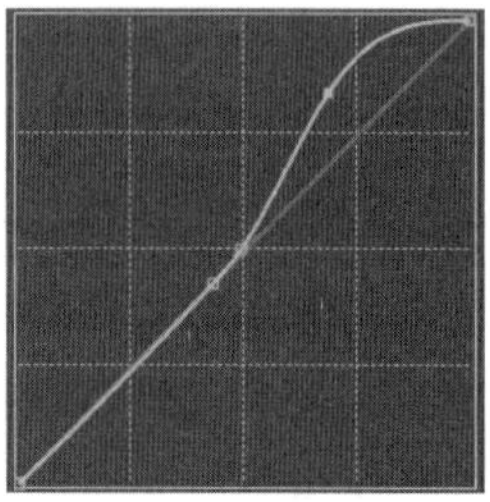

图 10-37

10.5.3 曲线应用

我们将使用"曲线"特效,对滑雪的实例进行校色,以观察两个特效的差异。

(1)打开"校色.aep"项目文件,(如果没有该文件,请按 10.4.3 色阶应用说明重新建立)

打开“滑雪”合成文件。在效果控件面板中将“色阶”特效前的“效果开关” fx 关闭，暂时禁用该效果（图 10-38）。

（2）在效果控件面板中的空白处单击，在弹出的上下文菜单中选择“颜色校正”>“曲线”（图 10-39）。

图 10-38

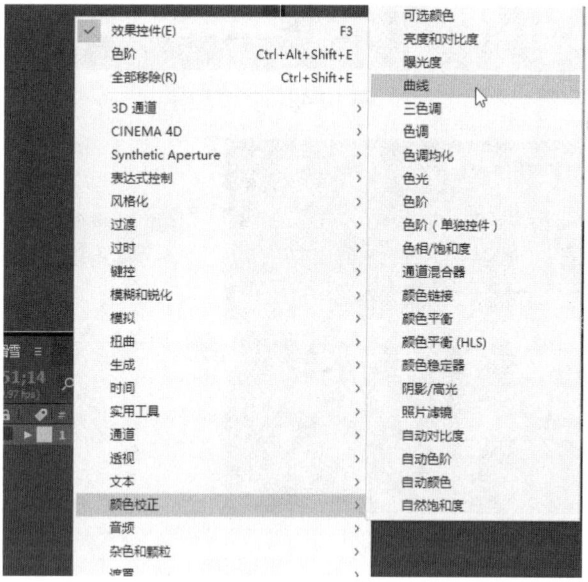

图 10-39

（3）比对合成面板中的画面，在效果控件面板中调整曲线，单击曲线向上拖动提亮画面，并将曲线最底部端点沿 Y 轴向上提高一点，以提亮阴影减少对比度（图 10-40、图 10-41）。

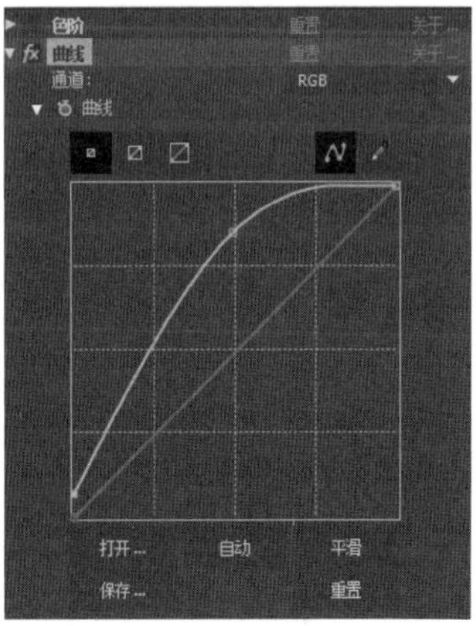

图 10-40

图 10-41

尽管没有直方图做参照，我们还是非常快速地调亮了画面，这就是“曲线”的优势。图表中，线段顶端有一部分与图表顶端重合，表示我们将更多的像素设为了纯白色，以表现出画面中雪的白色。

（4）下面我们要对画面整体色调进行调整，增加寒冷的感觉。在效果控件面板中单击

图 10-42

“曲线”特效的“通道”下拉菜单，选择“蓝色”（图 10-42），在图表中提高蓝色曲线。只单纯提高蓝色并不能实现自然的冷色，还需要混合其他颜色。用同样的方法分别选择绿色通道和红色通道，提高绿色拉低红色，实现画面的冷调效果（图 10-43、图 10-44）。

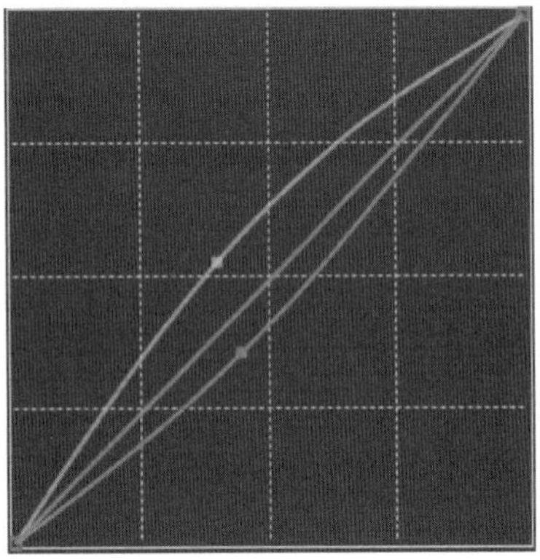

图 10-43

图 10-44

（5）最后按下小键盘的“0”键，预览最终效果，并按 Ctrl + S 键保存项目。

这就是快捷而强大的曲线，通过对曲线进行简单的调整就可以改变画面整体或局部的亮度、对比度和色调，而且有非常平滑的过渡效果。特别是对于画面整体色调的调整，“曲线”工具有着不可比拟的优势。

10.6　色相 / 饱和度

尽管“色阶”和“曲线”特效已经足够强大了，但在有些方面却也存在不足。例如直接控制画面的色相、饱和度，或是单独改变某一种颜色的色相，而这正是“色相 / 饱和度”特效的优势所在。

10.6.1　原理与功能

还记得色相环吗，“色相 / 饱和度”特效对图像的修改正是基于色相环。颜色的改变将沿着色相环转动，饱和度和亮度的变化表示沿色相环半径方向移动（图 10-45）。它的优势在于可以快速调整图像整体或部分颜色的色相、饱和度和亮度，并可以彩色化单色图像。

（1）通道控制。通道控制用于选择需要调整的颜色通道，默认为“主”可以一次调整所有颜色。如果想只对图像中的某一种颜色进行设置，可以选择其他通道：“红色、黄色、绿色、青色、蓝色、洋红”（图 10-46）。这正是我们前面学到的三原色和二次色，只不过在加色法的 RGB 模式中，红、绿、蓝是三原色，洋红、黄、青是二次色。

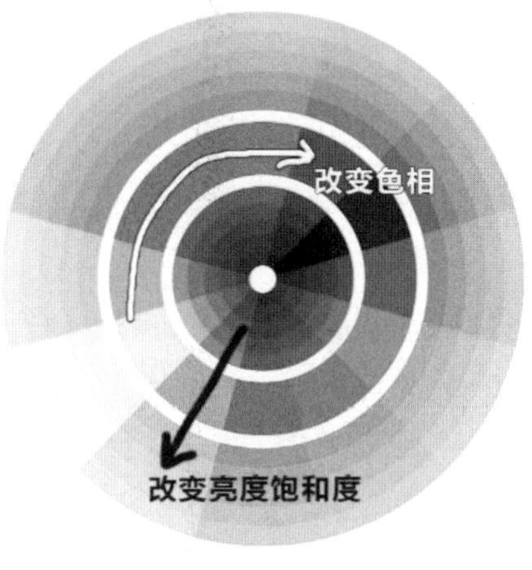

图 10-45

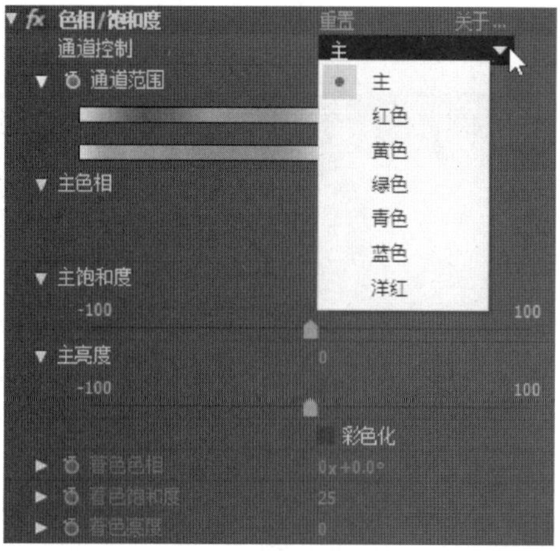

图 10-46

（2）通道范围。通道范围由上下两个颜色条组成，上面的颜色条显示调整前的颜色，下面的颜色条显示调整后所对应的颜色。当从“通道控制”菜单选择颜色通道后，两颜色条之间会出现两个矩形块和两个三角形，分别表示选择的颜色范围和羽化范围。可以通过拖动这些滑块来选择需要调整的颜色范围（图 10-47、图 10-48）。

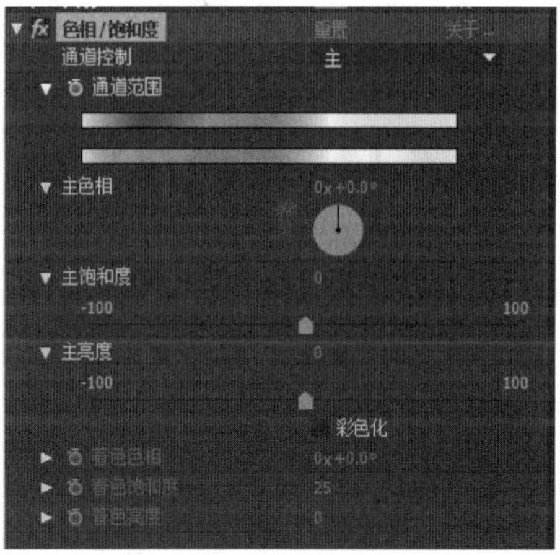

图 10-47

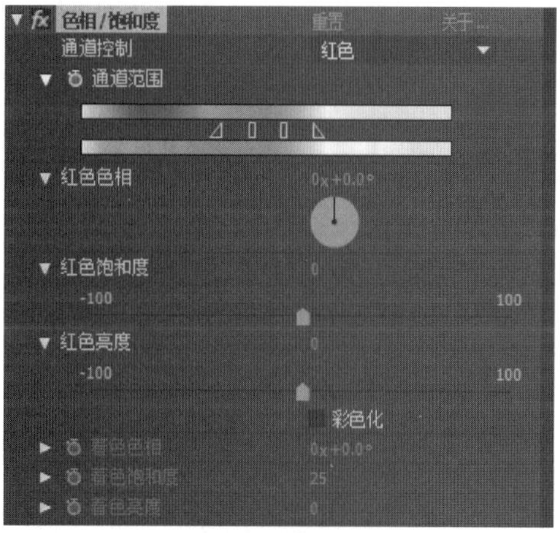

图 10-48

（3）主色相。在默认情况下为“主色相”，当选择不同颜色通道时会变为所选颜色的名称。通过修改数值或转动转盘指针来设定色相变化。正值为沿色相环顺时针旋转，负值为逆时针旋转（图 10-47）。

（4）主饱和度。在默认情况下为“主饱和度”，当选择不同颜色通道时会变为所选颜色的名称。可提高或降低饱和度，值的范围是 -100 ～ +100（图 10-47）。

（5）主亮度。在默认情况下为“主亮度”，当选择不同颜色通道时会变为所选颜色的名称。可提高或降低亮度，值的范围是 -100 ～ +100（图 10-47）。

（6）彩色化、着色色相、着色饱和度、着色亮度。当选择“彩色化”之后，图像变为只有一种当前前景色色相，每个像素的亮度值不改变。可通过“着色色相、着色饱和度、着色亮度”

参数值，对画面进行调整（图 10-49、图 10-50）。

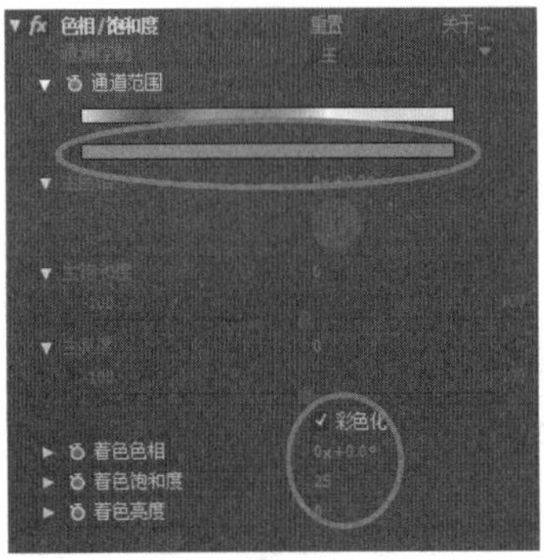

图 10-49

图 10-50

10.6.2 色相 / 饱和度的应用

我们一般会使用“色相 / 饱和度”来降低图像的饱和度，或者只对画面中的某些颜色进行局部调整。下面我们将使用“色相 / 饱和度”对已经应用“曲线”特效的“滑雪”合成中的一些颜色进行调整。

（1）打开“校色.aep”项目文件（如果没有该文件，请按 10.4.3 色阶应用说明重新建立），打开“滑雪”合成文件。

（2）在时间轴面板中点选“滑雪”图层，按 End 键将当前时间指示器定位在最后。在效果控件面板中，鼠标右击空白处，在弹出的上下文菜单中选择“颜色校正→色相 / 饱和度”（图 10-51）。

接下来我们将改变小女孩雪鞋和上衣的颜色，并将其饱和度提高，再将背景的饱和度降低，以突出显示小女孩。这些操作需要分别选择不同的颜色通道进行调整。

（3）在效果控件面板中，根据小女孩雪鞋的绿色，在“色相 / 饱和度”特效的“通道控制”菜单中选择“绿色”。比对合成面板中的图像，拖动调整“绿色色相”参数值，将雪鞋调为黄色，并将“绿色饱和度”参数设为“20”，以突出显示（图 10-52）。

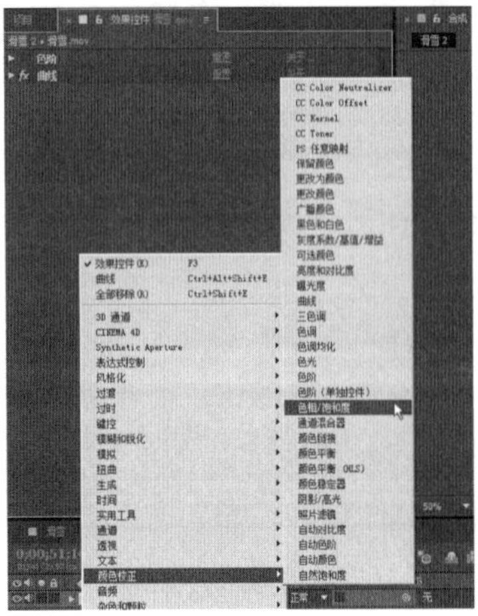

图 10-51

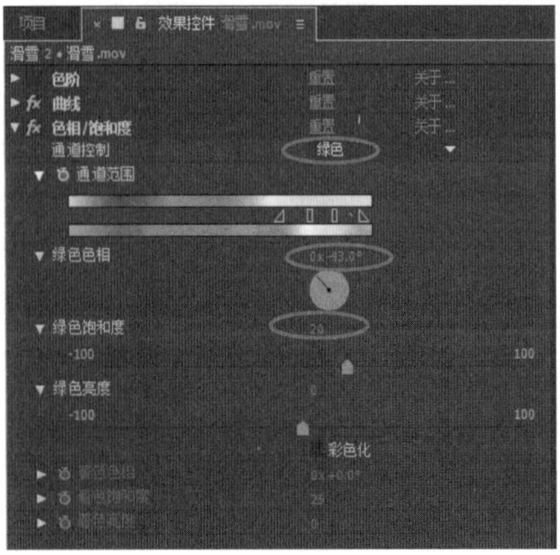

图 10-52

（4）下面选择“洋红”通道，比对合成面板中的图像，拖动调整“洋红色相”参数值，将小女孩上衣调为红色，并将“洋红饱和度”参数设为“10”，以突出显示（图 10-53）。

（5）为增加对比效果，我们需要降低画面背景的饱和度。画面背景由于之前“曲线”校色，使得其呈青蓝色。所以选择“青色”通道，比对合成面板中的图像，拖动“青色饱和度”参数设为“-60”，以降低画面背景饱和度（图 10-54）。

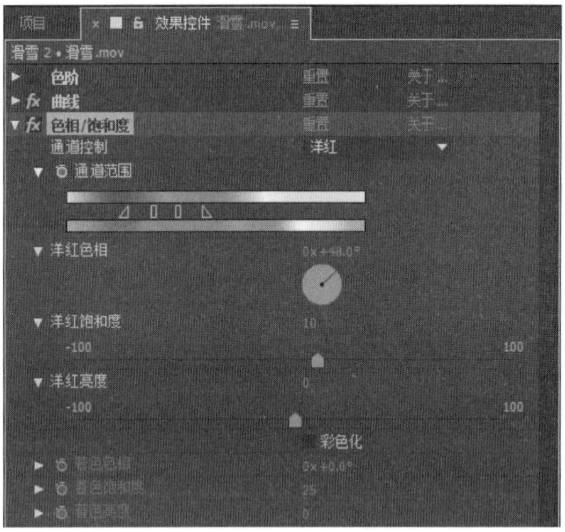

图 10-53

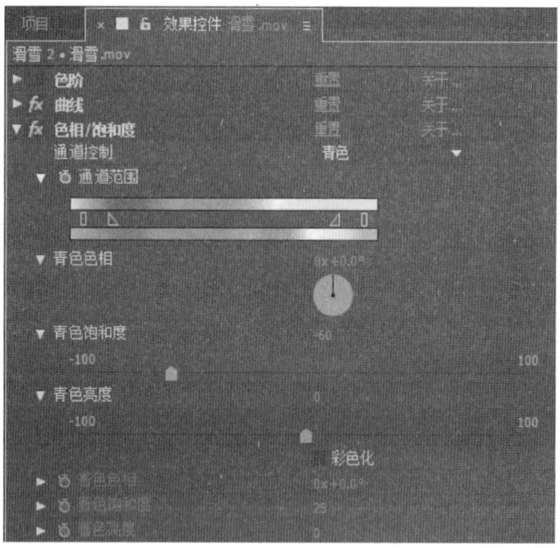

图 10-54

（6）同样选择“蓝色”通道，比对合成面板中的图像，拖动“蓝色饱和度”参数设为“-60”。

（7）最后按下小键盘的“0”键，预览最终效果，并按 Ctrl + S 保存项目（图 10-55）。

图 10-55

通过这个实例看到，使用“色相 / 饱和度”特效可以快速调整图像中某一个色域的色相、饱和度和亮度，而不影响其他颜色。当我们调整主体颜色时，如果背景中也有相同的颜色，而我们又不想改变它，可以复制图层，在上面的图层上为主体绘制蒙版并使用“色相 / 饱和度”进行校色，这样就不会影响到背景的颜色。掌握了这种调色方法，将丰富我们的色彩控制能力。

10.7 全能的 Color Finesse

通过前面的学习，可以了解到“色阶”“曲线”“色相 / 饱和度”都是非常优秀的校色工具，它们独具特色又各有专长。我们可以根据自己的喜好和习惯选择使用，她、也可以将它们混合使用。你可能会觉得这样很麻烦，那究竟有没有一款校色工具可以方便地实现所有的功能呢？这正是我们下面要介绍的内容。

Color Finesse 是 After Effects 中的插件，是由 Synthetic Aperture 公司出品的专业色彩校正系统（图 10-56）。它以 32 位颜色深度为基础，可以使用 HSL、RGB、CMY 、YCbCr、Curves（曲线）、Levels（色阶）、Luma Range（亮度范围）、Secondary（二次处理）和 Limiting（限幅）等多种方式对颜色进行校正，并可以使用波形监视器、矢量示波器、直方图、曲线等多种参数图表对图像进行分析，方便对画面进行更精细的调整。更让人惊喜的是，它还具备操作便捷的颜色匹配功能，使得我们可以快速将不同镜头的画面颜色进行匹配。Color Finesse 可谓颜色校正工具的集大成者。

10.7.1 Color Finesse 的操控界面

Color Finesse 虽然属于颜色校正工具，但你却无法在“效果”菜单的“颜色校正”项里找到它。作为一个独立的插件，它的位置在“效果”→“ Synthetic Aperture”→“SA Color Finesse 3”（图 10-57）。

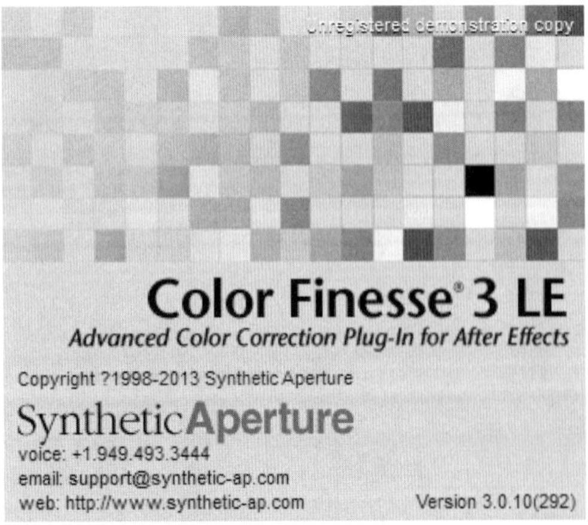

图 10-56

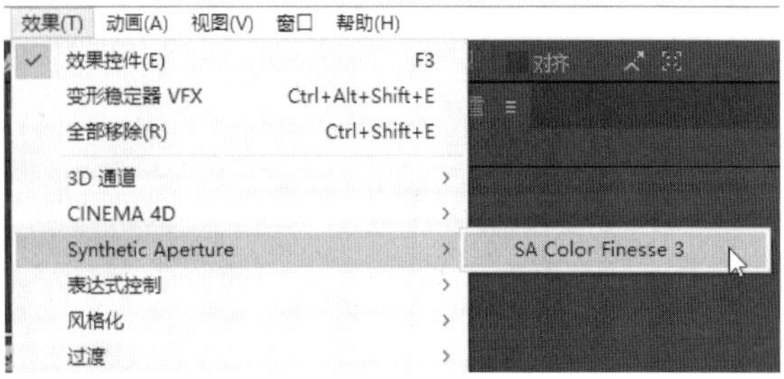

图 10-57

当为图层调用 Color Finesse 特效之后，在效果控件面板中我们可以展开它的“Simplified

Interface（简化界面）”进行相关设置。尽管被称为简化界面，但其实看起来并不是特别简单，包括了多种调色方式，可以快速对画面颜色进行调整。如果希望进行更精确细致的颜色校正，就需要单击“Full Interface（完整界面）”按钮，进入完整界面进行设置（图 10-58）。

当进入 Color Finesse 的完整界面之后，我们会发现这其实是一个完全独立的程序，共由 4 个面板组成，它们分别为参数分析面板、参数设置面板、色彩信息面板和视频显示面板。除色彩信息面板外，每个面板都有很多选项按钮。基本的操作方式就是：以视频显示面板中的图像和参数分析面板中的图表为参考，在参数设置面板中选择某一种或几种调节方式进行校色设置，在色彩信息面板中可对画面进行颜色匹配（图 10-59）。

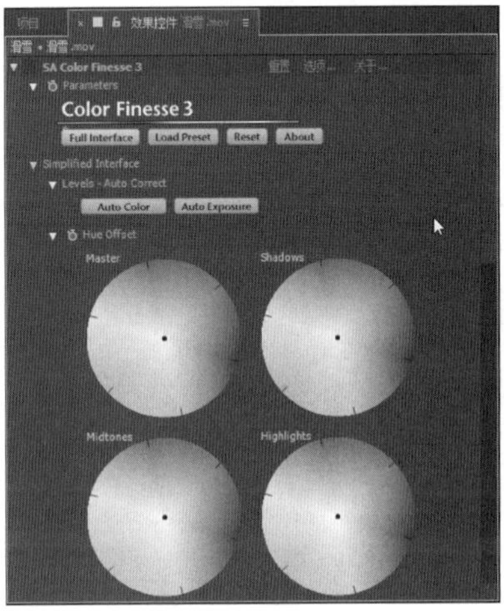

图 10-58

图 10-59

10.7.2　Color Finesse 的参数分析面板

相对于其他的校色特效，Color Finesse 的优势之一就是拥有专业且多样的图像参数分析工具，这使得对色彩的精细化调整成为可能。在进行校色时，可以在参数分析面板看到各种参数的变化。有了它们的帮助，你将不再只依赖观察图像的色彩做出调整，即使你是色盲也完全可以做出正确的判断。这些工具包括波形监视器、矢量示波器、直方图、色调曲线等。

1. 波形监视器

WFM（波形监视器）是一种用图形方式显示和测量视频的亮度或亮度等级的仪器。Color Finesse 中共有 7 种波形监视器，它们分别是 Luma WFM（亮度）、YC WFM（明亮度和色度）、RGB WFM（红绿蓝）、GBR WFM（绿蓝红）、YRGB WFM（明亮度和红绿蓝）、YCbCr WFM（明亮度和色差）、Overlay WFM（叠加）（图 10-60 至图 10-66）。

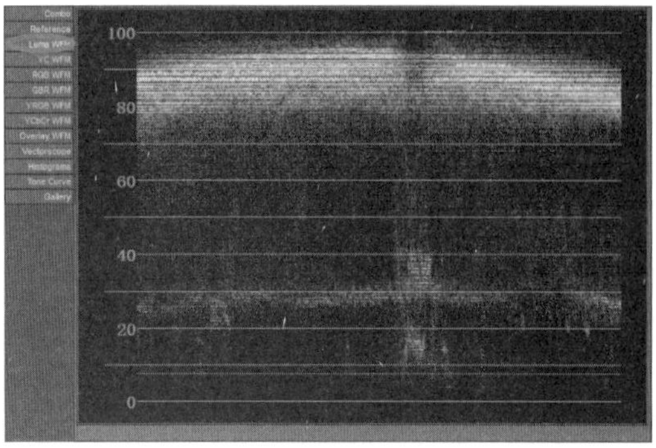

图 10-60

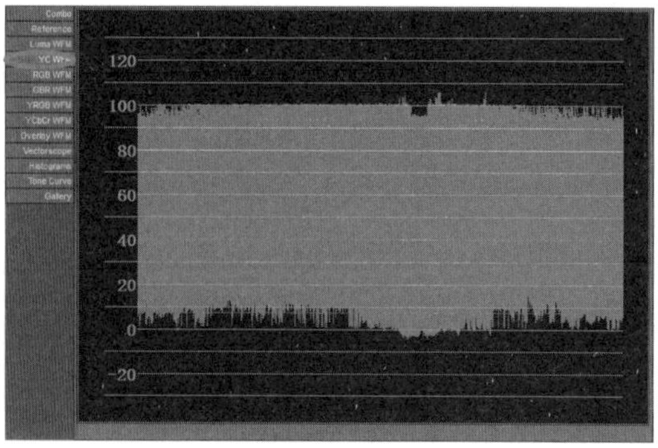

图 10-61

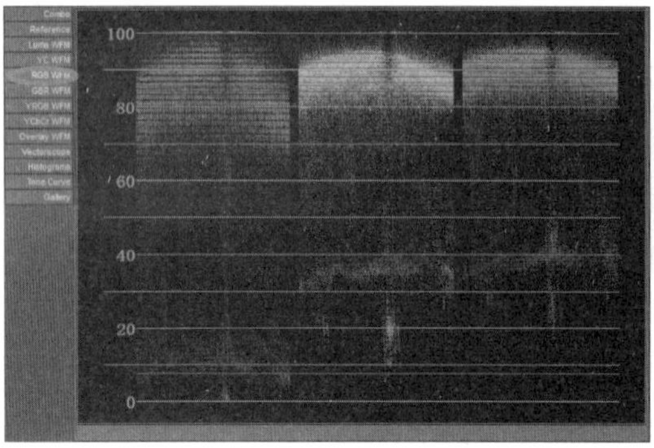

图 10-62

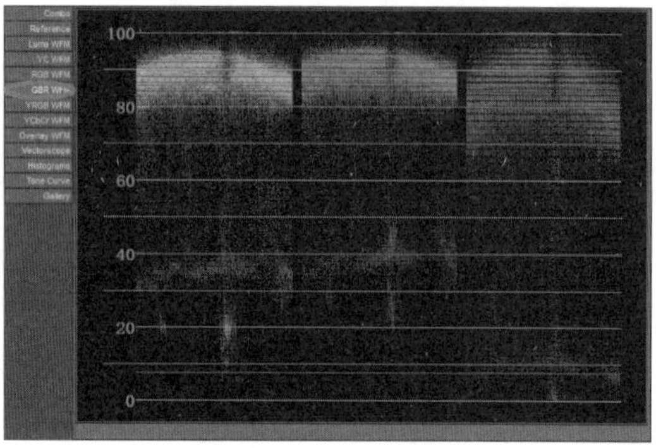

图 10-63

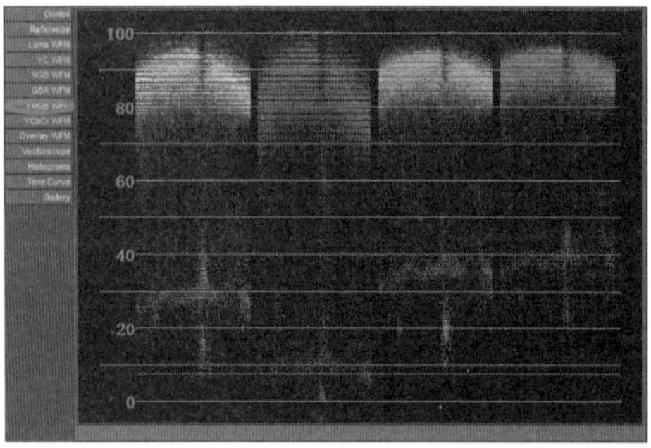

图 10-64

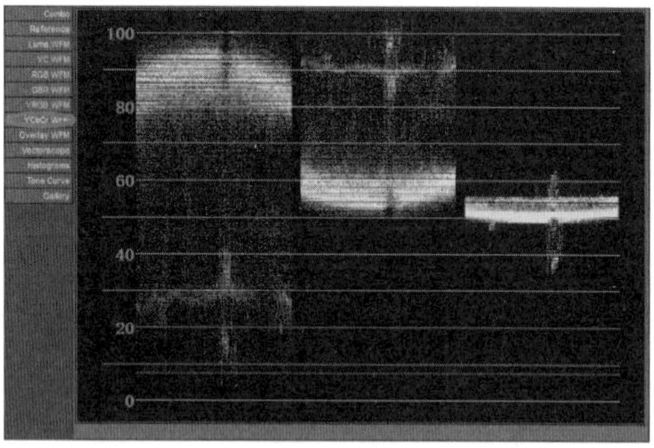

图 10-65

2. 矢量示波器

Vector Scope(矢量示波器)用于测量视频颜色的饱和度与色调。在矢量示波器图表中，用字母 R、G、B、Mg、Yl、Cy 标记了六个区域，分别代表红、绿、蓝、品、黄、青，它们正是加色法的三原色及对应的补色。图像的特定颜色决定了信息图案的方向，信息图案离中心越远，其饱和度就越高，离中心越近，饱和度就越低。黑白图像仅在图标中心生成一个点(图 10-67)。

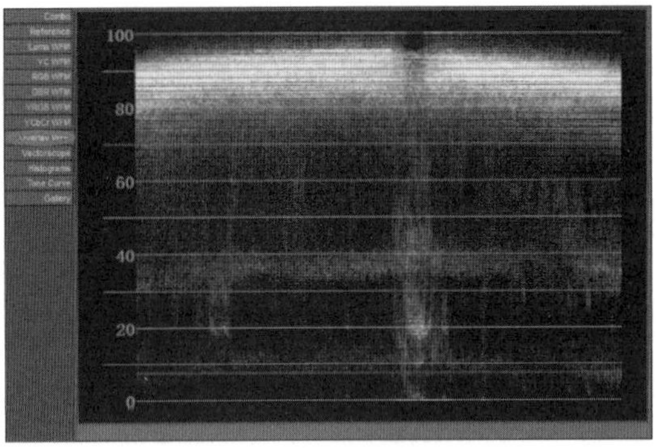

图 10-66

图 10-67

3. 直方图

Histograms（直方图）以亮度、红、绿、蓝四个通道显示像素在图像中的亮度分布情况。横轴表示亮度级，左边纯黑，右边纯白，中间灰度渐变。借助直方图我们可以判断出，画面中明暗各部分是否包含足够的细节，以便进行校正（图 10-68）。

4. 色调曲线

Tone Curve（色调曲线）的水平轴代表像素的原始亮度值（输入色阶），垂直轴代表新的亮度值（输出色阶）。在默认情况下，所有像素的输入和输出值均相同，即为一条对角线。曲线顶部代表画面亮部，曲线底部代表画面暗部，曲线中间代表画面中间调。画面调亮曲线向上弯曲移动，画面变暗曲线向下弯曲移动（图 10-69）。

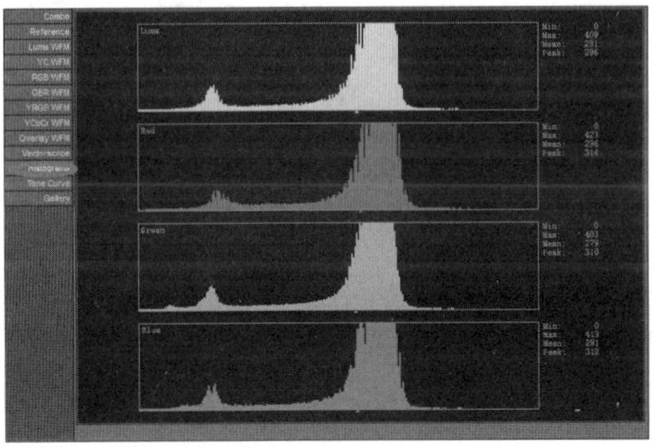

图 10-68

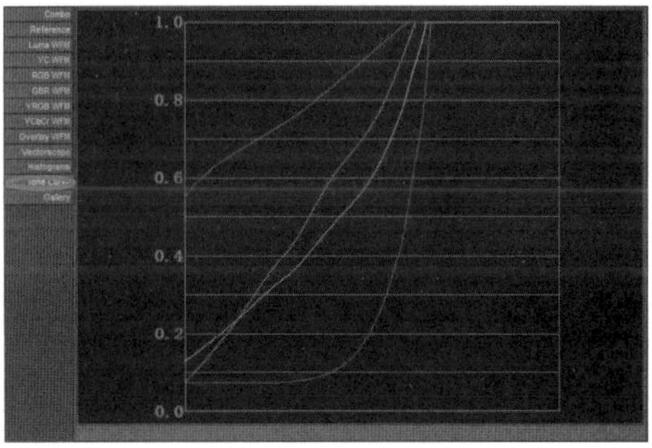

图 10-69

5. 组合

Combo（组合）选项将亮度波形监视器、矢量示波器、直方图、色调曲线等 4 个重要的图表集成到一起，方便我们进行综合分析和判断（图 10-70）。

6. 收藏

Gallery（收藏）中包含着大量的预设效果，只需双击预设效果的名称就可应用该预设。我们还可以单击面板左下角的保存预设图标，将当前的相关设置保存成用户预设文件，方便以后调用（图 10-71）。

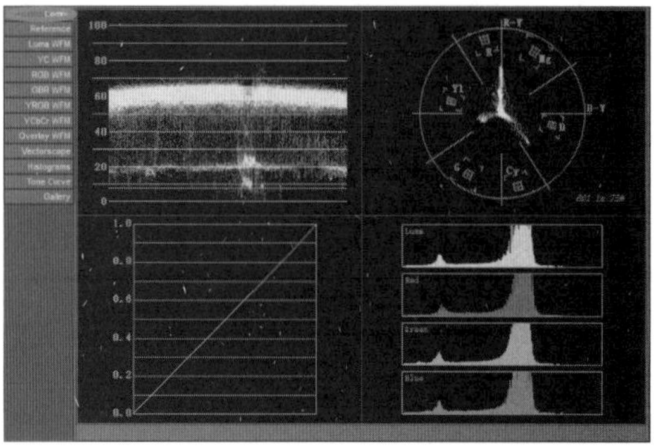

图 10-70

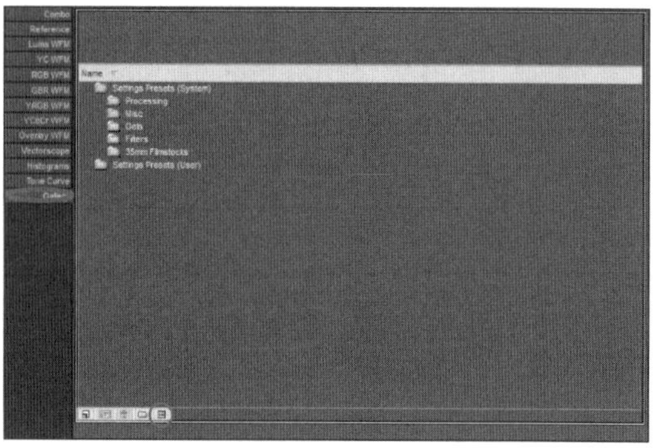

图 10-71

10.7.3 Color Finesse 的视频显示面板

Color Finesse 的视频显示面板用于显示图像，我们可以通过在显示面板中滚动鼠标滚轮对画面进行缩放，按住鼠标滚轮将鼠标指针变为手形移动工具，可以对画面进行拖动。在面板的左下角是一组视频播放工具，你可以一边播放视频，一边调整色彩参数，你还可以按住鼠标左键在显示画面中左右拖动播放素材。

单击显示面板左侧的按钮，可以在 6 种不同的显示方式间进行切换，它们包括 Result（结果）、Source（源）、Reference（参考）、Split Source（分隔源）、Split Ref（分隔参考）、Luma Ranges（亮度范围）。其中，Result 是默认显示方式，显示校色后的效果，而最有意思的应该算是 Split Source（分隔源）显示方式。它会将显示屏平均分为左右两部分，左边显示原始图像，右边显示校色后的图像，这样可以对校色前后的画面进行对比，这会使你感到很有成就感。而 Split Ref（分隔参考）也是分屏显示方式，只是左右对比的图像为参考图像和结果图像，这一功能在进行色彩匹配时非常有用，我们会在后面具体介绍。对比区域的大小还可以根据需要进行调整，只需拖动面板上下两端的白色三角形滑块（图 10-72）。

图 10-72

10.7.4 优化图像的设置

在你第一次看到 Color Finesse 的参数设置面板时，可能会被吓到，因为这里有太多的选项，每一项里又有众多的参数。但如果仔细观察的话，你会发现这里面的选项其实你都很熟悉，就是我们之前学到的一些校色工具。只不过 Color Finesse 将这些很棒的工具集成在了一起，这些工具你不必都用，只需根据需要和习惯选择一两个来用就足够了。没有你想象的复杂，事实上是变得更简单了，因为我们还有强大而丰富的参数图表可以参考。下面我们就通过一个实例来学习如何使用 Color Finesse 校色（图 10-73）。

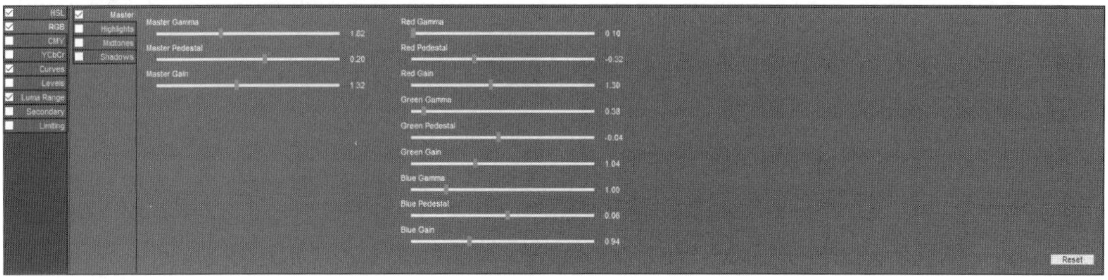

图 10-73

（1）打开“校色.aep”项目文件（若没有该文件，请按 10.4.3 节色阶应用说明重新建立。）

（2）双击项目面板的空白处打开“导入文件”对话框，导航到“光盘 \ 第 10 章 \ 素材”文件夹下，双击“舞蹈.mov”文件，导入素材。

（3）将项目面板中的“舞蹈.mov”素材，拖放到项目面板左下方的“新建合成”按钮上，即以该素材的像素大小、宽高比、帧速率和持续时间为参数创建同名合成，并在时间轴面板与合成面板中显示。

按下小键盘的“0”键预览该素材，这是一段户外逆光下拍摄的舞蹈视频，有着我们经常会遇到的问题：对比度不好、色彩饱和度差、画面偏色，需要我们进行调整（图 10-74）。

（4）在时间轴面板鼠标右击素材图层，在弹出的上下文菜单中选择“效果”→“Synthetic Aperture”→“SA Color Finesse 3”（图 10-75）。

图 10-74

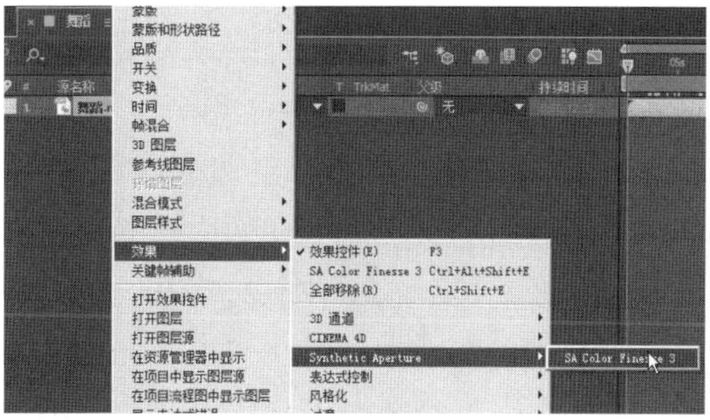

图 10-75

（5）在效果控件面板中单击 SA Color Finesse 3 特效的“Full Interface（完整界面）”按钮，进入完整界面进行设置（图 10-76）。

（6）在进行相关设置之前，需要先选择一个图像参数分析工具，好为我们后面的工作提供保障。单击参数分析面板左侧的“RGB WFM”按钮，打开 RGB 波形监视器，展示图像中红、绿、蓝色彩像素的明暗分布情况（图 10-77）。

图 10-76

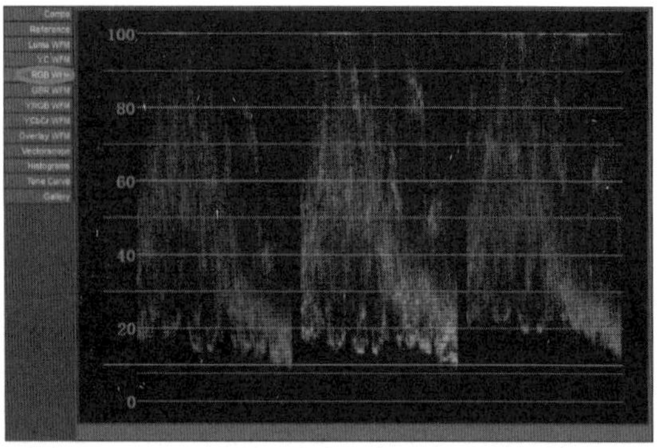

图 10-77

（7）在参数设置面板中点选“RGB”工具，接下来就用它进行相关设置（图 10-78）。

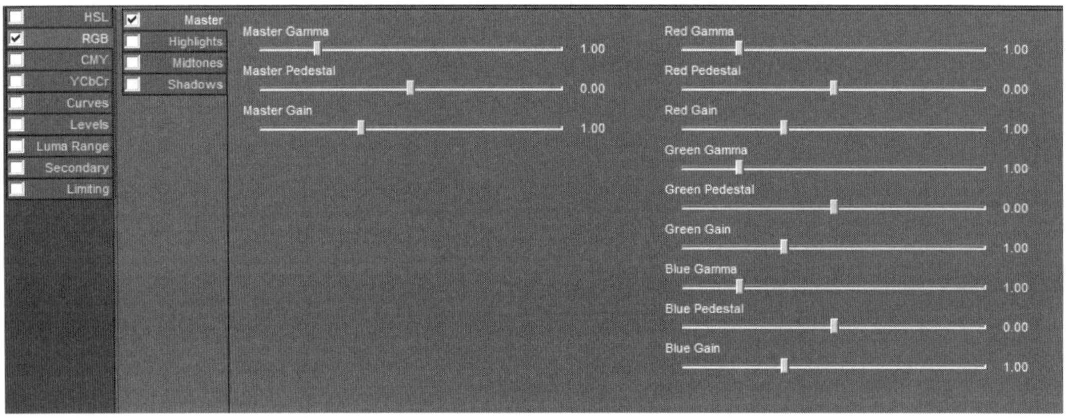

图 10-78

RGB 校色主要用于调整图像的亮度、对比度，它可以对画面整体调节，也可以对画面的亮部、暗部、中间调分别进行细致调整，还可以对 R、G、B 三个颜色通道进行控制，是最常用的校色工具。

在“RGB”选项前有个复选框，当它被勾选后，表明启用这个工具，在该工具下进行的相关参数设置就会被应用到图像中。当然在开始的时候，没有必要特意去勾选它，当我们调整其下的参数后，系统会自动进行勾选。你也可以通过取消勾选，来暂时关闭某个校色工具对图像的影响。

（8）我们先对画面主体进行设置，确认激活“Master（主体）”选项，比对 RGB 波形监视器的显示，先滑动调整“Pedestal（基准）”参数，使 RGB 波形监视器中图形的最底端接近 0。再调整“Gain（增益）”参数，使 RGB 波形监视器中图形的最顶端接近 100。最后适当调整“Gamma（灰度）”值，增加画面亮度（图 10-79、图 10-80）。

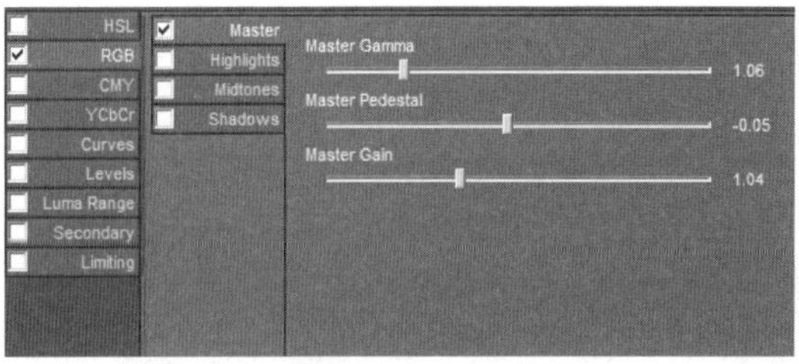

图 10-79

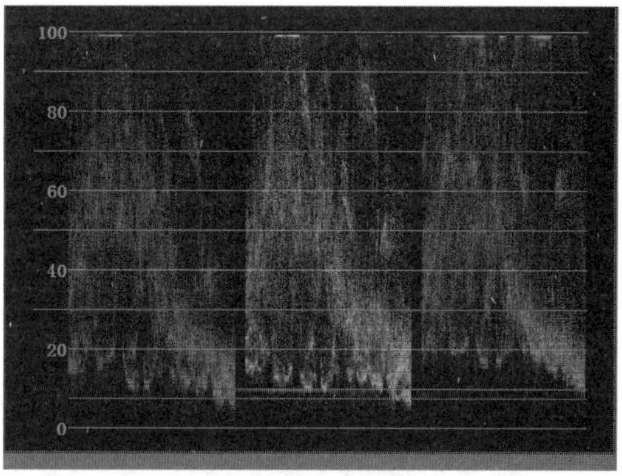

图 10-80

Pedestal(基准)代表暗部，向左拖动滑块使画面暗部更暗，向右则提亮暗部。

Gain(增益)代表亮部，向右拖动滑块提亮亮部，向左则变暗。

Gamma(灰度)用于调节图像的中间调，而对图像的暗部和亮部不产生影响，向左拖动调亮画面，向右则是变暗。

标尺中的 0 代表图像中的黑色，100 代表图像中的白色。如果高于 100 图像亮部就会过曝，低于 0 则暗部就没有细节。我们要做的就是将图像的最暗部调整到接近 0 的位置，而将图像的最亮部调整到接近 100 的位置。虽然这样的操作并不总是正确的，事实上校色本来就没有正确、错误可言，但这将得到一个一般意义上对比度正常的图像。

我们也可以不看参数图表，而是通过观察图像直接去调整参数，当然这是非常感性的操作，甚至需要一些猜测，那些有丰富经验和对颜色敏感的后期艺术家都是这样做的。但使用这些图表作为参考还是非常方便和精确的，使我们可以在非常短的时间内获得精确的结果。

(9)分别调整红“绿”蓝三个通道的“Pedestal(基准)”“Gain(增益)”和“Gamma(灰度)”值，使三个通道的数据都均匀分布在图表的 0 ～ 100 之间，这意味着颜色是正确的，且对比度正常(图 10-81)。

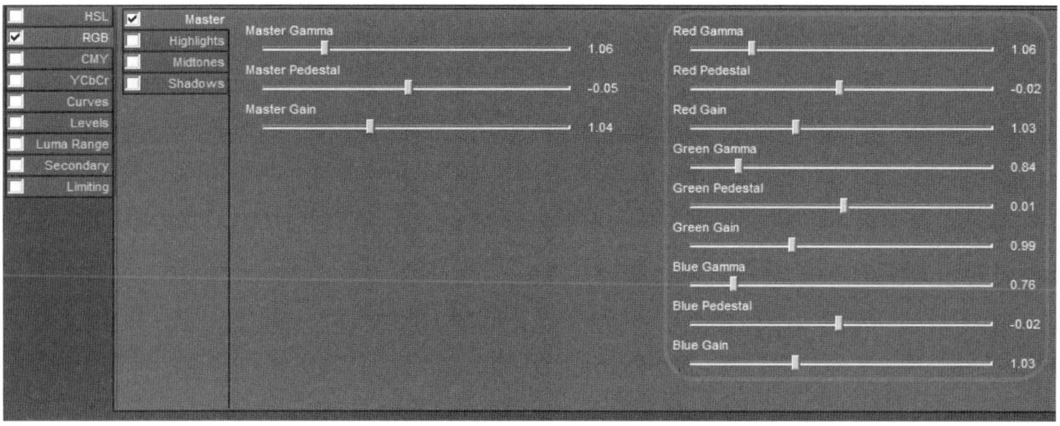

图 10-81

RGB 校色工具的优点之一是可以分别对三种不同的颜色通道进行调节，这样就可以解决画面偏色问题或是创造偏色效果。

观察视频显示面板中的显示效果可以发现，画面质量有了明显的提升，不再有灰蒙蒙的感觉，偏色情况也得到了明显改善。当然你也可以切换到“Split Source（分隔源）”显示模式，观察画面调整前后的对比效果（图 10-82）。

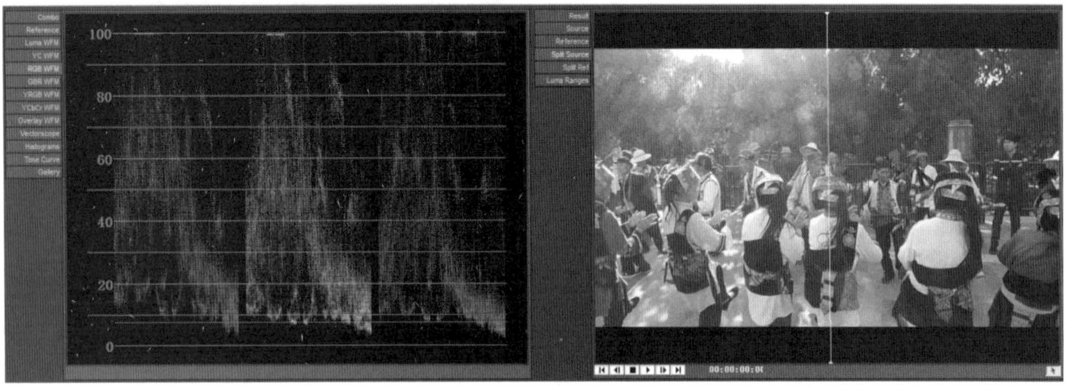

图 10-82

尽管画质得到了提升，但仔细观察还是能发现一些问题。例如：人物的黑色衣服不够黑，白色衣服又有些偏蓝。相对应的在 RGB WFM 图表中，三色的底部虽然接近 0 线，但包含像素很少，所以人物的黑衣不够黑。而蓝色通道的顶端确实有一些数据超过了 100 线，这才使得画面高光处偏蓝。在这种情况下，如果我们还是对画面主体进行设置，将对整个画面产生影响，有可能会破坏画面中一些没有问题的部分。此时，最好的方法就是对画面的阴影、高光分别进行设置，这样将不会影响其他部分。

（10）选择 RGB 工具的“Highlights（高光）”选项，比对 RGB WFM 图表调低“Blue Gain（蓝色增益）”数值（图 10-83），让蓝色通道的高光处数据不再超过 100 线（图 10-84），使亮部不再偏蓝。

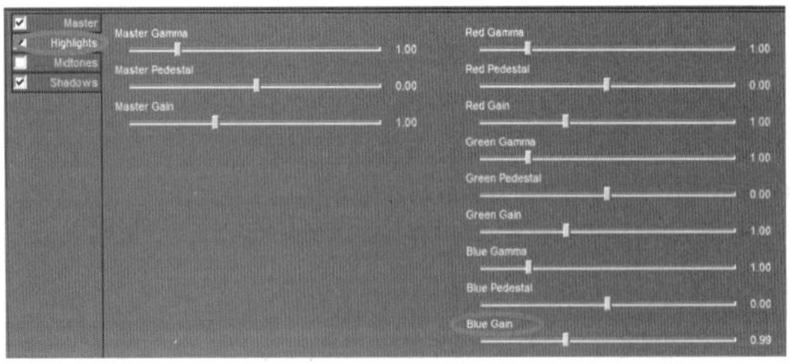

图 10-83

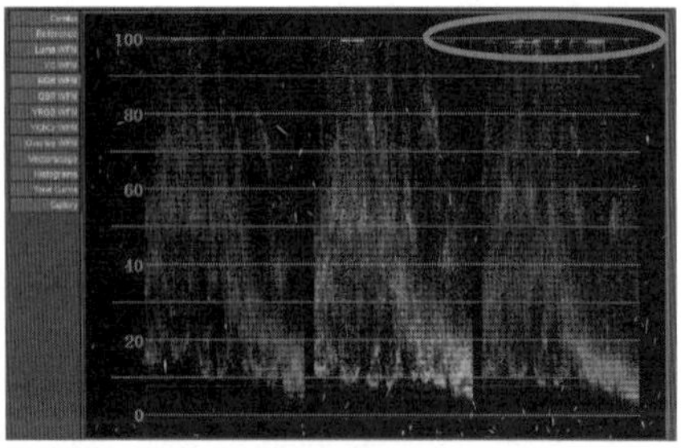

图 10-84

（11）再选择 RGB 工具的“Shadows（阴影）”选项，比对 RGB WFM 图表调低“Master Gamma（主灰度）”数值（图 10-85），让三色通道的更多数据靠近 0 线（图 10-86），使暗部变黑。

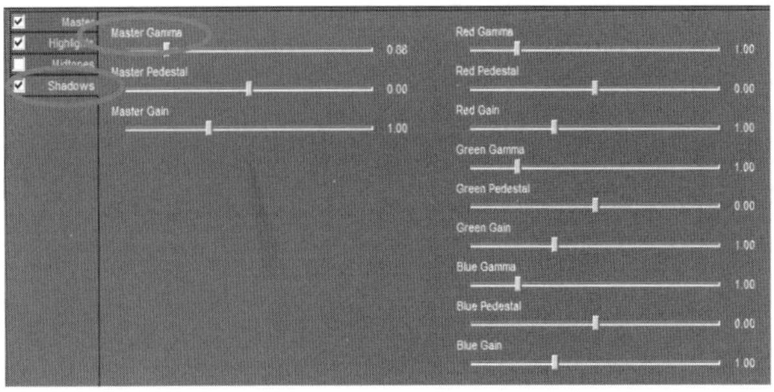

图 10-85

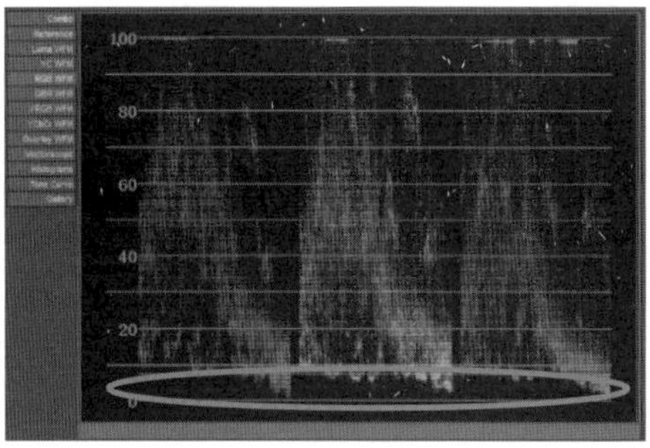

图 10-86

尽管对画面的某一明暗部分进行校色时，或多或少还是会影响到其他的部分，但相对于总体调节来说，已经很好地控制了影响范围。这种分离画面的阴影、高光和中间调的校色方法，增加了校色操作的灵活性。

使用 RGB 工具进行校色的一般的操作流程是，参考 RGB 波形监视器，先在“Master（主体）”选项下对“Pedestal（基准）”“Gain（增益）”和“Gamma（灰度）”进行大体调整，并保证各通道的颜色均匀。然后再分别选择“Highlights（高光）”“Shadows（阴影）”和“Midtones（中间调）”对不同明暗部分进行微调，以完善细节。

通过前面的操作得到了一个对比度良好、颜色正常的画面（图 10-87）。得益于参数分析图表的帮助，可以非常快速地完成这一过程。事实上当我自己在做这一实例的时候，由于机器反复死机，我不得不重复操作这一过程。尽管我没有记住相关的参数，其实也根本不需要去记，我还是能够在不到一分钟的时间完成所有操作。只要掌握了其中的原理和方法，你会发现校色其实一点儿也不难。

图 10-87

（12）最后单击右下角的 OK 按钮完成颜色校正并退出 Color Finesse，返回 After Effects

界面，按 Ctrl + S 键保存项目。

现在我们有了一段颜色正常的视频素材，但略显平淡，我们可以通过色彩调整为画面添加一些风格，例如怀旧的感觉，色彩校正工具的用处之一就是设置这种创意性的颜色效果。尽管我们可以继续使用 RGB 工具进行设置，通过调整红、绿、蓝不同通道的颜色分配来改变画面的色彩风格，但我们将要介绍的是更加快捷方便的色彩工具。

10.7.5 怀旧风格

还记得 10.5 节讲到的曲线工具吗，我们一般会使用曲线工具来修正图像的颜色，因为它操作便捷，而且得益于曲线的线性特点，可以使画面中的色调变得更加平滑自然。我们将在前一节实例的基础上继续操作，如果你还没有做那个实例，那就参照前一小节的介绍花一分钟的时间做一遍吧。

（1）在参数设置面板中点选“Curves（曲线）”工具，再选择“RGB 曲线”（图 10-88）。

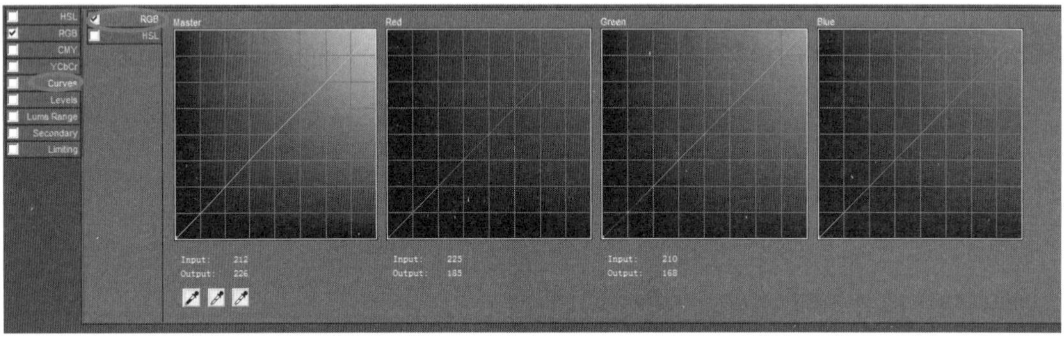

图 10-88

这里一共显示4个曲线图，分别为“Master（主）”“Red（红）”“Green（绿）”“Blue（蓝）”。用于整体和红、绿、蓝不同通道的亮度调节。我们需要给画面添加一些黄色，来表现怀旧的感觉。由于这里没有黄色通道，需要通过添加红、绿进行混合，关于颜色混合的相关知识在 10.1.3 书中讲解过。

（2）拖动红色曲线向上移动，轻微提高中间调偏上的部分。同样的方法轻微提高绿色曲线，降低蓝色曲线（图 10-89）。

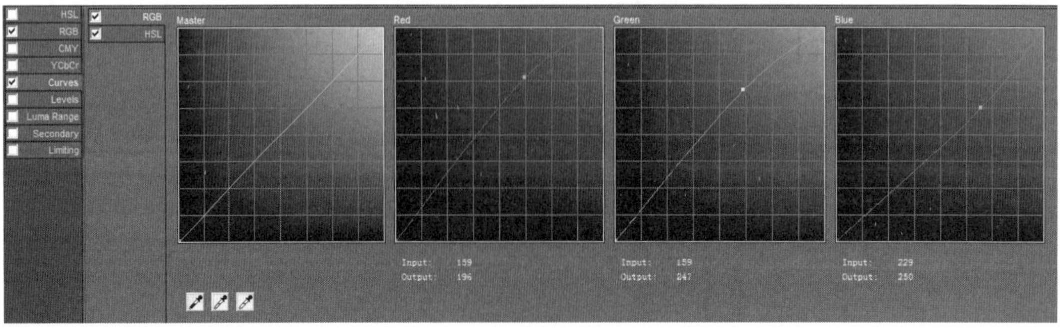

图 10-89

这样就为图像带入了一种怀旧的黄色风格（图 10-90）。你也可以根据自己的喜好调节出不同的风格。曲线校色的好处在于，当调节画面某一明暗区域的颜色时，可以不影响画面中的黑白区域，并且色彩的变化将从调节点开始向两边平滑过渡，使画面更自然。

图 10-90

在调节曲线的时候要注意，尽管我们可以为曲线添加多个操控点进行调节，但这样就失去了平滑过渡的效果，并且很容易使画面颜色失衡。

我们前面提到过，尽管 Color Finesse 有多种工具，但你没有必要都使用，可以根据需要选择最快捷、最方便的方法来达到效果。就像上面这个例子，使用曲线调节当然可以实现满意的效果，但在 RGB 模式下，由于没有黄色通道，需要调节红、绿通道进行混合，尽管这也不是非常复杂，但我们还有其他快捷的方法。

还记得我们在 10.1.2 书中讲道的减色法吗，即 CMK 模式，就包括黄色通道。所以我们可以使用 CMK 工具，为画面快速加入黄色。

（3）在参数设置面板中撤销点选“Curves（曲线）”工具，移除校色效果，再选择“CMK”工具（图 10-91）。

我们会发现“CMK”工具和“RGB”工具调节方法基本相同，同样是设置“Pedestal（基准）”“Gain（增益）”和“Gamma（灰度）”3 种属性，只不过除了总体设置之外，可以分别对“Cyan（青）”“Magenta（品红）”“Yellow（黄）”三个通道进行设置。

（4）在 Master 选项中，调节“Yellow Gamma”数值向右移动（图 10-91），为画面添加黄调。你会看到在 RGB WFM 图表中红、绿两个通道的像素也同时向上移动，这表明黄色正是由红、绿混合而成（图 10-92）。

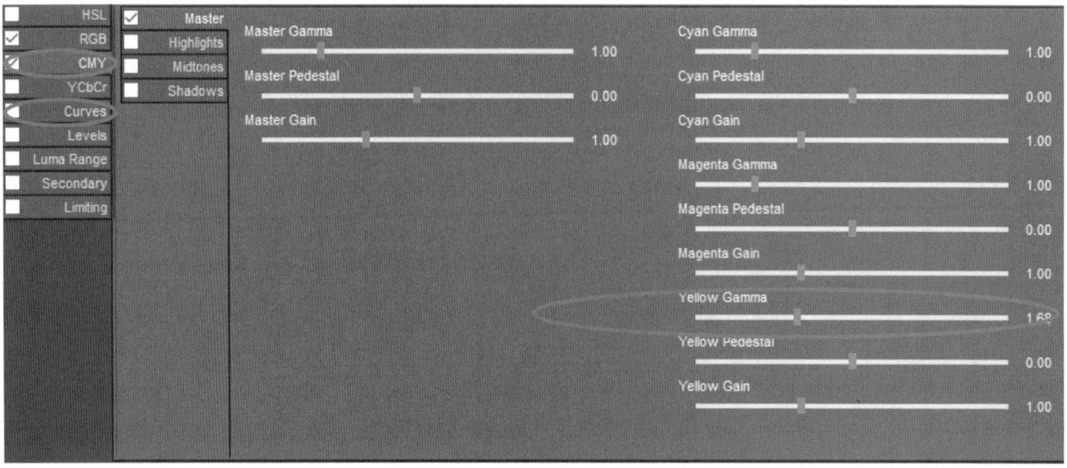

图 10-91

（5）为了保证画面中的黑白部分不受到颜色变化的影响，再分别调节“Yellow Pedestal”和“Yellow Gain”，使 RGB WFM 图表中红、绿两个通道的像素顶点接近 100 线，底部接近 0 线（图 10-93）。

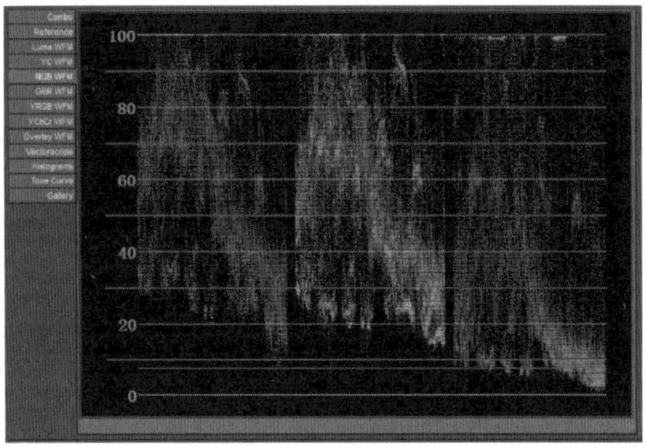

图 10-92

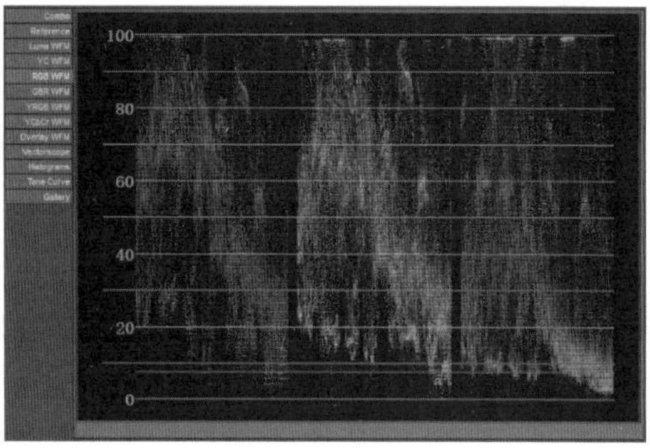

图 10-93

这样我们使用 CMK 工具通过直接调整黄色通道，得到一个带有怀旧风格的画面。当然你还可以分别对高光、阴影和中间调进行更加细致的调节。由于使用减色法模式为画面校色，CMK 工具往往会产生一种胶片的感觉，特别是对于画面中黄色调的调整，非常方便。使用 CMK 工具进行颜色调节时，不要将数值偏移过大，以免影响画面总体效果。最好的方法是，选择相应通道，先使用 Gamma 进行微调，影响画面色调，再分别调整 Pedestal 和 Gain 参数进行修正。

（6）最后单击右下角的“OK”按钮完成颜色校正并退出 Color Finesse，返回 After Effects 界面，按 Ctrl + S 键保存项目。

10.7.6 二级校色

一般情况下，对于素材颜色的调整会影响整个画面色彩的变化，就像我们前面做的：改变画面整体的对比度、饱和度或是为画面添加某种色调创造颜色风格。这种调整，称之为一级校色。在一级校色之后，如果我们根据需要还希望对画面的某一段色调范围进行调整，就称之为二级校色，并且一个画面可以多次应用二级校色。Color Finesse 就具备二级校色功能。

下面我们就对上一节怀旧风格的画面进行二级校色，我们要做的是将视频中两个穿蓝色衣服人的服装变为绿色。

（1）在参数设置面板中点选“Secondary（二级校色）”工具，其下有从 A ～ F 共 6 个子选项，也就是说我们可同时对画面中的 6 个不同颜色区域进行校色（图 10-94）。

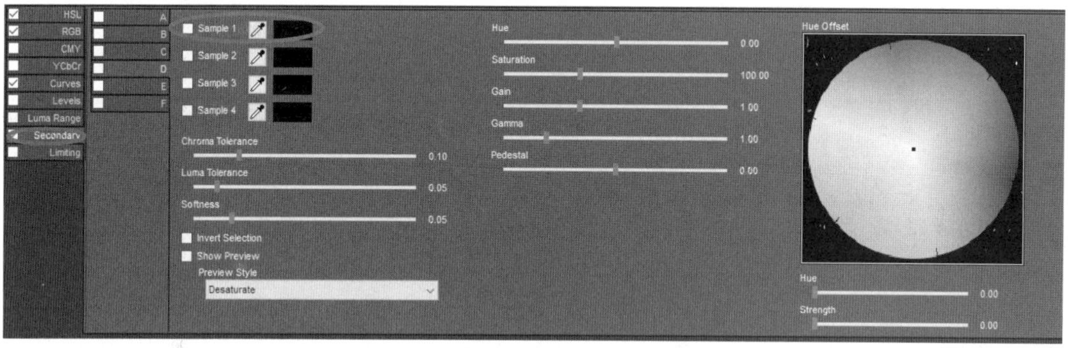

图 10-94

（2）选择 A 选项，单击 Sample1 后的滴管（图 10-94），在显示面板的画面中按住 Ctrl 键单击蓝色衣服进行色彩采样（图 10-95），采样的颜色会显示在滴管图标后的方框中。

由于蓝色衣服上的颜色明暗不同，需要多次采样，才能选择完整，对同一采样区域可使用最多 4 个采样样本，以保证采样的准确。所以用同样的方法为 Sample2、Sample3、Sample4 采样（图 10-96）。

图 10-95

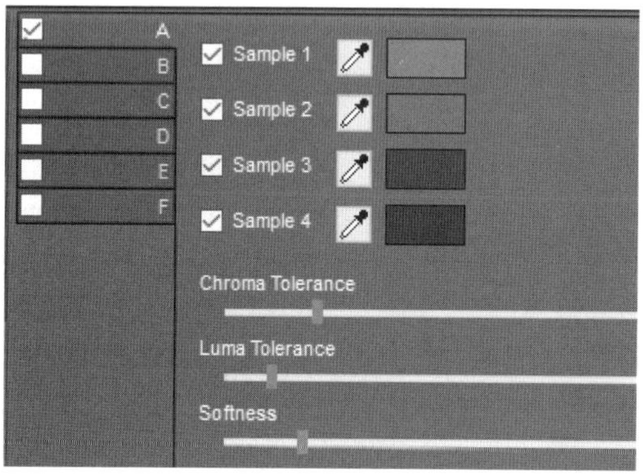

图 10-96

采样范围

根据采样范围的不同，分为以下 4 种采样方式。

（1）直接用滴管工具单击选色，将选取单一的颜色像素。

（2）按住 Shift 键，再用滴管工具单击选色，可扩大选区到 3×3（即 9）个像素。

（3）按住 Ctrl 键，再用滴管工具单击选色，可扩大选区到 5×5（即 25）个像素。

（4）按住 Ctrl+Shift 键，再用滴管工具单击选色，可扩大选区到 9×9（即 81）个像素。

（3）为了观察选区情况，点选“Show Preview（显示预览）”选项，并在“Preview Style（预览风格）”中选择“Desaturate（去色）”（图 10-97）。

我们发现人物衣服上的颜色并没有被完全选中（图 10-98），需要通过进一步调整参数来扩大选区。

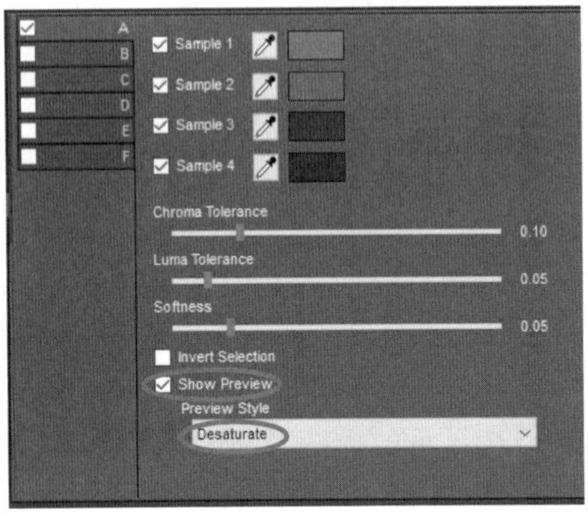

图 10-97

图 10-98

预览风格

在调节选区时，为方便观察可以选择以下 3 种不同的预览方式（图 10-99）。

图 10-99

（1）“Desaturate（去色）”预览：这种方式除了保留已经选择的颜色，关掉画面中其余颜色的饱和度，即以黑白图像显示。

（2）“Mask（蒙版）”预览：保留已经选择的颜色，画面其余部分变为红色。

（3）“Alpha”预览：选择的颜色变为白色，未选择的颜色变为黑色，一些过渡色变为灰色。

“Alpha”预览模式也是非常好的观察模式，因为这种黑白图像可以非常方便地观察选区情况。有的时候你可能需要在这几个预览模式间来回切换，以确保颜色区域选择的正确性。

（4）调整“Chroma Tolerance（色度宽容度）”“Luma Tolerance（亮度宽容度）”和“Softness（柔化）”参数，使人物蓝色衣服被全部选中（图 10-100、图 10-101）。

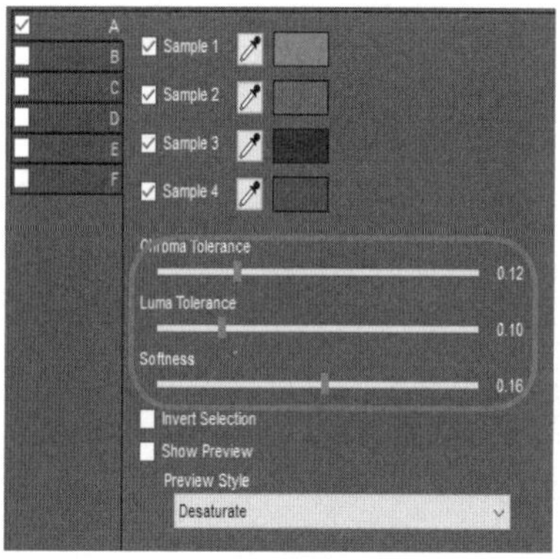

图 10-100

图 10-101

调整颜色范围

“Chroma Tolerance（色度宽容度）”用于表示选取的颜色和图像中其他颜色间的差别程度。当参数提高时表示开始接受更多选择范围以外的颜色，所以该参数不宜调得太高。

“Luma Tolerance（亮度宽容度）”用于表示选取颜色和画面中其他颜色亮度值间的差别。当该参数值增加时，就会有更多在亮度上和选择范围相近的颜色被包含进来。

“Softness（柔化）”用于柔化选区边缘，但如果参数过大，将会包含过多的背景颜色。需要保持三个参数间的平衡，以获得理想的效果。

（5）撤销“Show Preview（显示预览）”选项，拖动修改“Hue（色相）”参数值，将衣服变为紫色（图 10-102）。

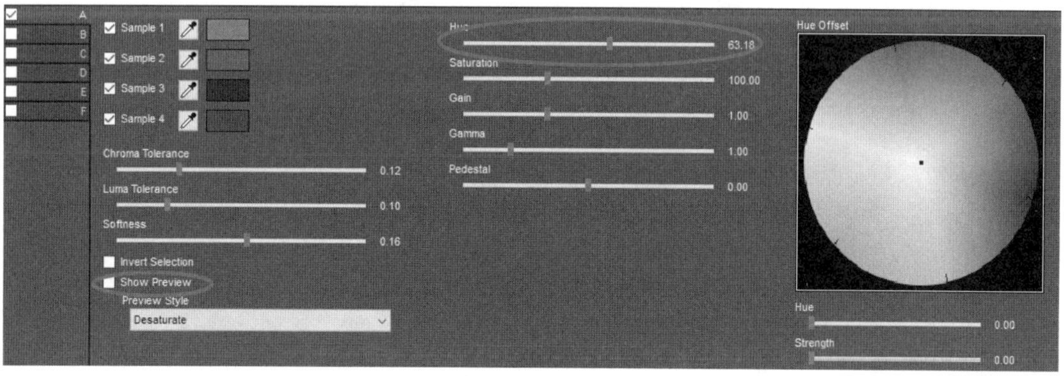

图 10-102

我们还可以对照 RGB 波形监视器，继续调整“Saturation（饱和度）”“Pedestal（基准）”“Gain（增益）”和“Gamma（灰度）”等参数，直到得到满意的效果为止。你也可以使用颜色轮进行颜色变换，它与通过滑块进行参数调节的效果是一样的。

色轮

色轮是一种直观的颜色校正工具。以一个平滑过渡的色相环为基础,中心为三原色的混合白色,越靠近色轮边缘颜色饱和度越高。

鼠标按住中心的黑点向外拖拽,拖动控制点停留的位置即为图像的色调和饱和度。当拖动控制点时,色轮下方的 Hue(色相)和 Strength(强度)参数发生相应变化。拖拽半径越大,画面色调变化越明显(图 10-103)。

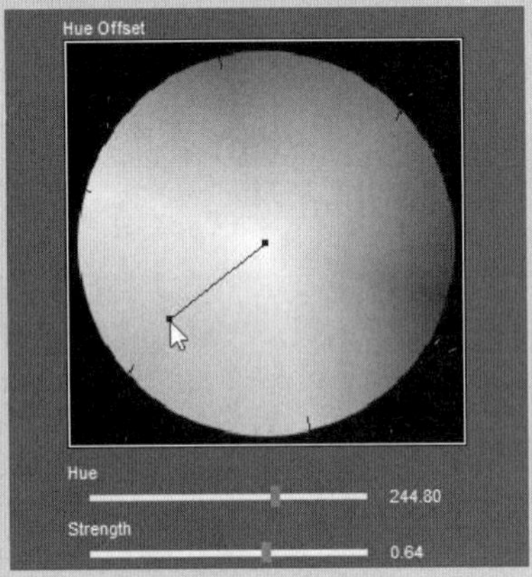

图 10-103

(6)最后单击右下角的"OK"按钮完成颜色校正并退出 Color Finesse,返回 After Effects 界面,按 Ctrl + S 键保存项目(图 10-104)。

图 10-104

二次校色是在整体校色的基础上,对某一颜色范围进行更细致的调整。在实际应用中,并不会经常去改变某一颜色的色相,更多的是用于对某一颜色范围饱和度和亮度的调整。

例如让画面中的天更蓝、水更绿，或是降低人物的肤色的饱和度等。

10.8　本章复习

1. 色彩的三大属性是什么？
2. 简述减法三原色与加法三原色。
3. 简述色阶的使用方法。
4. 简述曲线的使用方法。
5. 简述色相 / 饱和度的使用方法。
6. Color Finesse 的优点是什么？如何使用 Color Finesse？
7. 什么是二级校色？

第 11 章　音频处理

After Effects 提供的工具可以完成剪辑、混合，并对音轨做一些基本的改进或者使其更动听，同时也可以给音频应用一些特效。如果需要认真处理音频，将会在 Adobe 的声音处理软件 Audition 中进行操作，包括简单的声音处理和音效混合，使专业者能够自行处理一些常用的声音剪辑、声音过滤和音效混合，顺利进行 DV 影像和声音创作。但是，如果不借助于外部软件，After Effects 也可以完成基本的音频剪辑、配音、特效等操作。

本章主要讲解音频的基本设置、音频特效的使用方法、音频的增加能够增强影片的情感表现，而音频特效的添加则能够更好地控制情感的体现。

11.1　音频控制

在 After Effects 中可以实现对音频、视频的剪辑、合成、配音及配乐，下面我们就通过一个实例来学习有关音频导入、剪辑的知识。

11.1.1　恢复默认设置

为了实现操作过程的一致性，首先要恢复 After Effects 程序的默认设置。启动 After Effects 时按下 Ctrl+Alt+Shift 键，系统询问是否删除首选项文件时，单击“确定”按钮（图 11-1）。选择菜单“文件”→“另存为”→“另存为”命令，弹出“另存为”对话框，定位至相关保存路径，将项目命名为“视频配音配乐.aep”，然后单击“保存”按钮，完成对项目的重命名及保存。

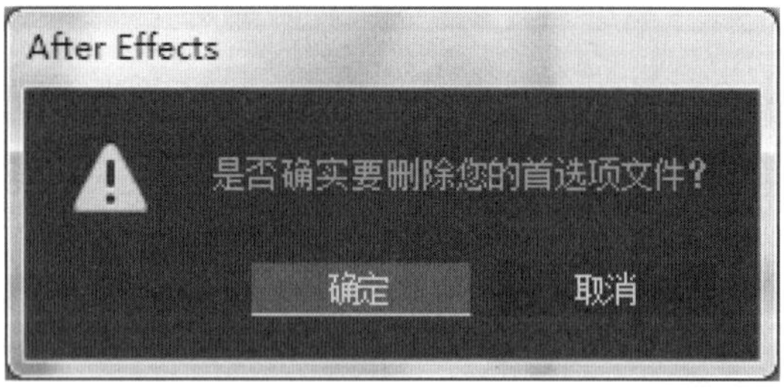

图 11-1

11.1.2　导入素材

下面为新打开的项目导入素材。首先双击项目面板的空白处打开“导入文件”对话框，定位到“光盘 \ 第 11 章 \ 素材”文件夹下，选择“录音.mp3”“背景音乐.mp3”“视频.mov”文件，在“导入为”项下拉菜单中选择“素材”，即以素材方式导入素材，然后单击“导入”按钮（图 11-2）。

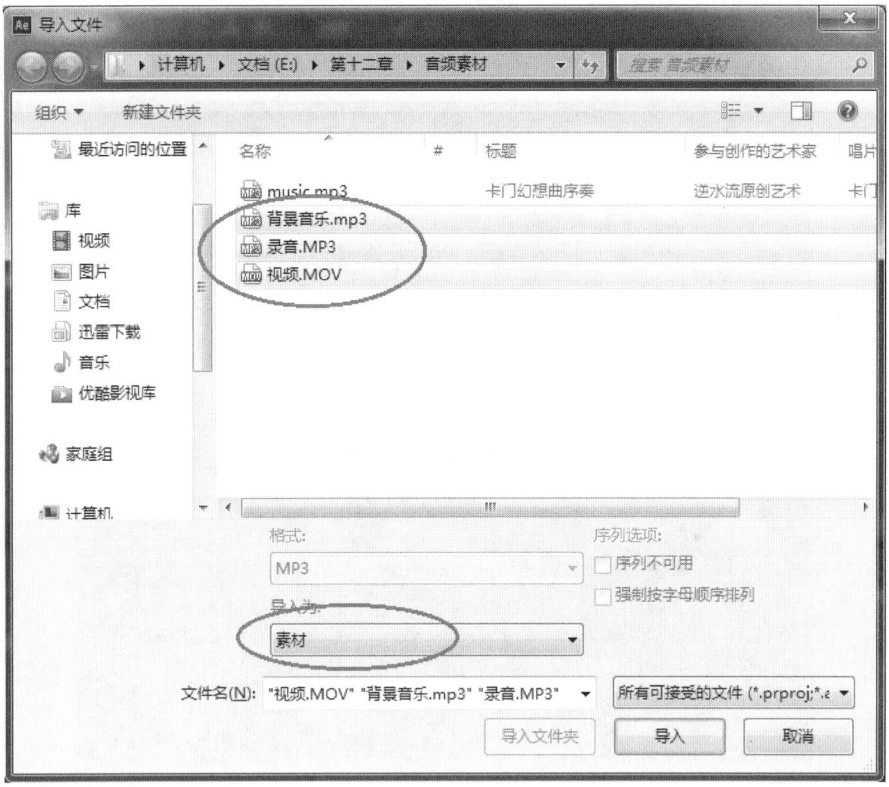

图 11-2

导入音频素材

合成的编辑基于层，而层的素材源可以通过 After Effects 建立，也可以由外部导入。一个素材可以多次编辑到时间线上，为多个层提供源素材。After Effects 支持导入多种音频格式的素材，用户可以在任何时候将项目调板中的素材编辑到时间线上。

音频素材格式有以下几种：

Adobe Sound Document：Adobe 音频文档，可以直接作为音频文件导入 After Effects。

Advanced Audio Coding（ACC，M4A）：高级音频解码，苹果平台的标准音频格式，可在压缩的同时提供较高的音频质量。

Audio Interchange File Format（AIF，AIFF）：苹果平台的标准音频格式，需要安装 Quick Time 播放器才能够被 After Effects 导入。

MP3（MP3，MPEG，MPG，MPA，MPE）：一种有损音频压缩编码，在高压缩的同时可以保证较高的质量。

Waveform（WAV）：PC 平台的标准音频格式，高质量，基本无损，是音频编辑的高质量保存格式。

选择“合成”→“新建合成”命令，打开“合成设置”对话框，设置合成名称为“配音配乐”、宽为“1920px”、高为“1080px”、帧率为“25”，并设置持续时间为 15 秒（图 11-3）。

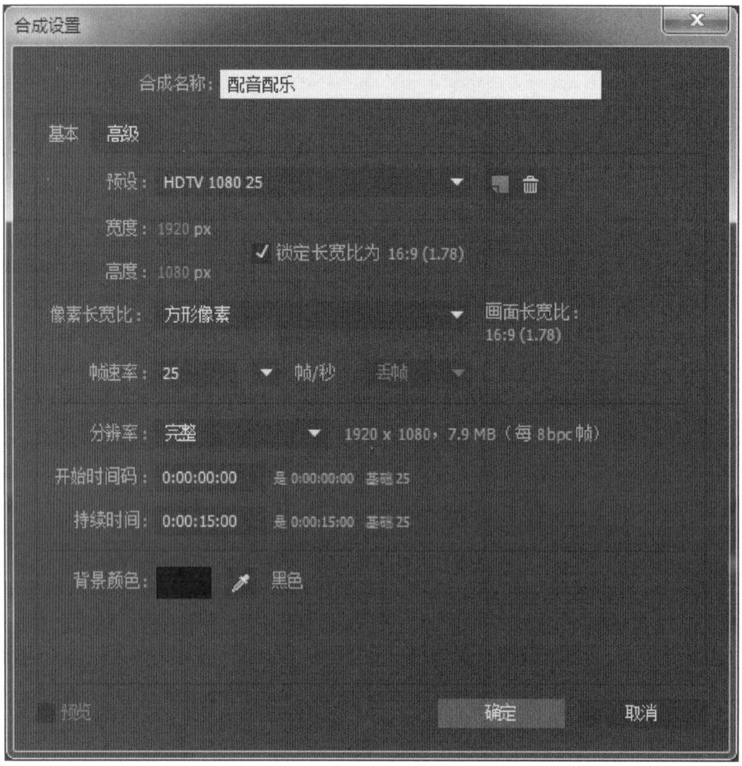

图 11-3

在项目面板中，单击选择“录音.mp3”素材，然后将其拖动到时间线面板中。

“视频 / 音频”控制选项

通过在时间轴面板上的“视频 / 音频”控制区中进行相应的操作，可以隐藏视频或音频。通过设置，可以只显示单独一个层中的内容或者锁定相应的层。如图 11-4 所示（视频 / 音频）控制选项。

图 11-4

- “视频”按钮：单击该按钮，可以在“合成”窗口中显示或者隐藏层上的视频内容。
- “音频”按钮：如果在层上添加了音频文件，则层上会自动添加音频图标，可以通过单击该按钮，显示或者隐藏层上的音频。

11.1.3　声音的可视化

（1）音频波形。After Effects 可以"阅读"音频的图形波形，通过波形可以知道音乐的节拍在哪里进入，或者视频中的人什么时候开口说话，这样可以方便有效地处理音频。对于所有音频图层，包括任何图层中带有音频的合成，打开时间轴面板中图层的参数"音频"，会显示"音频电平"和"波形"两个属性，单击"波形"，时间轴中会出现弯曲的线，那就是对声音的直观表示。

要直接看到即时的电平和波形，在时间轴面板中选择"录音.mp3"图层并按 L 键可打开电平参数，快速按两次 L 键可打开波形（图 11-5）。

图 11-5

（2）调节音量。接下来可以使用音频面板进行音量的调节。电平值越高，音频播放时的音量就越大，波形也更高。

在 After Effects 中，所有带音频的图层都被假定为立体声，在同一图层中包括左右声道。如果导入的资源文件是一个音频通道，即单声道的，After Effects 就会内部复制这些音频，使左右声道中有同样的声音。

在音频面板中可以对项目中的音频素材的音量进行控制，显示预览音频的瞬时电平，实现对音频素材的编辑，执行"窗口"→"音频"命令，或按快捷键 Ctrl+4，可以打开或关闭音频面板（图 11-6）。

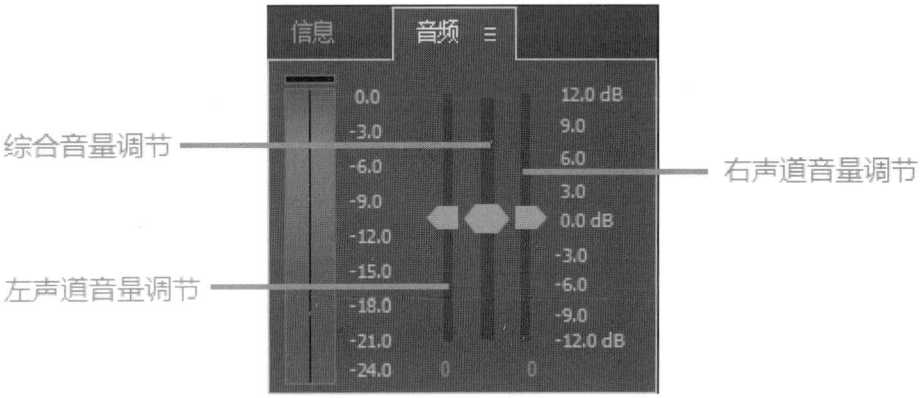

图 11-6

如果面板左侧顶部的扩音器图标是红色的，当音量放到最大时，可能会发生声音扭曲。

右侧的滚动条用来设置电平值。

调整音频电平的技巧

After Effects 将电平参数处理过之后再绘制音频波形。首先检查音频，为了在波形中更好地查看细节，可以将电平设置为高电平，然后再设置为最终的电平（图 11-7）。

（图 11-7）

在处理音频时，可以更改图层的音频电平，或对其添加关键帧，电平最有用的值存在于标记 0 附近的小区域中，0 意味着没有改变而不是没有发生渲染。编辑一个图层的音频电平是为了在多个音轨之间平衡相对音量，在任何一个给定的时间中，都要把焦点放在观众应当聆听的最重要声音上，确保这个图层的声音是最大的，并减小其他音频图层的电平，这样才不会受到干扰。

11.1.4 视频、音频的剪辑

下面将视频、音频配合在一起，因为是同期录音，所以说话的频率是可以配合上口型的，但是要注意入点。

将“视频.mov”素材拖到时间轴面板上，建议将视频素材作为最顶层。可以使用刚才讲过的方法将视频图层的波形调出，观察视频图层和音频图层的入点是否相同，如图 11-8 所示。

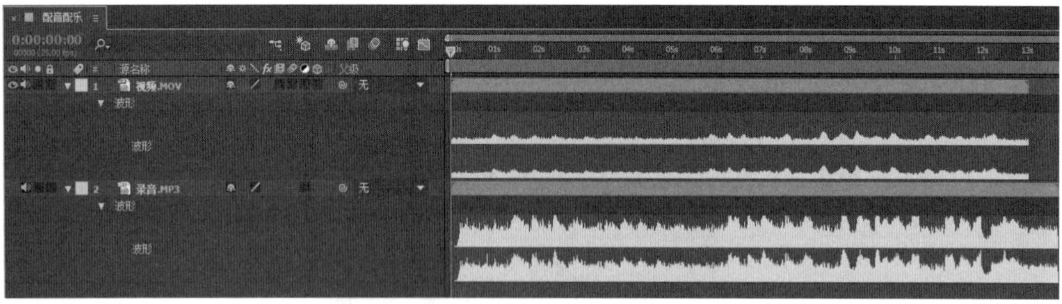

图 11-8

通过观察波形可以看到，音频的入点可能比视频的慢，如果需要准确定位，我们还可以进行预览操作。单击预览面板上“RAM 预览”按钮进行实时预览。

预览面板主要是对合成内容进行预览操作，并且可以控制素材的播放与停止，还可以进行预览的相关设置。

执行“窗口”→“预览”命令，或按快捷键 Ctrl+3，可以打开或关闭预览面板（图 11-9）。

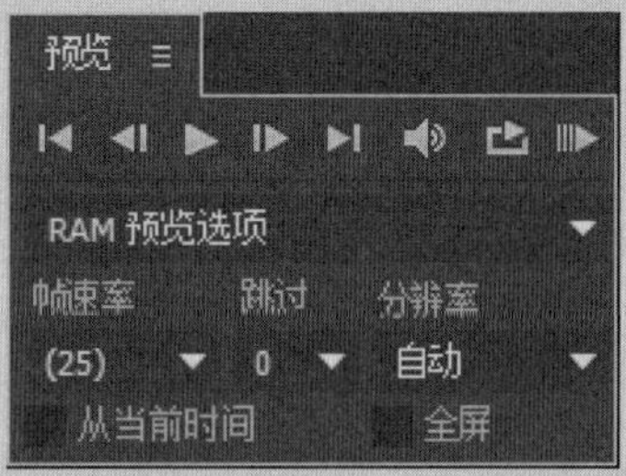

图 11-9

- “第一帧”按钮。
- “上一帧”按钮。
- “播放 / 暂停”按钮。
- “下一帧”按钮。
- “最后一帧”按钮。
- “静音”按钮。
- “循环选项”按钮：单击更改循环选项（播放一次、循环、乒乓循环）。
- “RAM 预览”按钮：实时预览。

After Effects 可在“时间轴”“图层”或“素材”面板中以实时速度分配 RAM 以播放视频和音频。可存储用于实时回放的帧数取决于可用的 RAM 量和预览面板中的设置。在 After Effects 中音频不能通过按空格键进行预览，最简单的操作方法是将时间指示器设置到所希望的起点，然后按数字键盘上的小数点键，按任意键停止播放。如果要在预览图像的同时播放音频，确定开启了预览面板上的扩音器图标，然后单击 RAM 预览按钮，或者按数字键盘上的“0”键，预览会遵照工作区域和循环设置进行。

我们可以用拖动的方式调整两个图层的入点；两个图层长短不同的结束点可以使用菜单项“编辑”→“拆分图层”对要剪辑的图层将不要的部分截掉，也可以按快捷键 Ctrl+Shift+D 进行拆分图层的操作，使视频和音频素材的长度一致，如图 11-10 所示。

使用“拆分图层”图层后，将截出来的图层按 Delete 键删除（图 11-11）。

使用 RAM 预览按钮查看实时效果，确定音频与视频的口型配合好后，可用前面介绍过的视频 / 音频控制选项将视频消音，即关闭视频图层的声音按钮，如图 11-4 所示。

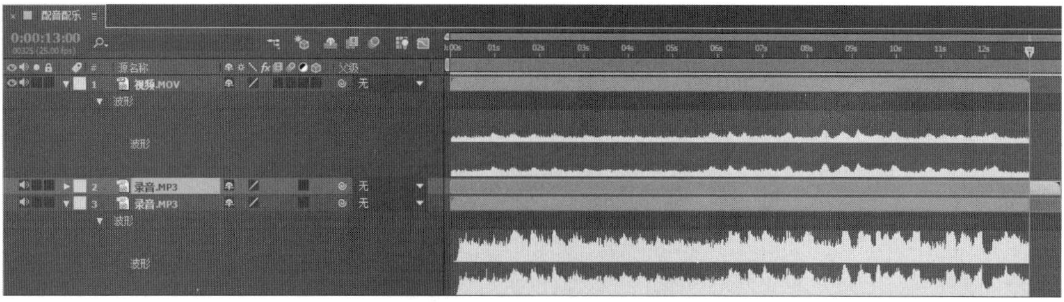

图 11-10

图 11-11

再来我们可以像手机的美拍 APP 那样给视频加上自己喜欢的背景音乐，这样一来能加强影片的情感表现，同时也可以遮盖录音同时收录的一些小的噪声。将“背景音乐.mp3”素材拖到时间轴面板上，同样使用观察波形、调整电平、拆分图层等方法进行处理，最后得到一段与视频素材长度相同的音频，选取的音频片段旋律与之前处理好的视频和音频内容匹配，同时调整音频素材的电平值，不要过高，以免显得突兀，也不能过低，以免被背景音乐遮盖住，做到与背景音乐的音量和谐搭配。可参考图 11-12 的背景音乐效果。

图 11-12

最后，我们可能会发现合成设置的持续时间和视频的时间长度不一样，可以使用“合成”→“合成设置”将持续时间改为和素材一样长，这样视频播放完的黑屏时间就去除了。实例最终效果如图 11-13 所示。

图 11-13

11.1.5　数字音频和采样率管理

通过这样一个配音配乐的实例可以发现声音是影片中不可缺少的一部分。同样，在数字视频领域，音频的数字化也具有重要的作用，数字视频与数字音频是相辅相成的整体。

声音是由振动产生的。比如，弦乐器的弦或人的声带产生振动，会带动周围的空气随之振动，振动通过空气分子波浪式地进行传播。当振动波传到人的耳朵时，人便听到了声音。通常用波形表示声音。波形中的 0 线位置表示空气压力和外界大气压相同，当曲线上升时，表明空气压力加强，曲线降低时，表明空气压力下降，如图 11-14 所示。声音的波形实际上等同于空气压力变化的波形，声音就是这样在高低气压产生的波动中进行传播的。

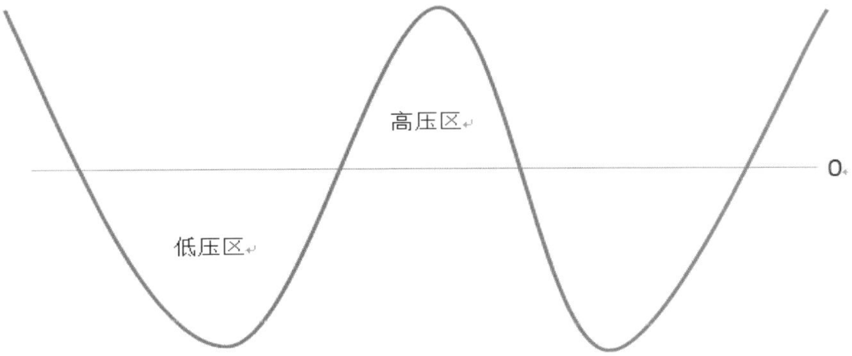

图 11-14

计算机可以将声音信息进行数字化存储，声音波形被分解成独立的采样点，即音频的数字化采样，也称为模拟—数字转换。采样的速率决定了数字音频的品质。采样率越高，数字化音频的波形越接近原始声音的波形，声音品质越好（图 11-15（a）波形）；采样率越低，数字化音频的波形与原始声音的波形相差越大，声音品质就越差（图 11-15（b）波形）。

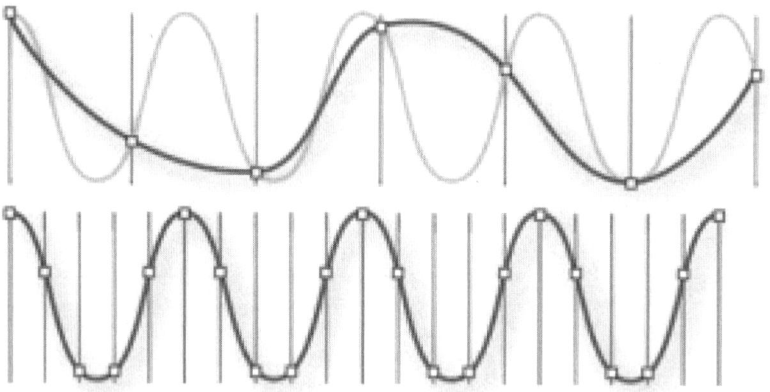

图 11-15

最终的音频采样率和分辨率由渲染设置决定，在将一个合成队列进行渲染之后，可以将多个采样率的文件合并，并且 After Effects 会自动执行采样率转换。如果对质量要求很高，可以尝试用所需要的最终采样率捕捉所有的音频。如果必须使速率混合，在将音频导入到 After Effects 中之前，使用一个专用的高品质音频程序将采样率转换成和最终渲染目标相同的效果。

11.2 Audio 音频特效

Audio 音频特效组主要用于对影片中的声音进行特效处理，制作出不同效果的声音特效，例如回音、降噪等。该特效组中包括变调与和声效果、参数均衡效果、倒放效果、低音与高音效果、调制器效果、高通 / 低通效果、混响效果、立体声混合器效果、延迟效果、音调效果 10 个特效（图 11-16）。

11.2.1 变调与和声效果

变调与和声效果包括两个独立的音频效果。变调是一种用来设置音频变调的效果，通过混合原始音频和副本音频（后者是根据随时间循环的变量延迟的音频），可生成这种效果。副本音频的频率还会被延迟相关量抵消。和声效果使用较大的延迟，可以为单个乐器或单个声音增加深度，使一种语音或乐器声像多种语音或乐器声。

变调与和声效果的默认设置适用于变调效果。要创建和声效果，可使用以下值：选择 40 作为语音分离时间值（也可以选择更大的值来实现更好的和声效果），选择 4 作为语音值，选择 0.1 作为调制速率值，选择 50% 作为调制深度值，选择 90 作为语音相变值，并选中“立体声”（图 11-17），各参数含义如下。

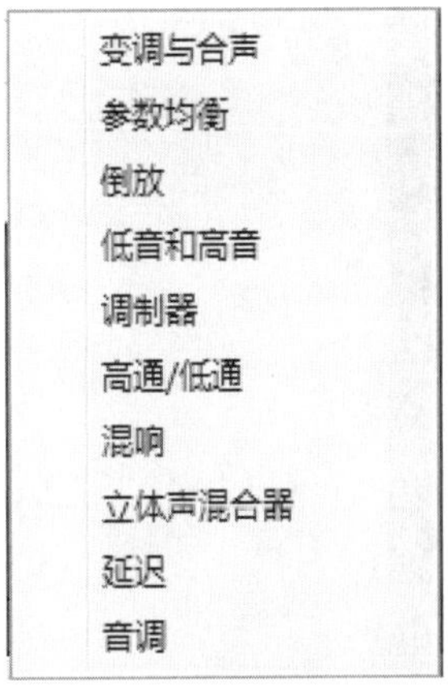

图 11-16

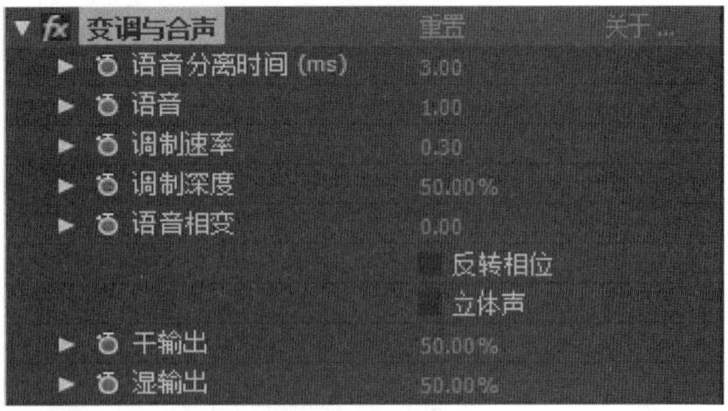

图 11-17

（1）**语音分离时间：**分离各语音的时间，以毫秒为单位。每个语音都是原始声音的延迟版本。对于变调效果，使用 6 或更低的值；对于和声效果，使用更高的值。

（2）**语音：**经过处理的（湿）音频中的语音数。

（3）**调制速率：**调制循环的速率，以赫兹为单位。

（4）**调制深度：**调制量。

（5）**语音相变：**每个后续语音之间的调制相位差，以度为单位。360 除以语音数可获得最佳值。

（6）**反转相位：**反转经过处理的（湿）音频的相位，强调更多高频；不反转相位将强调更多低频。

（7）**立体声：**将语音交替分配到两个通道之一，以使第一个语音出现在左边的通道中，第二个语音出现在右边的通道中，第三个语音出现在左边的通道中，依此类推。要听到立体声，使用立体声预览或渲染。

（8）**干输出、湿输出：**最终输出中的原始（干）声音量和延迟（湿）声音量。值 50% 是常用值。

11.2.2　参数均衡效果

参数均衡效果用来精确调整音频素材的音调，还可以较好地隔离特殊的频率范围，可增强或减弱特定频率范围。参数均衡效果可用于增强音乐效果，如提升低频以调出低音。

如果有带有不需要的声音（如后台铲车的信号音）的音频，则可以隔离和削减信号音的频率范围，以此减弱此声音。

使用此效果，最多可以增强三个不同的音频带。在调整控件时，频率响应图会指示您创建的组合均衡曲线；带 1 是红色，带 2 是绿色，带 3 是蓝色。

在使用参数均衡效果时可能会发现，如果提前确定所需频率响应曲线，则更易于指定控件。要确定不需要的声音的频率，使用音频频谱效果。参数均衡效果的相关设置选项如图 11-18 所示，具体含义如下。

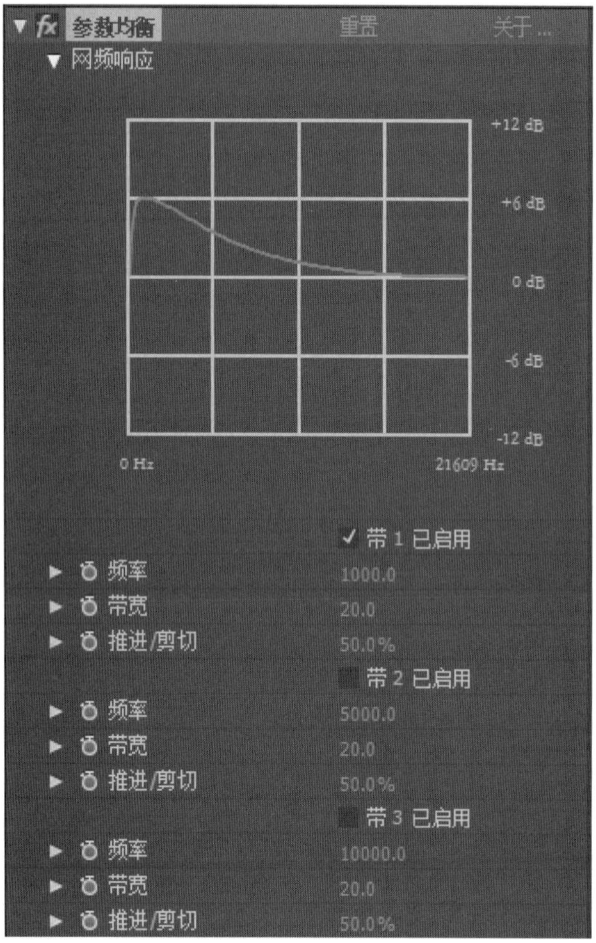

图 11-18

(1)**带 × 已启用**:复选框,激活均衡带及其控件。

(2)**频率**:要修改的频带的中心。

(3)**带宽**:要修改的频带的宽度。

(4)**推进 / 剪切**:要提高(增加)或削减(减少)指定带内频率振幅的数量。正值表示提高;负值表示削减。

11.2.3 倒放效果

倒放效果通过将音频从最后一帧播放到第一帧来颠倒图层的音频。这些音频帧会按原始顺序保留在时间轴面板中,选择"互换声道"可交换左右通道。倒放效果的相关设置选项如图 11-19 所示。

图 11-19

11.2.4　低音和高音效果

低音和高音效果可提高（增加）或削减（减少）音频的低频（低音）或高频（高音），主要用于调整音频素材中的低音和高音部分，将音频素材中的低音和高音部分增强，通过该特效的调整来修正原始音频素材中的不足。为增强控制，需使用参数均衡效果。低音和高音效果的相关设置选项如图 11-20 所示，具体含义如下。

（1）**低音：**用于增强或减弱音频素材中的低音部分，正值表示增强，负值表示减弱。

（2）**高音：**用于增强或减弱音频素材中的高音部分，正值表示增强，负值表示减弱。

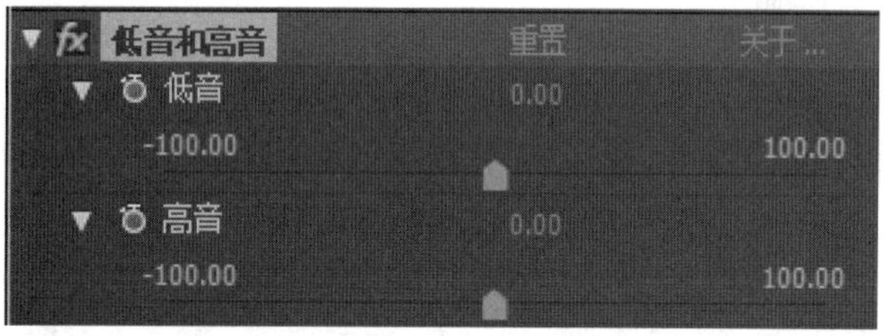

图 11-20

11.2.5　调制器效果

调制器效果通过改变声音的变化频率和振幅来处理声音的颤音效果，将颤音和震音添加到音频中。调制器效果的相关设置选项如图 11-21 所示，具体选项含义如下。

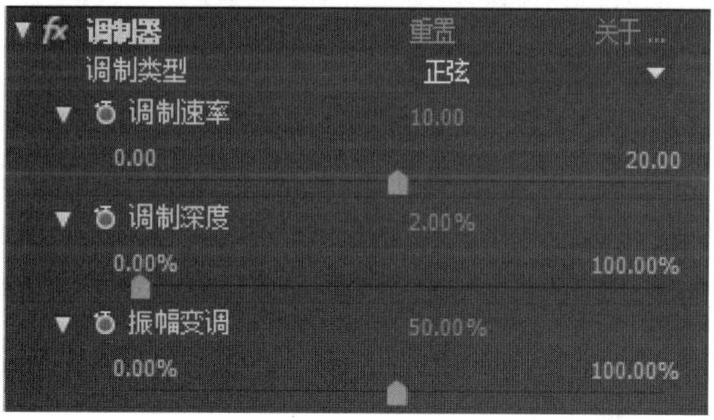

图 11-21

（1）**调制类型：**要使用的波形的类型，在该选项右侧的下拉列表中包括正弦和三角关系两个选项，正弦可产生更平滑的调制效果，三角形可产生更突然的调制效果。

（2）**调制速率：**用于设置调节声音的比率，以赫兹为单位。

（3）**调制深度：**用于设置声音的调频量。

（4）**振幅变调：**用于设置声音的调节振幅。

11.2.6　高通 / 低通效果

高通 / 低通效果可设置频率通过使用的高低限制，只让高于或低于一个频率的声音通过，可以独立输出高低音，或者模拟增强或减弱一个声音。高通允许限制以上的频率通过，阻止限制以下的频率通过。相反，低通允许限制以下的频率通过，阻止限制以上的频率通过。使用高通 / 低通效果可执行以下操作：

（1）增强或减弱（减少）声音。例如，使用高通可以减少交通噪声，交通噪声通常集中在低频，同时可最大限度地降低对语音录制的影响。使用低通可以移除高频声音，如静音和蜂鸣音。

（2）随时间变化将焦点从一个声音更改到另一个声音。例如，在包含音乐和语音的音频中，可以淡出音乐，同时逐渐引入语音。

（3）保护设备以免损坏频率。

（4）将某些频率转到特定设备。例如，使用低通隔离为次重低扬声器设计的声音。要检查滤出的频率，切换到相对的“滤镜选项”值，并预览音频。

高通 / 低通效果的相关设置选项如图 11-22 所示，具体选项含义如下。

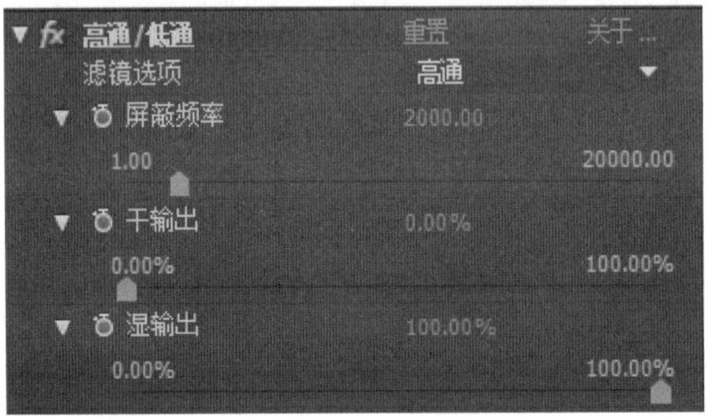

图 11-22

（1）**屏蔽频率：**屏蔽频率以下（高通）或以上（低通）的所有频率都将被移除。如果不需要的声音随时间改变，则为此属性设置动画。

（2）**干输出、湿输出：**最终输出中的原始（干）声音量和延迟（湿）声音量。用于移除频率的常见值是 0%（适用于干输出）和 100%（适用于湿输出）。

11.2.7 混响效果

混响效果是指通过模拟从某表面随机反射的声音，来模拟开阔的室内效果或真实的室内效果。混响效果的相关设置选项如图 11-23 所示，具体选项含义如下。

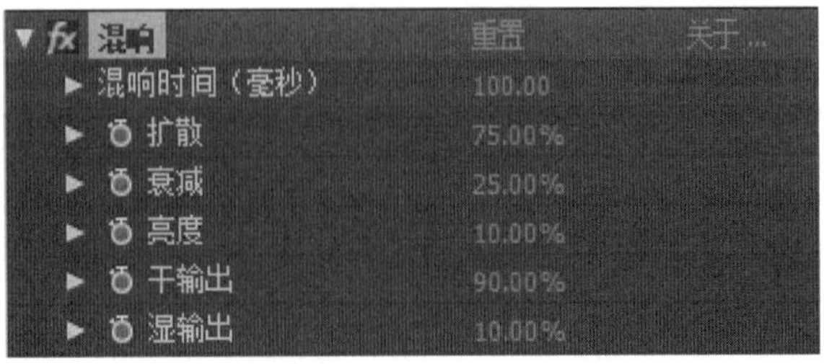

图 11-23

（1）**混响时间：**原始音频和混响音频之间的平均时间，以毫秒为单位。

（2）**扩散：**指定效果散布原始音频的量。扩散得越多，音频声音听起来距离麦克风越远。

（3）**衰减：**指定效果衰减需要的时间。值越大，模拟的空间效果越大。

（4）**亮度：**指定留存的原始音频中的细节量。亮度值越大，模拟的室内反射声音效果越大。

（5）**干输出、湿输出：**最终输出中的原始（干）声音量和延迟（湿）声音量。50% 是常用值。

11.2.8　立体声混合器效果

立体声混合器效果可以用来模拟左右声道的立体声混合效果，可以对一个音频进行音量大小和相位的控制。立体声混合器效果可混合音频的左右通道，并将完整的信号从一个通道平移到另一个通道。立体声混合器效果的相关设置选项如图 11-24 所示。其中**反转相位**指反转两个立体声信号通道的相位。使用此控件可防止两种频率相同的声音相互抵消。

图 11-24

11.2.9　延迟效果

延迟效果可以在声音时间段中产生延迟的效果，用来模拟声音被物体反射的效果，从而实现音频素材的回声特效。此效果可模拟从某表面（如墙壁）弹回的声音。延迟效果的相关设置选项如图 11-25 所示，具体选项含义如下。

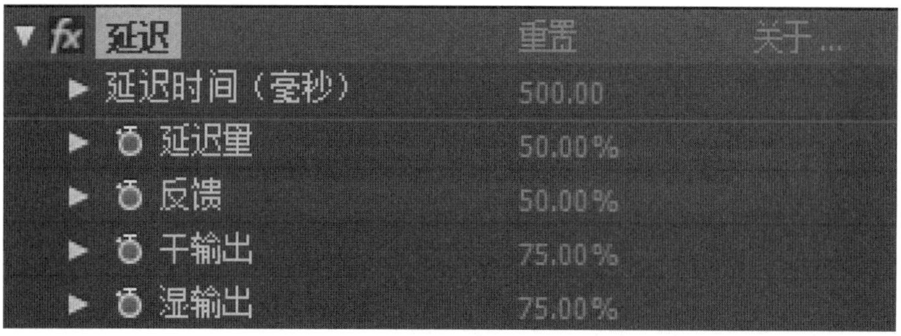

图 11-25

（1）**延迟时间**：原始声音及其回音之间的时间，以毫秒为单位。

（2）**延迟量**：作为原始声音一部分的第一个延迟音频量。

（3）**反馈**：为创建后续回音反馈到延迟线的回音量。

（4）**干输出、湿输出**：最终输出中的原始（干）声音量和延迟（湿）声音量。50%是常用值。

11.2.10 音调效果

音调效果可通过合成简单音频来创建声音，如潜水艇低沉的隆隆声、背景电话铃声、汽笛或激光波声音。音调效果的每个实例最多有5种音调来创建和弦。在将此效果应用于包含音频的图层时，干（原始，未经加工）音频将被忽略，只播放音调。

还可以将音调效果应用到没有音频的图层（如纯色图层）来合成音频。

音调效果不能在占位符图层上生成音频；要使效果生成音频，将占位符替换为素材项目。音调效果的相关设置选项如图11-26所示，具体参数含义如下。

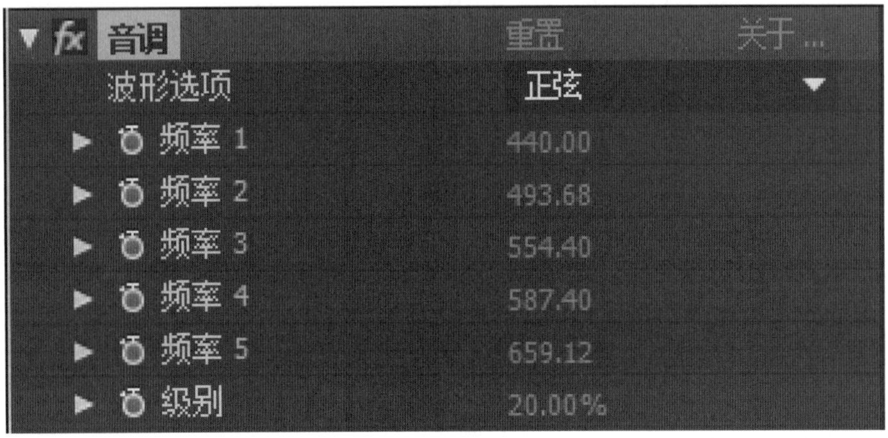

图 11-26

（1）**波形选项**：指定要使用的波形的类型。在该选项右侧的下拉列表中可以选择使用不同的波形默认类型，包括正弦波、三角形波、锯子波和正方形波，其中正弦波可产生最纯的色调；三角形波具有正弦波和方形波的元素，但更接近于正弦；正方形波可产生最扭曲的色调；锯子波具有正弦波和方形波的元素，但更接近于正方形波。

（2）**频率（1/2/3/4/5）**：分别用于设置5个音调的频率点，通过不同的参数设置，产生不同的音频效果，以赫兹为单位。要关闭色调，将其频率设置为0.0。

（3）**级别**：更改此效果实例中所有色调的振幅。要避免剪切和爆音，使用不超过以下范围的级别值：100除以使用的频率数。例如，如果用完5个频率，则指定20%。

要避免单击色调结尾，将色调结尾前一帧的关键帧设置为所需级别值，然后将色调结尾的关键帧设置为0.0级别值。此技术最适用于突然结束的所有音频。

11.3　音频频谱应用

除了上一节讲到的音频特效，在 After Effects 中我们可以将音频制作出直观的视觉效果，比如说随着音频变化的发光射线效果，下面通过一个效果酷炫的实例来说明。在这个实例中，首先导入音频素材，然后创建固态图层，通过固态图层应用音频频谱特效，并通过音频频谱和径向模糊参数的修改，制作出音频射线效果。本例的基本动画流程如图 11-27 所示。

图 11-27

11.3.1　恢复默认设置

为了实现操作过程的一致性，首先要恢复 After Effects 程序的默认设置。启动 After Effects 时按下 Ctrl+Alt+Shift 键，系统询问是否删除首选项文件时，单击“确定”按钮（图 11-28）。选择菜单“文件”→“另存为”→“另存为”命令，弹出“另存为”对话框，导航至相关保存路径，将项目命名为“音频射线.aep”，然后单击“保存”按钮，完成对项目的重命名及保存。

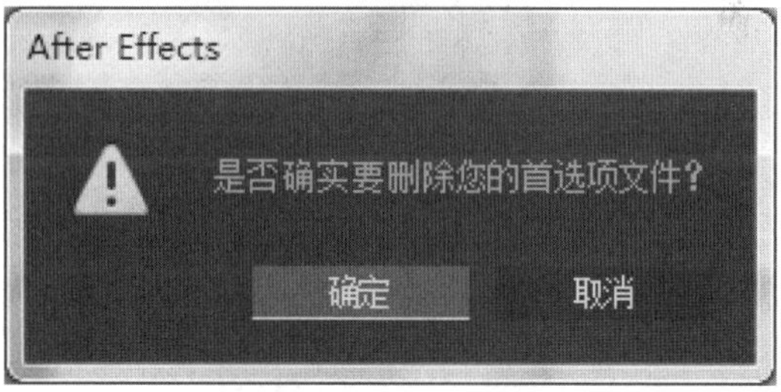

图 11-28

11.3.2　导入素材

下面为新打开的项目导入素材。双击项目面板的空白处打开“导入文件”对话框，导航到“光盘 \ 第 11 章 \ 素材”文件夹下，选择“music.mp3”文件，在“导入为”项下拉菜单中选择“素材”，即以素材方式导入素材，然后单击“导入”按钮（图 11-29）。

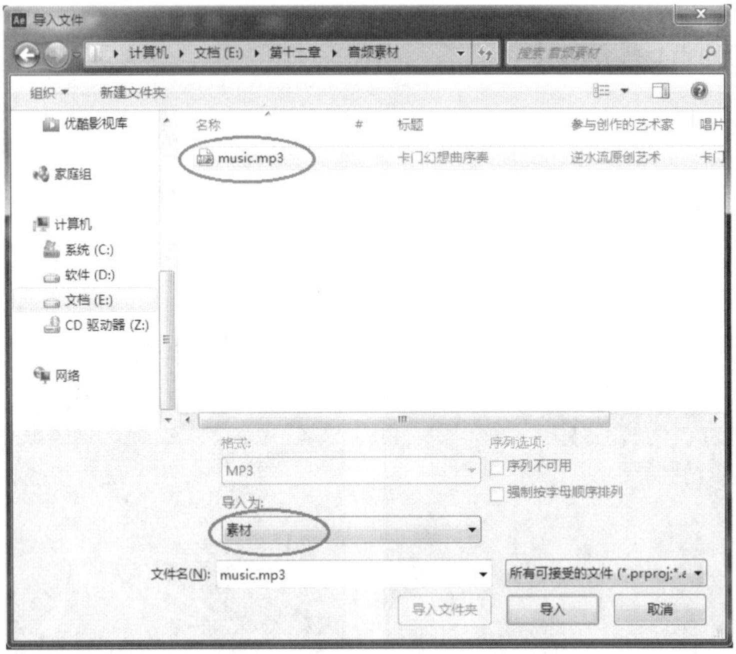

图 11-29

选择“合成”→“新建合成”命令，打开“合成设置”对话框，设置合成名称为“声波光效”、宽为“720px”、高为“576px”、帧速率为“25”，并设置持续时间为 10 秒（图 11-30）。

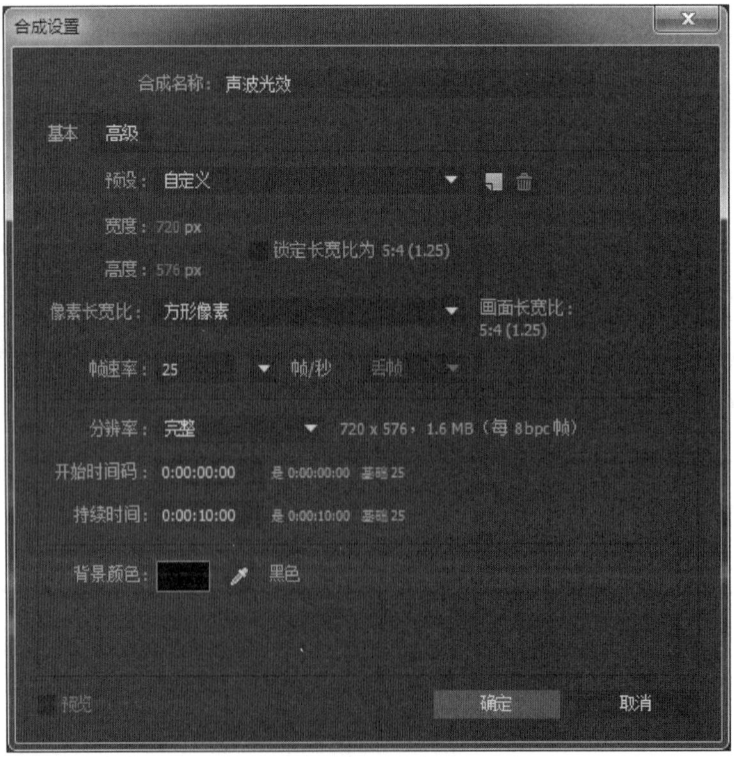

图 11-30

在项目面板中，单击选择“music.mp3”素材，然后将其拖动到时间线面板中（图 11-31）。

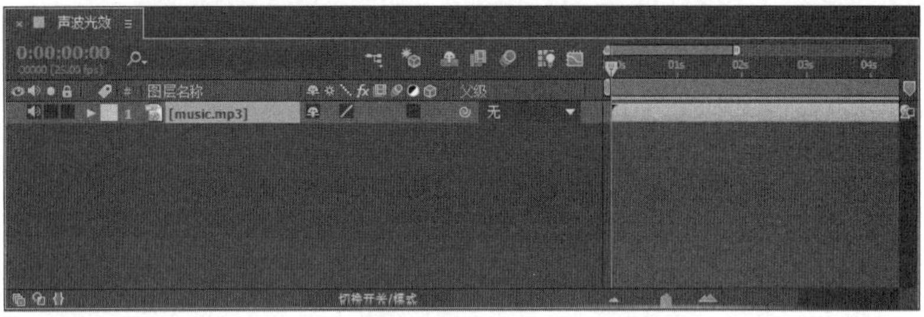

图 11-31

新建纯色图层，可选择“图层”→“新建”→“纯色”，也可使用快捷键 Ctrl+Y，打开“纯色设置”对话框，设置颜色为黑，其他设置参数如图 11-32 所示。

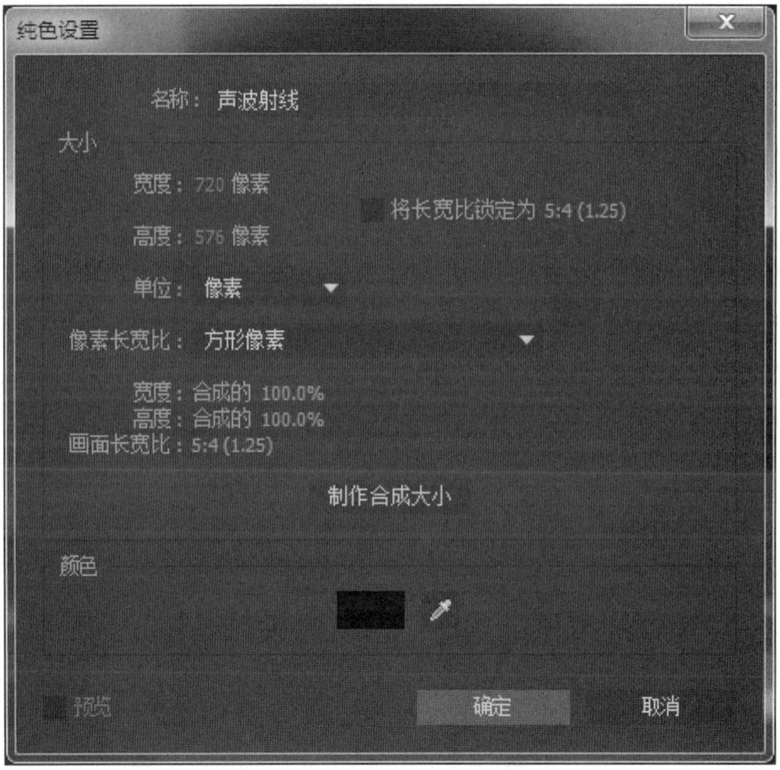

图 11-32

11.3.3　音频频谱

在时间线面板中，确认选择“声波射线”图层，在“效果”菜单选择“发生”类别里的“音频频谱”选项，或在“效果和预设”窗口中搜索“音频频谱”，此时合成面板中将出现一条音乐线（图 11-33）。

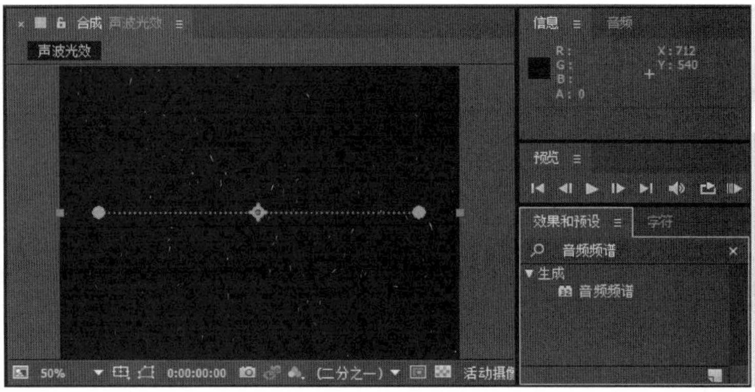

图 11-33

音频频谱效果

将音频频谱效果应用到视频图层，以显示包含音频（和可选视频）的图层的音频频谱。此效果可显示使用“起始频率”和“结束频率”定义的范围中各频率的音频电平大小。此效果可以通过多种不同的方式显示音频频谱，包括沿蒙版路径（图 11-34），具体参数含义如下。

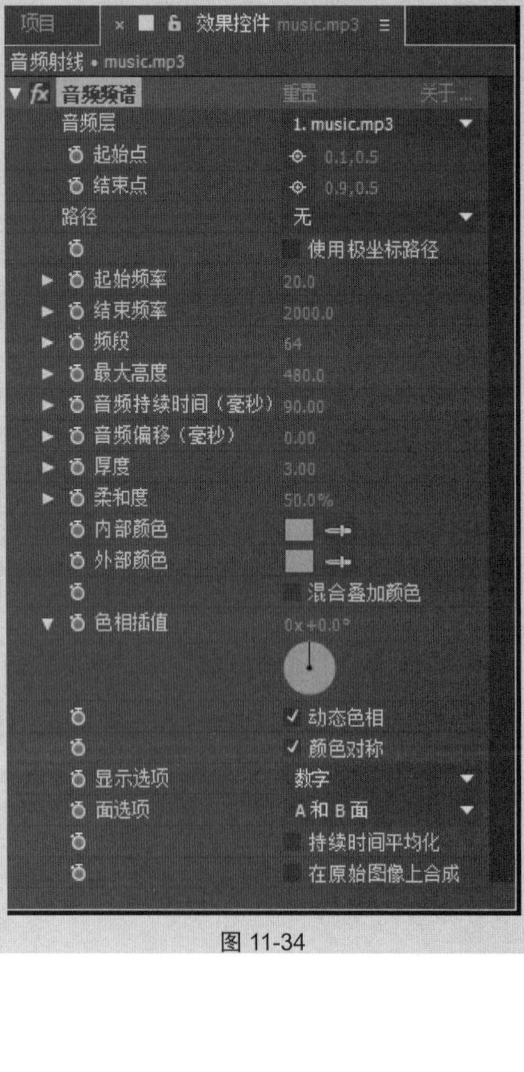

图 11-34

（1）音频层：要用作输入的音频图层。

（2）起始点、结束点：指定“路径”设置为“无”时，频谱开始或结束的位置。

（3）路径：沿其显示音频频谱的蒙版路径。

（4）使用极坐标路径：路径从单点开始，并显示为径向图。

（5）起始频率、结束频率：要显示的最低和最高频率，以赫兹为单位。

（6）频段：显示的频率分成的频段的数量。

（7）最大高度：显示的频率的最大高度，以像素为单位。

（8）音频持续时间：用于计算频谱的音频的持续时间，以毫秒为单位。

（9）音频偏移：用于检索音频的时间偏移量，以毫秒为单位。

（10）内部颜色、外部颜色：频段的内部和外部颜色。

（11）粗细：频段的粗细。

（12）柔和度：频段的羽化或模糊程度。

（13）混合叠加颜色：指定混合叠加频谱。

（14）色相插值：如果值大于 0，则显示的频率在整个色相颜色空间中旋转。

（15）动态色相：如果选择此选项，并且“色相插值”大于 0，则起始颜色在显示的频率范围内转移到最大频率。当此设置改变时，允许色相遵循显示的频谱的基频。

（16）颜色对称：如果选择此选项，并且“色相插值”大于 0，则起始颜色和结束颜色相同。此设置使闭合路径上的颜色紧密接合。

（17）显示选项：指定是以“数字”“模拟谱线”还是“模拟频点”形式显示频率。

（18）面选项：指定是显示路径上方的频谱（A 面）、路径下方的频谱（B 面）、还是这两者（A 和 B 面）。

（19）持续时间平均化：指定为减少随机性平均的音频频率。

（20）在原始图像上合成：如果选择此选项，则显示使用此效果的原始图层。

了解过“音频频谱”效果的功能与设置后，我们继续来看“音频频谱”在实例中的应用，确认选择“声波射线”图层，在特效控件面板中，展开“音频频谱”特效选择，在“声音层”右侧的下拉列表框中，选择“2.music.mp3”，以指定用来显示射线图的音乐层；选中使用极坐标路径的复选框；设置“起始点”值为“360，288”，即射线的中心点在图层的中心位置；设置“最大高度”的值为 15000，增加音频频谱显示的幅度；设置“厚度”的值为 15；“内部颜色”设置为“白色”可形成亮光效果，“外部颜色”可自行修改，其他参数设置如图 11-35 所示。

确认选择“声波射线”图层，添加第二个特效，在图层上单击鼠标右键，在快捷菜单中选择“效果”→“模糊和锐化”→“径向模糊”，设置“数量”值为 200，设置“类型”为缩放，其他参数设置如图 11-36 所示。

这样，就完成了声效光波射线的制作，按小键盘上的“0”键，可以预览动画效果，然后将文件保存并输出成动画效果。

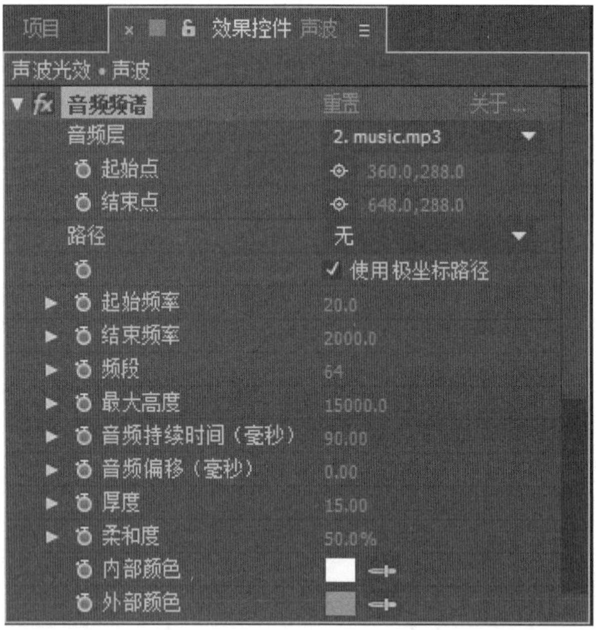

图 11-35

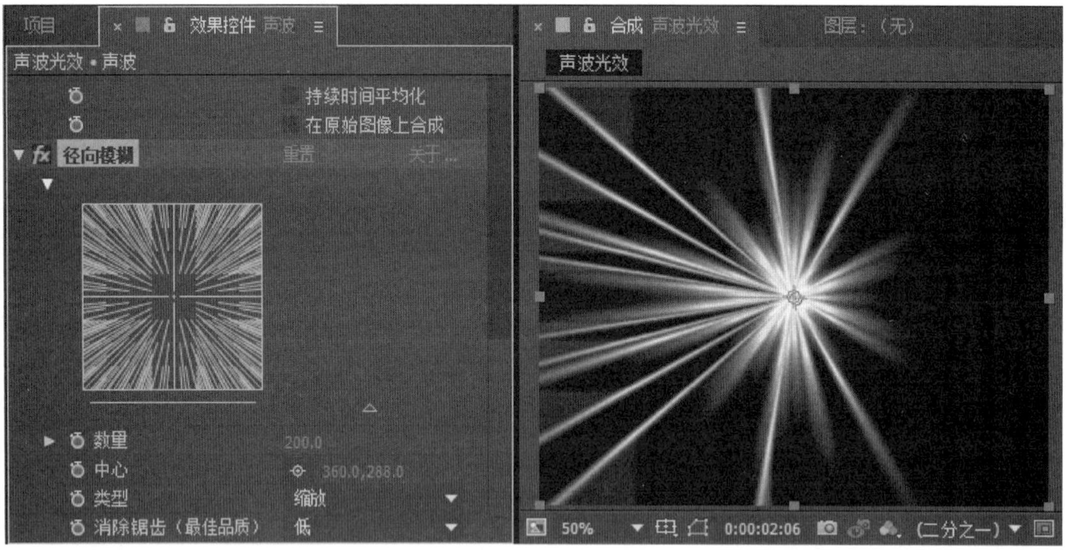

图 11-36

11.4 音频转换为关键帧

在 After Effects 中，也可以用关键帧辅助功能将音频转换为关键帧，制作出根据音频变化的动画效果。

什么是关键帧?

关键帧用于设置动作、效果、音频以及许多其他属性的参数，这些参数通常随时间变化。关键帧标记为图层属性（如空间位置、不透明度或音量）指定值的时间点。可以在关键帧之间插补值。使用关键帧创建随时间推移的变化时，通常使用至少两个关键帧：一个对应于变化开始的状态，另一个对应变化结束的新状态。

当某个特定属性的秒表处于活动状态时，如果更改该属性值，After Effects 将自动设置或更改当前时间该属性的关键帧。如果某一属性的秒表处于非活动状态，则该属性没有关键帧。如果在秒表处于非活动状态时更改某个图层的属性值，则该值在图层的持续时间内保持不变。

下面在实例中我们首先导入在 Photoshop 中处理好的图片素材，使用“关键帧辅助”→“将音频转换为关键帧”设置音频振幅，并通过对音频振幅滑块表达式的设置，制作出配口型说话的动态效果。

11.4.1　恢复默认设置

为了实现操作过程的一致性，首先要恢复 After Effects 程序的默认设置。启动 After Effects 时按下 Ctrl+Alt+Shift 键，在系统询问是否删除首选项文件时，单击“确定”按钮（图 11-37）。选择菜单“文件”→“另存为”→“另存为”命令，弹出“另存为”对话框，导航至相关保存路径，将项目命名为“配口型说话.aep”，然后单击“保存”按钮，完成对项目的重命名及保存。

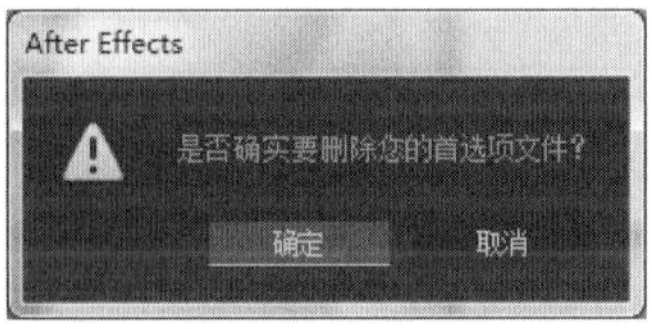

图 11-37

11.4.2　导入素材

先在 Adobe Photoshop 中处理图片，用套索或钢笔工具将人物选中，通过拷贝的图层生成新的图层命名为“身子”（图 11-38、图 11-39）。

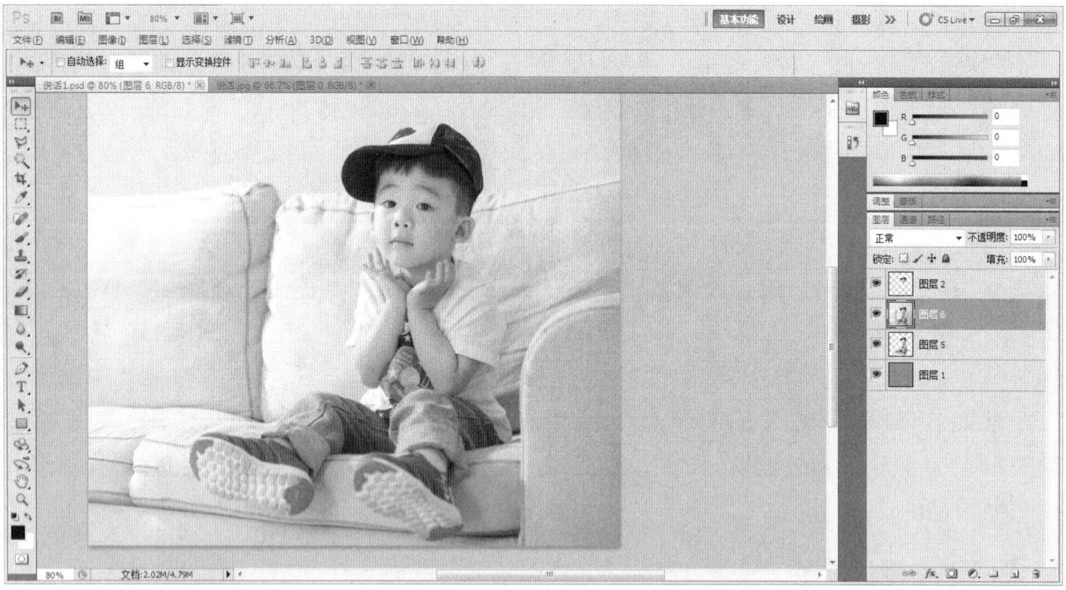

图 11-38

图 11-39

采用同样的方法，处理出新图层“头”和“下巴”，注意在“头”图层中，在下巴处选中一块选区，比“下巴”图层的选区窄一点，为了嘴张开说话的效果（图 11-40）。将图片保存为.psd 格式的文件。

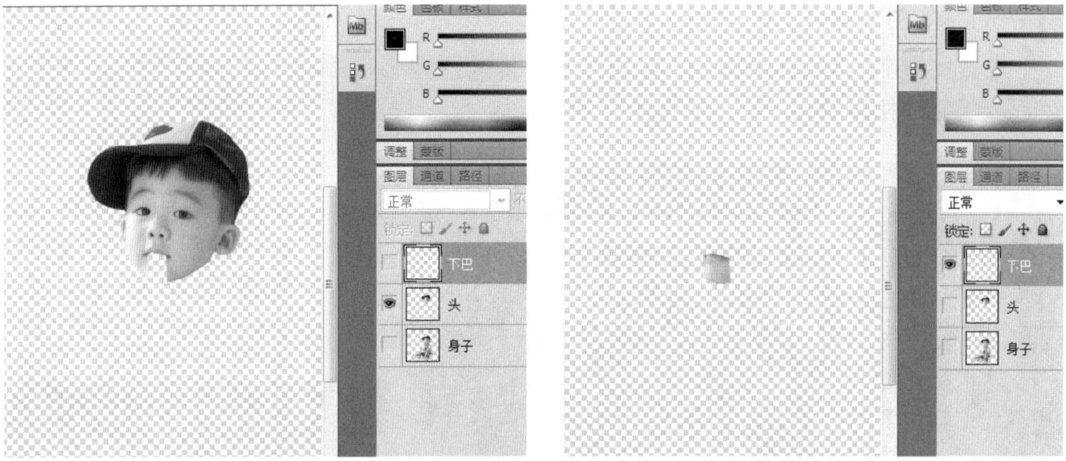

图 11-40

下面为新打开的项目导入素材。双击项目面板的空白处打开“导入文件”对话框，导航到“光盘\第 11 章\素材”文件夹下，选择“登鹳雀楼.mp3”和“说话.psd”文件，在“导入为”项下拉菜单中选择“合成－保持图层大小”，然后单击“导入”按钮（图 11-41）。在 After Effects 的项目窗口中图片作为一个文件夹出现，文件夹中包含处理好的图层。

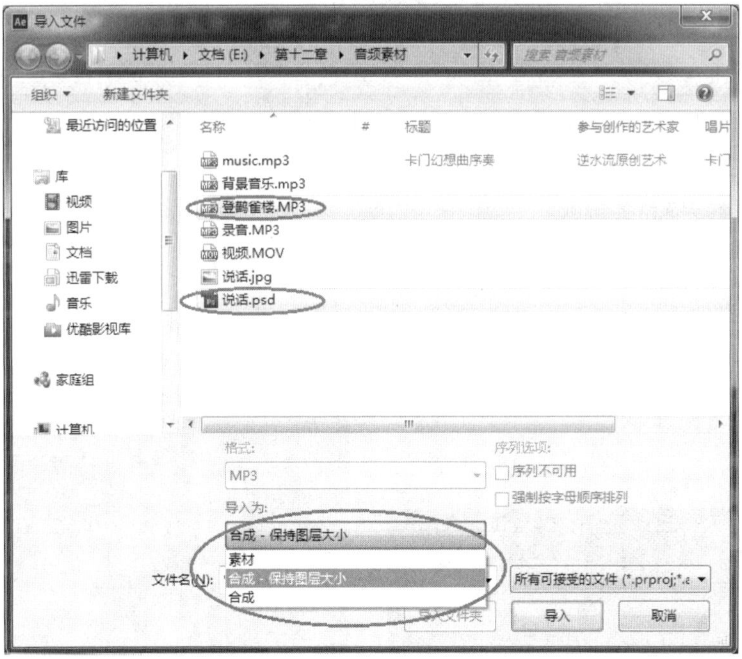

图 11-41

选择“合成”→“新建合成”命令，打开“合成设置”对话框，设置合成名称为“配口型说话”、宽为“1280px”、高为“720px”、帧速率为“25”，并设置持续时间为 17 秒，背景颜色可自行设置，与图片形成反差即可（图 11-42）。

将“下巴”图层和“头”图层拖到时间线中，调整顺序，使“下巴”图层在第一层，“头”图层在第二层（图 11-43）。

导入音频素材“登鹳雀楼.mp3”，并拖到时间线中，展开音频波形，可以看到比较强烈的声音点，调整图层的入点。

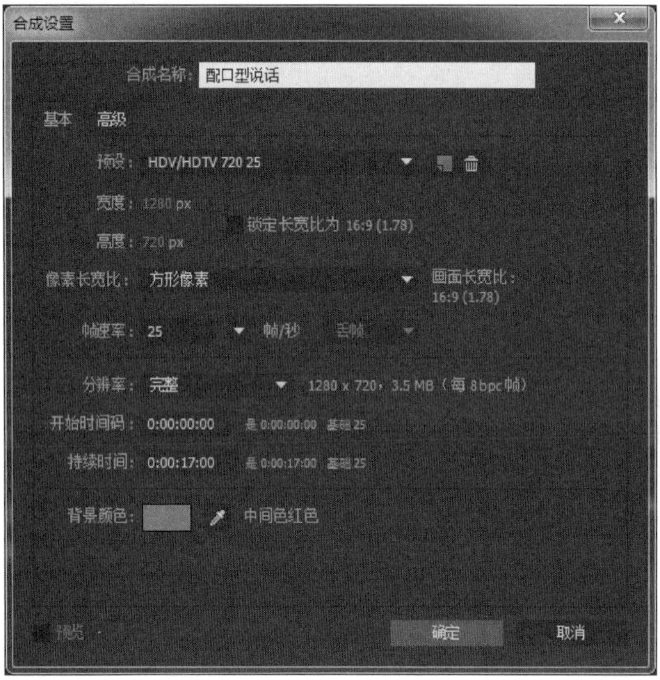

图 11-42

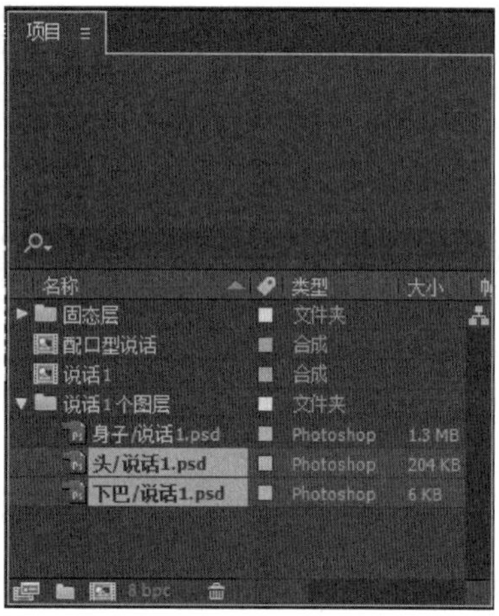

图 11-43

11.4.3　将音频转换为关键帧

接下来我们需要添加动画效果了。右键单击音频素材层，选择“关键帧辅助”→“将音频转换为关键帧”命令，产生一个音频振幅层，包含转化的关键帧。选择“音频振幅”层，按 U 键展开滑块属性，将“两个通道”的滑块位置对准“下巴”图层的中线位置（图 11-44）。

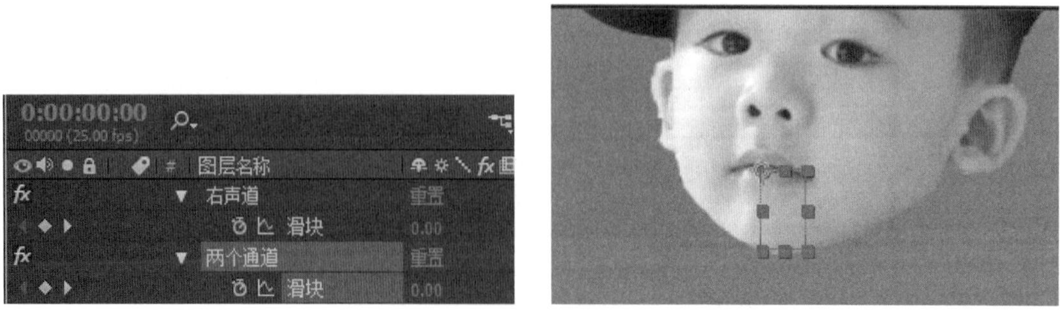

图 11-44

当合成在合成面板或时间轴面板中处于活动状态时，选择“动画”→“关键帧辅助”→“将音频转换为关键帧”。其中“将音频转换为关键帧”的作用是在合成工作区域中分析振幅，并创建表示音频的关键帧。

此关键帧辅助可创建表示合成中所有音源的音频振幅图层，其中的三个表达式控制效果具有包含以下关键帧的“滑块”属性：左声道、右声道和双声道。

要利用此关键帧辅助创建的关键帧，将音频振幅中的变化与其他图层属性链接。例如，使用表达式将音频关键帧与图层的“缩放”属性链接，以使图层随着振幅的增大和减小进行扩展和收缩。

选择“音频振幅”层，按 P 键展开位置属性，按 Alt 键添加表达式，将位置属性的拖到“音频振幅”层的两个通道的滑块值上，将音频振幅的变化关联到“音频振幅”两个通道的滑块属性值。将“下巴”层的“父级”设置为“1. 音频振幅”。设置如图 11-45 所示。

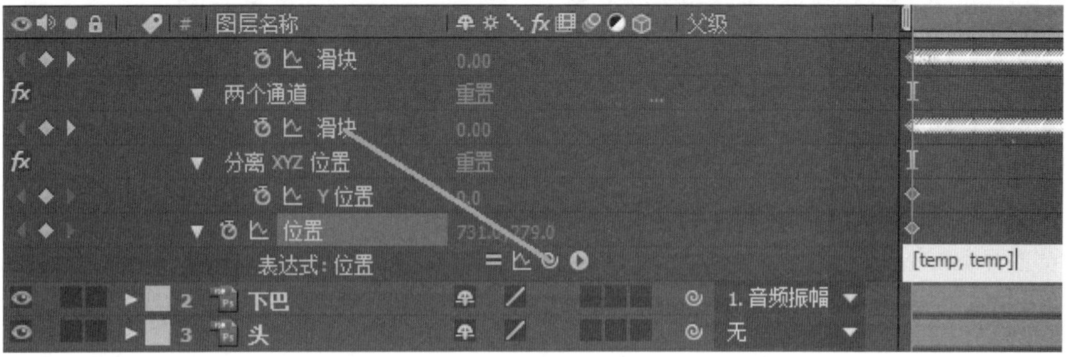

图 11-45

在“效果和预设”中搜索“动画预设”→“Transform”→“分离 XYZ 位置”，添加到“音频振幅”层，为使下巴上下移动，所以修改 Y 轴的位置表达式，将位置属性的拖到“音频振幅”层的两个通道的滑块值上，单击 RAM 预览按钮，查看“下巴”层上下滑动的幅度，如果想使幅度变大，就将表达式乘以整数倍数，例如“effect（“两个通道”）（“滑块”）*3”，反之表达式乘小数倍数，例如“effect（“两个通道”）（“滑块”）*0.5”，则“下巴”层上下滑动的幅度变小，设置如图 11-46 所示。

图 11-46

新建纯色图层，可选择“图层”→“新建”→“纯色”，也可使用快捷键 Ctrl+Y 新建纯色图层，名称为“黑色 纯色 1”、宽为“1280 px”、高为“720px”、颜色为黑色。将图层的不透明度设置为 1%，用钢笔在嘴张开的范围选中一圈，再将图层的不透明度设置为 100%。这样设置的目的是让嘴张开说话时，用黑色层挡住后面的图层，呈现自然的黑影效果（图 11-47）。

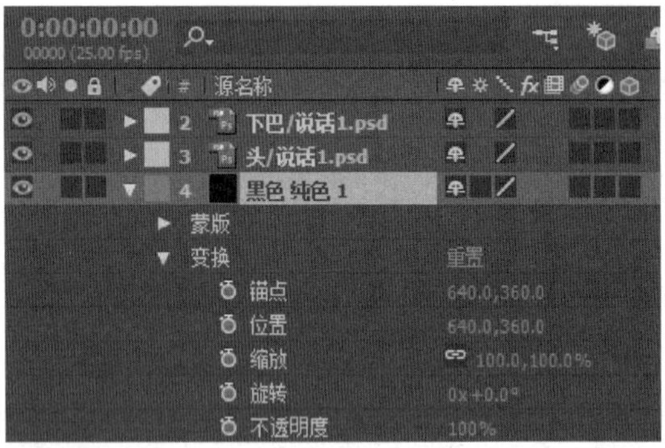

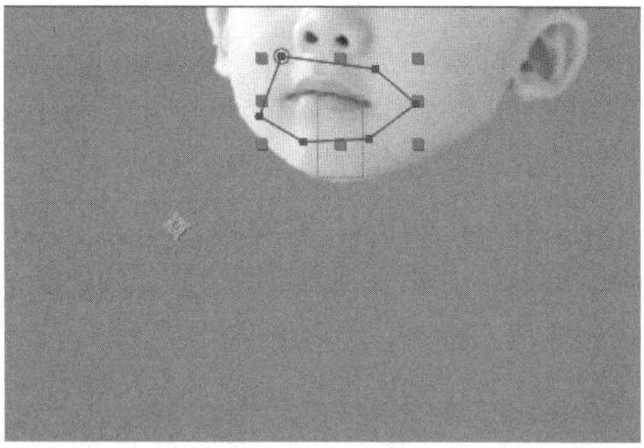

图 11-47

将各图层的属性都收起，全部选中五个层，在其上单击鼠标右键并选择“预合成”，新合成命名为“头”，选择“⊙ 将所有属性移动到新合成”。把“项目”窗口中的“身子”图层拖到时间线中，调整“头”和“身子”的大小和位置，成“头大身子小”的效果。新建纯色层，自行设置背景颜色，放置在最下层。

展开“头”合成的旋转属性，添加表达式“wiggle（2,4）”，设置头部摆动的幅度，与数值大小成正比（图 11-48）。

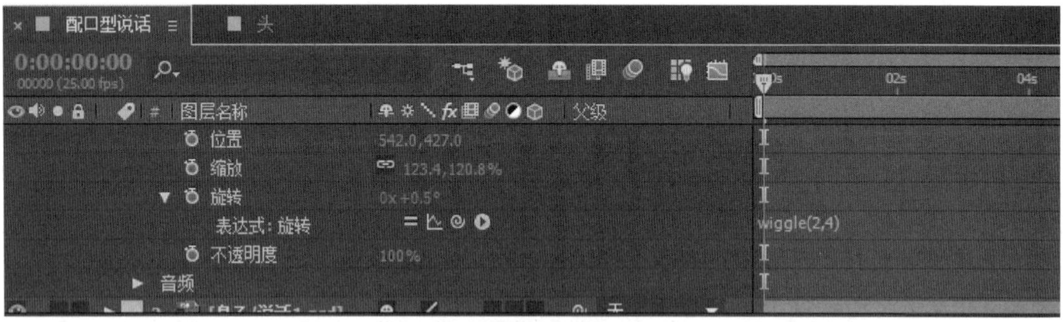

图 11-48

单击 RAM 预览按钮，查看口型随音频滑动及头部摆动的效果（图 11-49）。

图 11-49

11.5　本章复习

1. 音频的基本设置方法有哪些?
2. 简述音频特效的使用方法,并列举一些音频特效。
3. 简述将音频转换为关键帧的方法。

第 12 章　图表编辑器

图表编辑器是 After Effects 中的一个作用强大的使用技巧，有的地方也叫曲线编辑器。它以二维图表表示属性值的形式呈现素材中物体的路径轨迹或运动速率等属性，水平自左向右表示合成时间。通过对图表中属性参数的调整，我们可以调整物体的位置、速度、缩放、旋转、不透明度等相关参数。

12.1　初识图表编辑器

（1）我们以足球素材为例来初步认识图表编辑器的样子和作用。在时间线面板上，可以找到“图表编辑器”按钮，如图 12-1 所示。单击它或按下 Shift+F3 键即可打开。

（2）图表编辑器提供两种类型的图表：值图表（用于显示属性值）；速度图表（用于显示属性值变化的速率）。每个属性都有它自己的曲线表示图像。既可以一次查看和处理一个属性，也可以同时查看多个属性。

（3）对于涉及时间的属性（例如“不透明度”），图表编辑器默认显示值图表。对于涉及空间的属性（例如“位置”），图表编辑器默认显示速度图表。

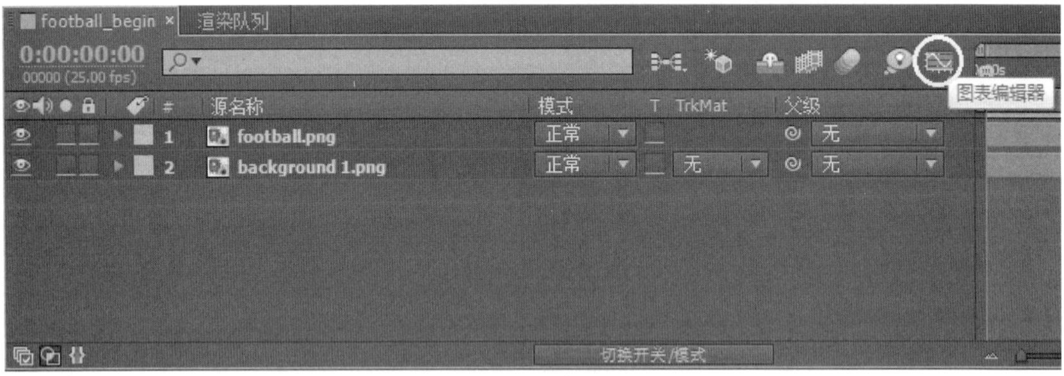

图 12-1

12.1.1　恢复默认设置

为了实现操作过程的一致性，首先要恢复 After Effects 程序的默认设置。启动 After Effects 时按下 Ctrl+Alt+Shift 键，在系统询问是否删除首选项文件时，单击“确定”按钮，并对前面章节已操作的文件做好保存工作。

12.1.2　导入素材

我们以足球素材为例。首先双击项目面板的空白处打开“导入文件”对话框，导航到

“光盘\第 12 章\素材”文件夹下，选择“football_begin.aep”文件，然后单击“导入”按钮。为了方便观察和操作，可根据自身需要来调整时间线面板的上沿位置及合成窗口内的视图的位置和大小（图 12-2）。

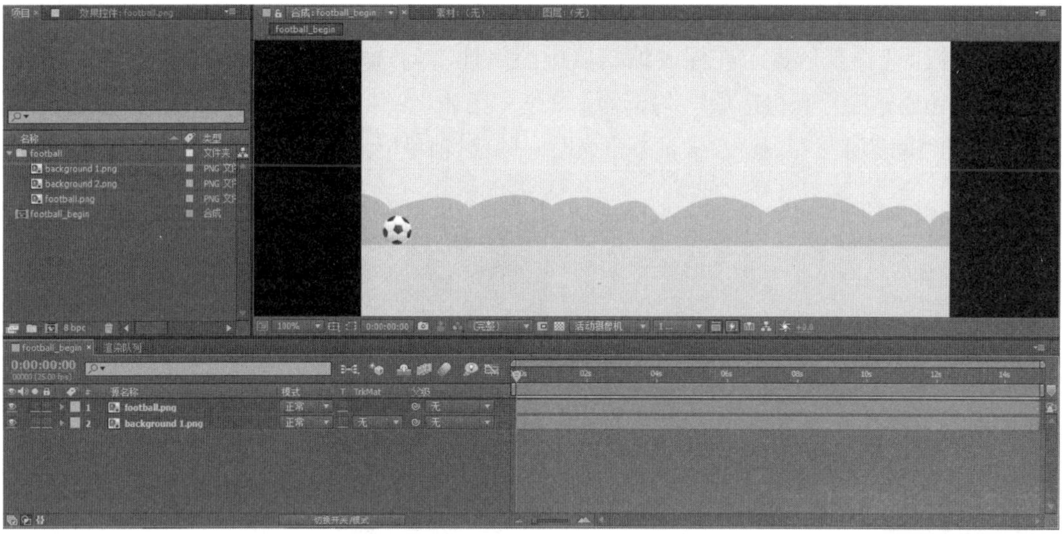

图 12-2

12.1.3　分析素材

（1）在进入图表编辑器之前，我们先按空格键预览 football_begin 合成文件的动画效果和运动路径，可观察到该足球自左向右做水平匀速直线运动，在更改其运动之前，先进一步了解图表编辑器。

（2）在时间线面板中，展开 football.png 文件。如图 12-3 所示，左侧的“位置”和“旋转”属性在右侧面板中各有两个关键帧，分别位于 0s 和 6s 处，足球在此 6 秒内的位置和旋转度会随时间变化而变化。

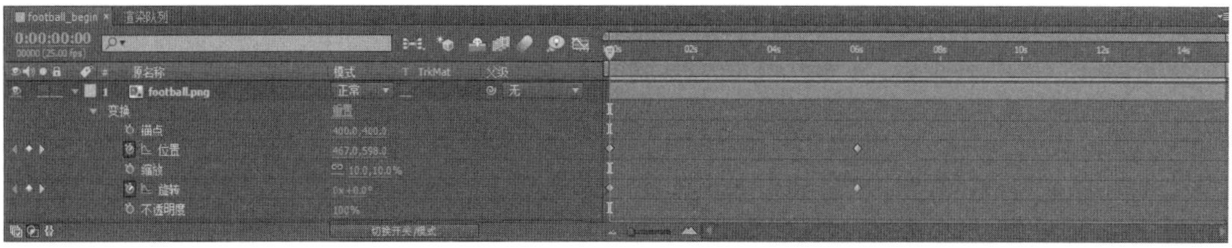

图 12-3

12.1.4　图表编辑器功能按钮

（1）单击图表编辑器，在时间线面板右下方可以看到很多选项按钮。鼠标指针悬停于按钮图标上面将会显示该按钮的作用，如图 12-4 所示。

图 12-4

（2）逐步了解常用选项的作用。在时间线面板左侧，单击“位置”属性选中；右侧单击图 12-5 的按钮“选择具体显示在图表编辑器中的属性”，勾选“显示选择的属性”。再单击图 12-6 的按钮“图表类型和选项”，勾选“编辑速度图表”。从而得到图 12-7，此即为足球“位置”属性的“速度图表”。其中，横轴单位为时间秒，纵轴单位为像素 / 秒。

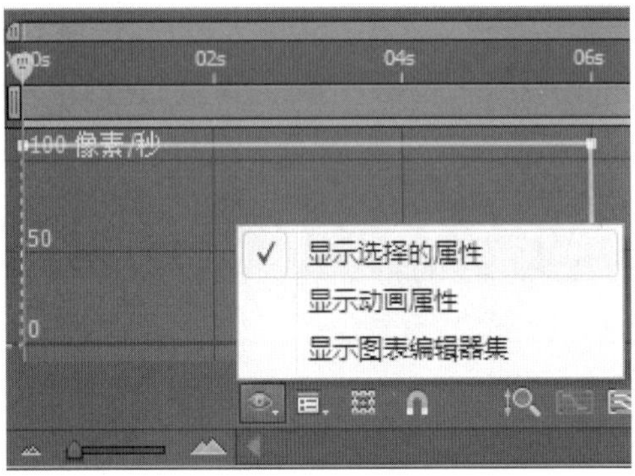

图 12-5

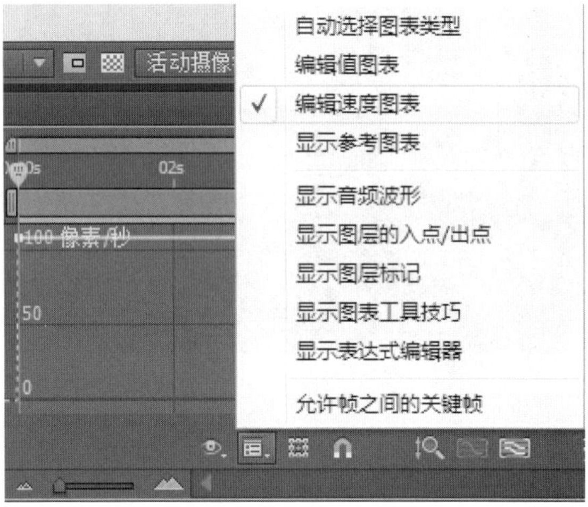

图 12-6

其中左数第二个按钮比较常用，这里先列出其功能供以后查阅。

图 12-6 中“图表类型和选项”菜单里各项功能如下。

（1）自动选择图表类型：自动为属性选择适当的图表类型，包括用于空间属性的速度图表和用于其他属性的值图表。

（2）编辑值图表：为所有属性显示值图表。

（3）编辑速度图表：为所有属性显示速度图表。

（4）显示参考图表：在后台显示未选择且仅供查看的图表类型。

（5）显示音频波形：在图表编辑器中显示至少具有一个属性的任意图层的音频波形。

（6）显示图层的入点 / 出点：在图表编辑器中显示具有属性的所有图层的入点和出点。入点和出点显示为大括号。

（7）显示图层标记：在图表编辑器中显示至少具有一个属性的任意图层的图层标记（如果有）。图层标记显示为小三角形。

（8）显示图表工具技巧：打开和关闭图表工具提示。

（9）显示表达式编辑器：显示或隐藏表达式编辑器字段。

（10）允许帧之间的关键帧：允许在两帧之间放置关键帧以微调动画。

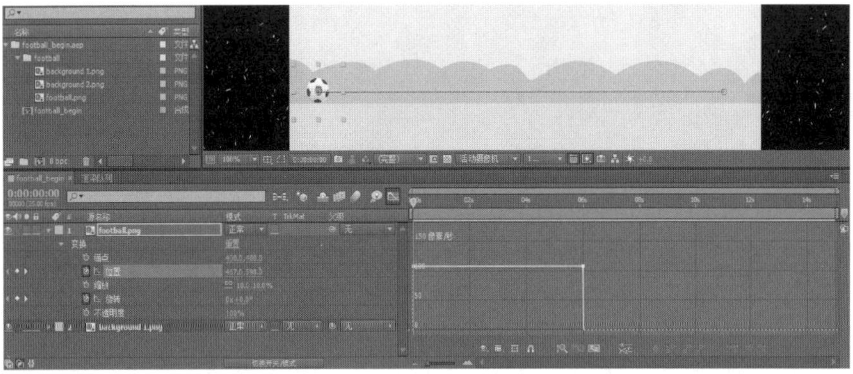

图 12-7

（3）图 12-7 中通过足球的速度图表也可以确定该足球 6 秒内都保持匀速运动，在第 6 秒时速度归 0，足球停止运动。通过纵轴刻度的标识大致能估算出速度是每秒一百多像素，但无法精确。若想具体了解速度某时刻的精确数值，可以单击“图表类型和选项”按钮，在展开的菜单中勾选“显示图表工具技巧”（图 12-8），后将鼠标指针悬停于速度图表的白色线上，则自动显示当前速度数值，本例目前足球动画速度为 108.17 像素 / 秒（图 12-9）。

（4）若图表偏小想要放大观察，可单击“使所有图表适于观察”按钮（图 12-10），则速度图表会放大填充整个图表编辑器区域，之后再根据自己喜好调整到所需尺寸。

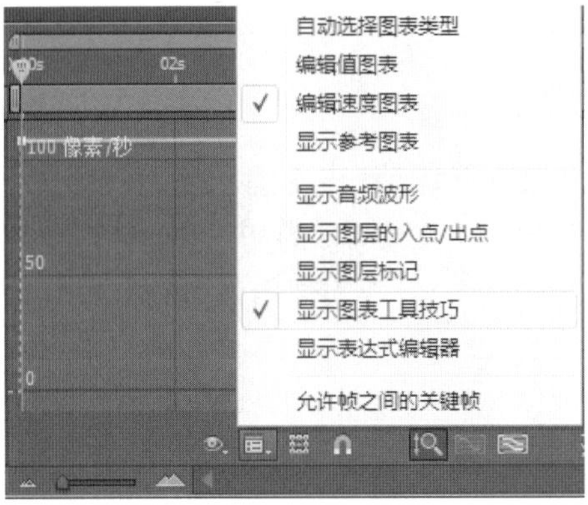

图 12-8

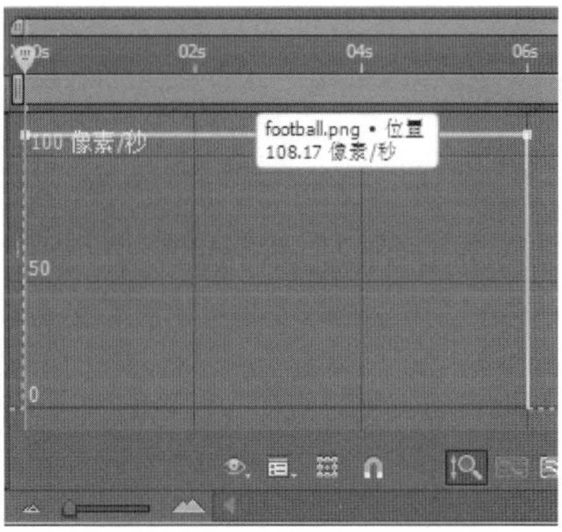

图 12-9

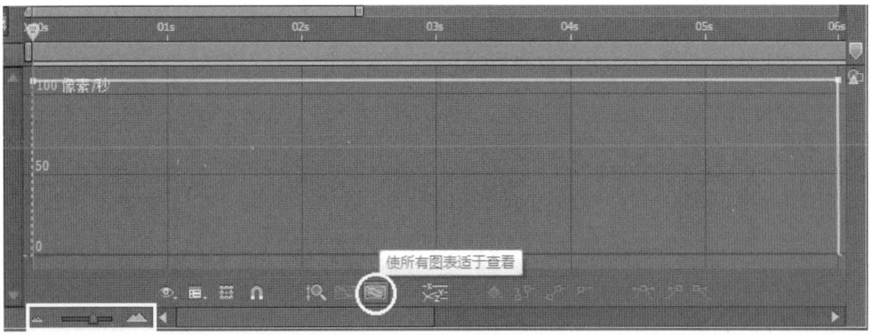

图 12-10

这里简述在图表编辑器中平移和放大的方法。

（1）要垂直或水平平移：使用抓手工具拖动。注意如果要在使用其他工具时暂时激活抓手工具，按住空格键或鼠标中键。

（2）要垂直平移：滚动鼠标滚轮。

（3）要水平平移：在按住 Shift 键的同时滚动鼠标滚轮。

（4）要放大：单击缩放工具。

（5）要缩小：在按住 Alt 键 (Windows) 或 Option 键 (Mac OS) 的同时单击缩放工具。

（6）要使用鼠标滚轮进行缩放：在按住 Alt 键 (Windows) 或 Option 键 (Mac OS) 的同时滚动以水平缩放，按 Ctrl 键 (Windows) 或 Command 键 (Mac OS) 以垂直缩放。

（7）要水平缩放：在按住 Alt 键 (Windows) 或 Option 键 (Mac OS) 的同时使用缩放工具向左拖曳以缩小或向右拖曳以放大。

（9）要垂直缩放：在按住 Alt 键 (Windows) 或 Option 键 (Mac OS) 的同时使用缩放工具向上拖曳以放大或向下拖曳以缩小。

注意：如图 12-12 所示，当选择"自动缩放图表高度"时，将无法垂直平移或缩放。

（5）在选择了"显示变换框"按钮的情况下选择多个关键帧时，选定关键帧周围会出现一个自由变换的定界框，并且定界框的中心将显示一个锚点，以标记变换区域的中心点。可以通过拖动定界框或其控点，按时间或值移动选定关键帧，也可以更改锚点的位置。

12.2 速度图表

如果需要将足球在此基础上更改为 6 秒内做减速运动（先不追求匀减速运动，假设草地表面摩擦系数不均匀），则应给足球一个大于 108.17 像素 / 秒的初速度，使其速度逐渐降低直至 6s 处速度为 0。那我们可以通过拖动关键帧和设置缓入缓出效果来调整参数。

12.2.1 拖动关键帧

（1）选中图 12-11 中 6s 处的关键帧，可以明显看到该关键帧上有一个黄色拉杆样式的方向手柄，其边缘处的黄色圆粒是该方向手柄的控制端点，通过移动控制端点可以更改对应曲线的曲率，即弯曲的程度。

首先垂直下拉该关键帧或者方向手柄至速度为 0 处，如图 12-12 所示。接着再选中 0s 处的关键帧，控制其方向手柄升高至 300 像素 / 秒。此时会发现由于图表高度变化面板中图表显示不完整，单击"自动缩放图表高度"按钮即可看到全局，再适当微调。

（2）调整完初始和终止的速度后，通过预览可以看到足球动画效果里，初始速度很快，越临近右边速度越慢。如果想调整足球临近终止时的运动效果，放大观察和调整末期速度时，可选中右边 6s 处关键帧，并单击图 12-13 中的"使选择适于查看"按钮，再通过横向滚动条和左下角的缩小 / 放大来调整。

（3）不难发现该速度图表经过调整后，在合成窗口的视图中，路径虚线上的点距也发生了变化，如图 12-14 所示。匀速运动时，点距在虚线上是均匀分布的。而做减速运动时，前期速度快，点距间隔相对长，点分布相对稀疏。后期速度慢，点距间隔相对短，点分布相对密集。即点距越大，代表其速度越快，反之亦然。这条显示运动轨迹的灰色线上的“点”是什么呢？

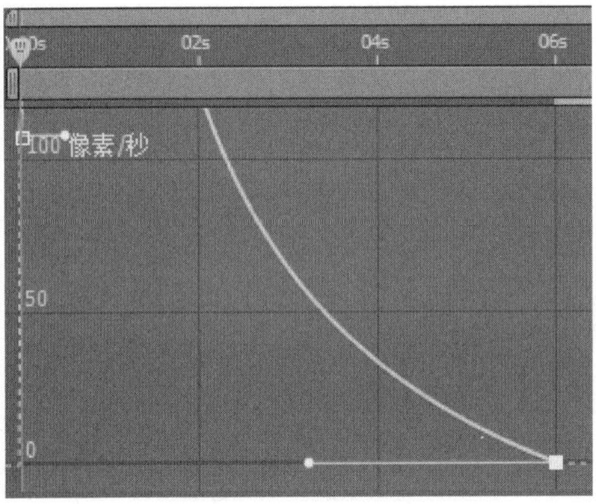

图 12-11

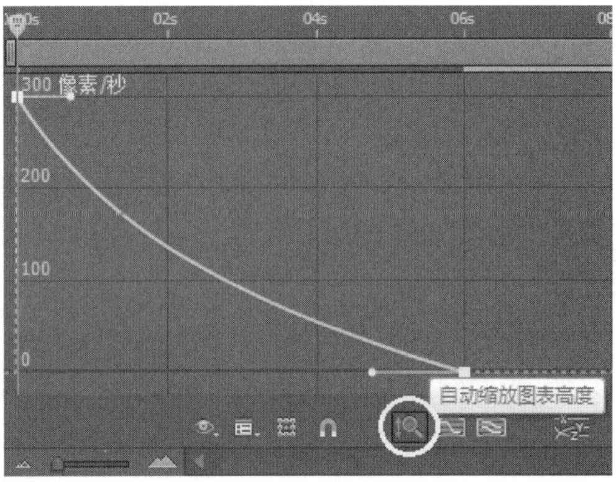

图 12-12

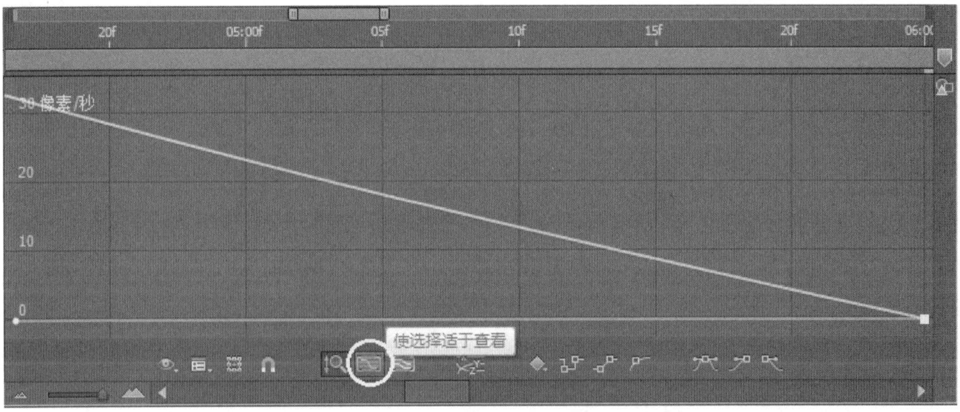

图 12-13

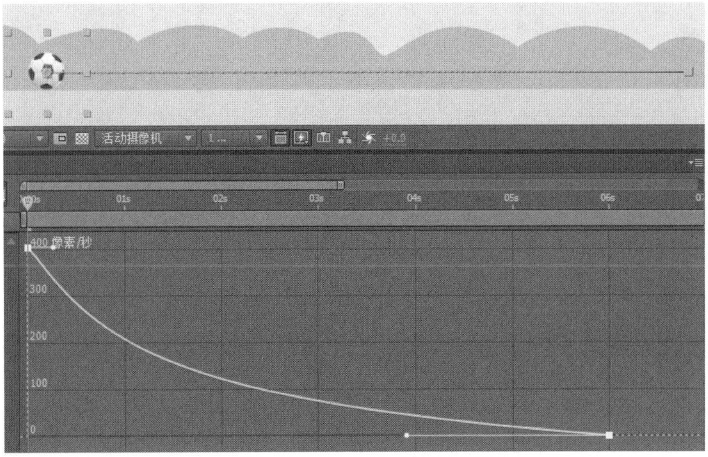

图 12-14

运动路径上的每个点就是一个帧。速度慢的情况下，点相对密集，代表这段路径需要更多帧来显示运动过程。同理，速度快时经过同一段路径，用来显示的帧则会少些。

我们可再验证一下，把初始速度提高到 400 像素 / 秒左右，拖动方向手柄使该帧在 300 像素 / 秒和 400 像素 / 秒之间上下移动，会发现前期速度越快，路径上的点越向右边靠拢。

（4）关闭图表编辑器，再看“位置”属性的两个关键帧，发现经过调整后，其标记形状产生了改变（图 12-15）。这与关键帧的缓入 / 缓出效果是一致的。

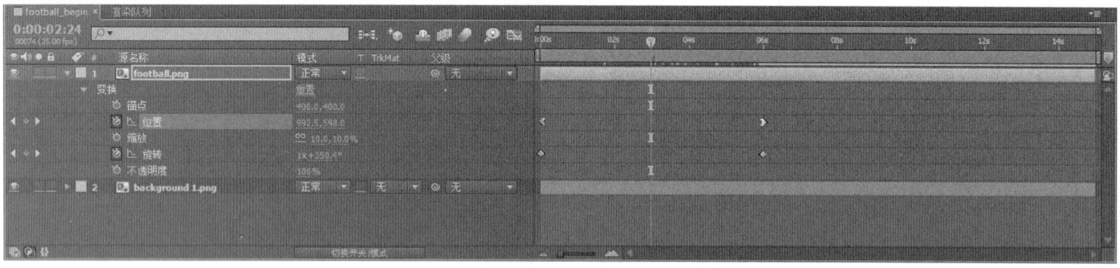

图 12-15

12.2.2 缓入 / 缓出

缓入 / 缓出可以平滑关键帧，起到贝塞尔曲线的效果，使动画进入和退出时更平滑。

（1）在预览时发现，足球虽然做减速运动，但转速不合常理。于是重新单击“图表编辑器”，选中“旋转”属性，观察其速度图表，鼠标指针悬停于白色线代表的转速上，可见转速保持 240° /s，6s 处的“4x+0.0° ”说明足球停止前一共转了 4×360° 即 4 圈整（图 12-16）。

图 12-16

（2）给右边关键帧一个缓入效果。做法是先选中该帧，再单击“缓入”按钮（图 12-17）。

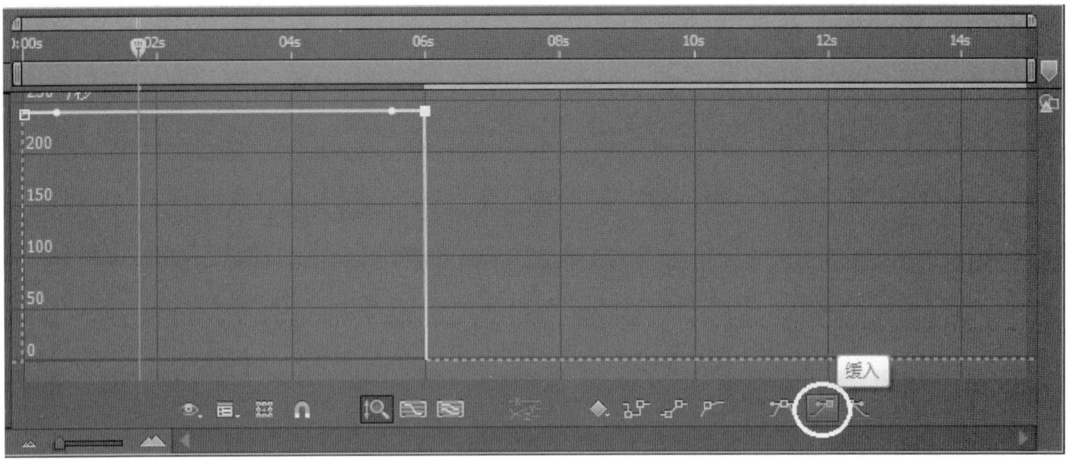

图 12-17

注意:“缓入”和“缓出”的按钮图标的手柄方向不同,“缓入”手柄向左。单击“缓入”后该关键帧的速度直降为 0,和上一节通过拖动关键帧手柄来调整速度曲线效果一样(图 12-18)。

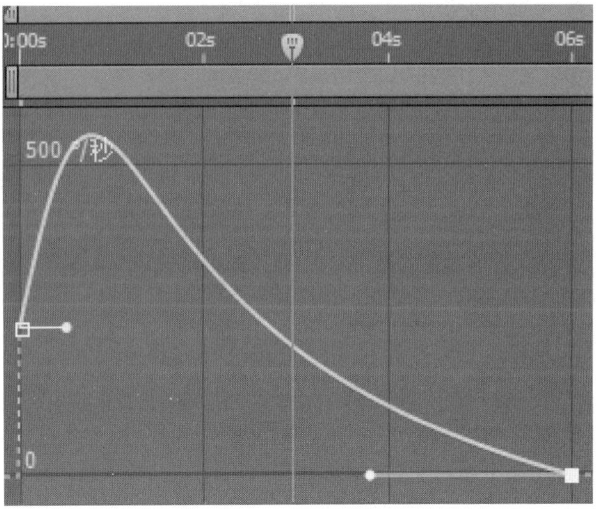

图 12-18

(3) 选中左边关键帧,单击图 12-19 中的“缓出”按钮。由于人眼观察不够精确,为接下来的操作做准备,可再单击“对齐”按钮,如图 12-20 所示。之后拖动左边关键帧的手柄水平左移至 0 帧处,得到如图 12-21 所示图像。可以注意到,拖动关键帧时,图 12-21 中只有当两个关键帧的速度相等时,才会出现一条橙色水平线,这便是“对齐”的功能,它还可以对齐垂直方向。

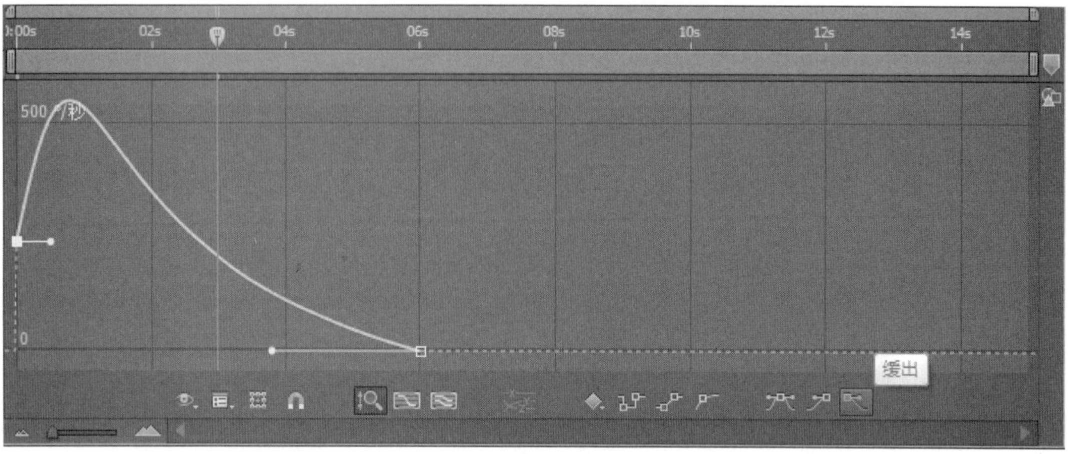

图 12-19

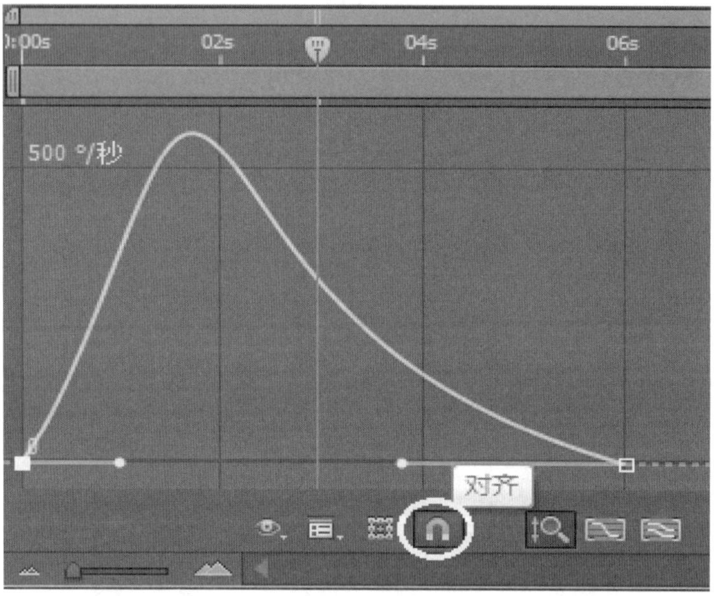

图 12-20

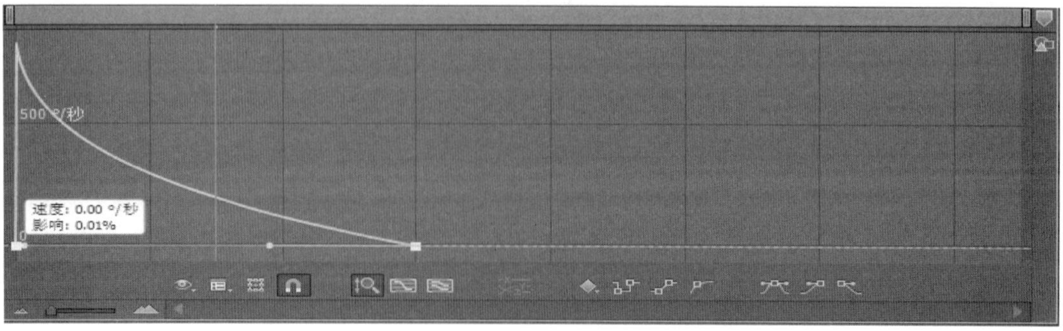

图 12-21

12.2.3　属性显示的选择

经过上一节学习可知，退出图表编辑器后，可以看到“位置”和“旋转”属性的关键帧的标记形状是一样的，如图 12-22 所示。“位置”的关键帧我们运用了拖动的方式，“旋转”关键帧采取了缓入和缓出，对于曲线运动的作用是可以达到一样的结果。

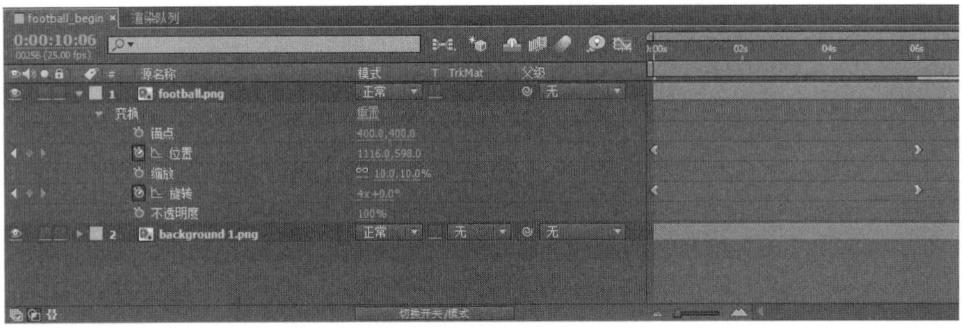

图 12-22

已知球体滚动时，球体旋转的角速度和向前的移动速度成正比，那么为了贴近实际，则要对比两个速度图表并做相应的调整。

（1）目前我们做的是单个属性的图表显示，如果想要在图表编辑器中同时显示“位置”和“旋转”两个属性，有以下三种操作方法。

①按住 Ctrl 键，再选中需要显示的属性，并单击图表编辑器中的“选择具体显示在图表编辑器中的属性”按钮，勾选“显示选择的属性”（图 12-23）。

②选中所需图层例如 football.png，再单击图表编辑器中的“选择具体显示在图表编辑器中的属性”按钮，勾选“显示动画属性”（图 12-24），则将默认动画属性的图表都显示出来。

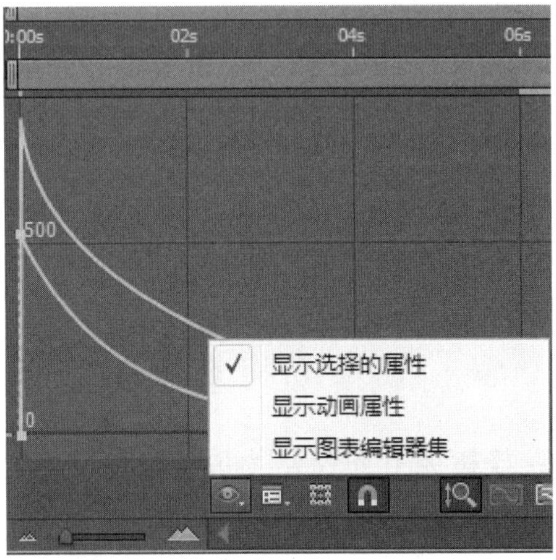

图 12-23

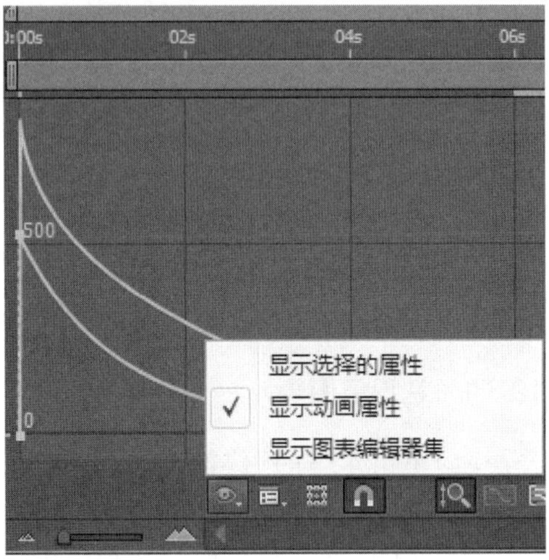

图 12-24

③单击紧邻“位置”和“旋转”属性左侧的按钮，其位于时间变化秒表右侧，如图 12-25 所示。再单击图表编辑器中的“选择具体显示在图表编辑器中的属性”按钮，勾选“显示图

表编辑器集”，如图 12-26 所示。这种按钮的作用是将需要的属性的图表都放在“图表编辑器集”里，此集合中的属性图表会在面板中一并显示出来。

注意：这个集合内的属性可以跨图层，即不用考虑各个属性是否属于同一个图层。

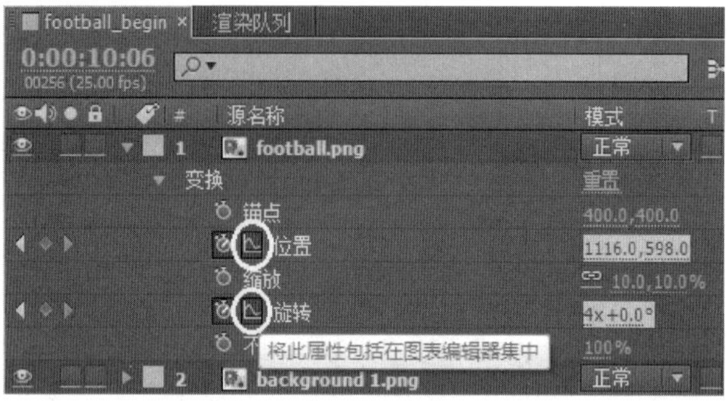

图 12-25

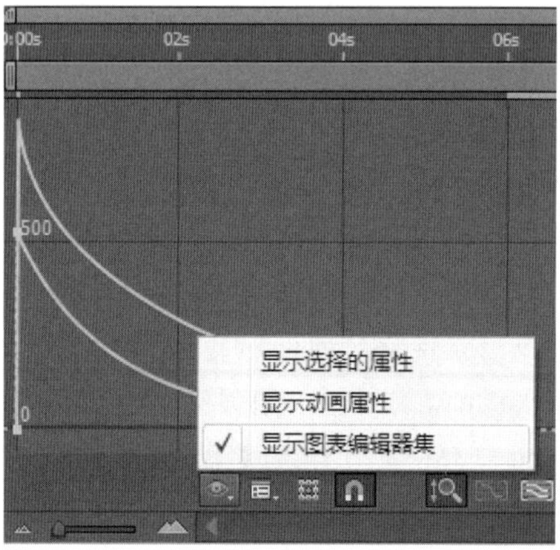

图 12-26

12.3 值图表

值图表显示的是属性的数值随时间的变化情况。可以是位置的变化、透明度的变化、缩放大小的变化等。“位置”属性的值图表类似物理学中的位移图像。

12.3.1 认识值图表

（1）单击足球的“位置”属性，再单击图表编辑器中“选择图表类型和选项”按钮，勾选“编辑值图表”，可以看到一红一绿两条线。将鼠标指针沿该线经过，认识到红线代表水平方向 *X* 随时间的像素变化，绿线代表垂直方向 *Y* 随时间的像素变化。因为足球只产生了水平位移，所以位置 *Y* 的像素变化呈直线不变。位置 *X* 前期变化快，随时间经过的路径长，后期变化慢，随时间经过的路径短（图 12-27）。

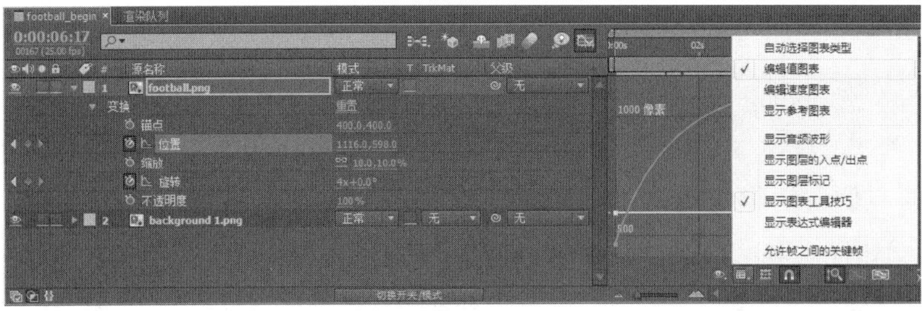

图 12-27

（2）下面以天空草地的背景图透明度为例再观察“不透明度”属性的值图表。

退出图表编辑器，展开“background 1.png”的属性，单击“不透明度”前的“时间变化秒表”，添加两个关键帧。一个位于 0s 处，不透明度设为 0%；一个位于 06s 处，不透明度设为 100%。预览可见足球在滚动的 6 秒中，背景由暗到明，不透明度从 0% 到 100%（图 12-28）。

图 12-28

再打开图表编辑器，可见“不透明度”属性的值图表中，数值呈线性递增（图 12-29）。

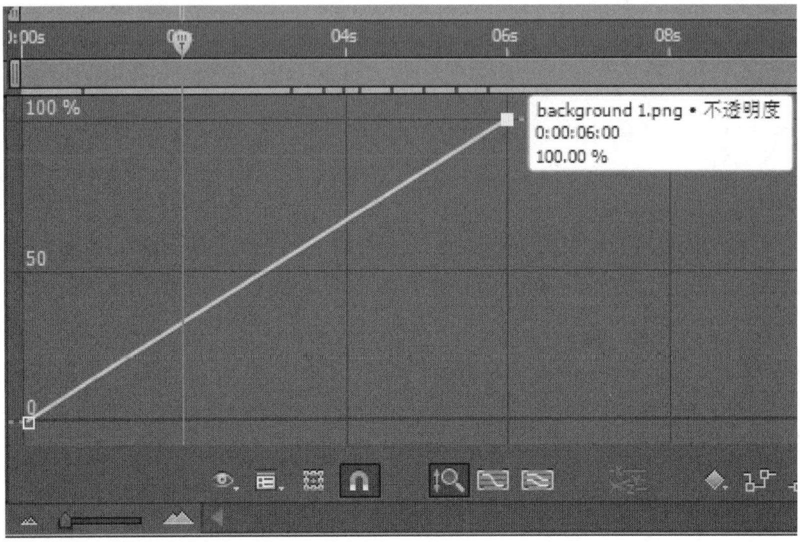

图 12-29

12.3.2 编辑值图表

（1）再回到“football.png”的“位置”属性，我们可以选择位置 *Y* 的右侧关键帧，随意拖动来改变位置 *Y*。观察发现，位置 *Y* 垂直变动时，位置 *X* 不变。而当位置 *Y* 水平移动改变时，位置 *X* 的右侧关键帧也会随之变化且始终保持与位置 *Y* 在同一个垂直线上，这是因为要保持位置变化停止时的时刻一致。

如果将此关键帧拖动到如图 12-30 所示的位置，按下 Ctrl+R 键显示标尺来确认位置的像素数值，再将时间指示器移至 2s 处，可见此时位置 *Y* 的数值为 500.0，无论是对应时间线面板的纵坐标还是合成面板的纵向标尺，都是 500.0。由此可以通过操作时间线面板的值图表曲线来控制位置。

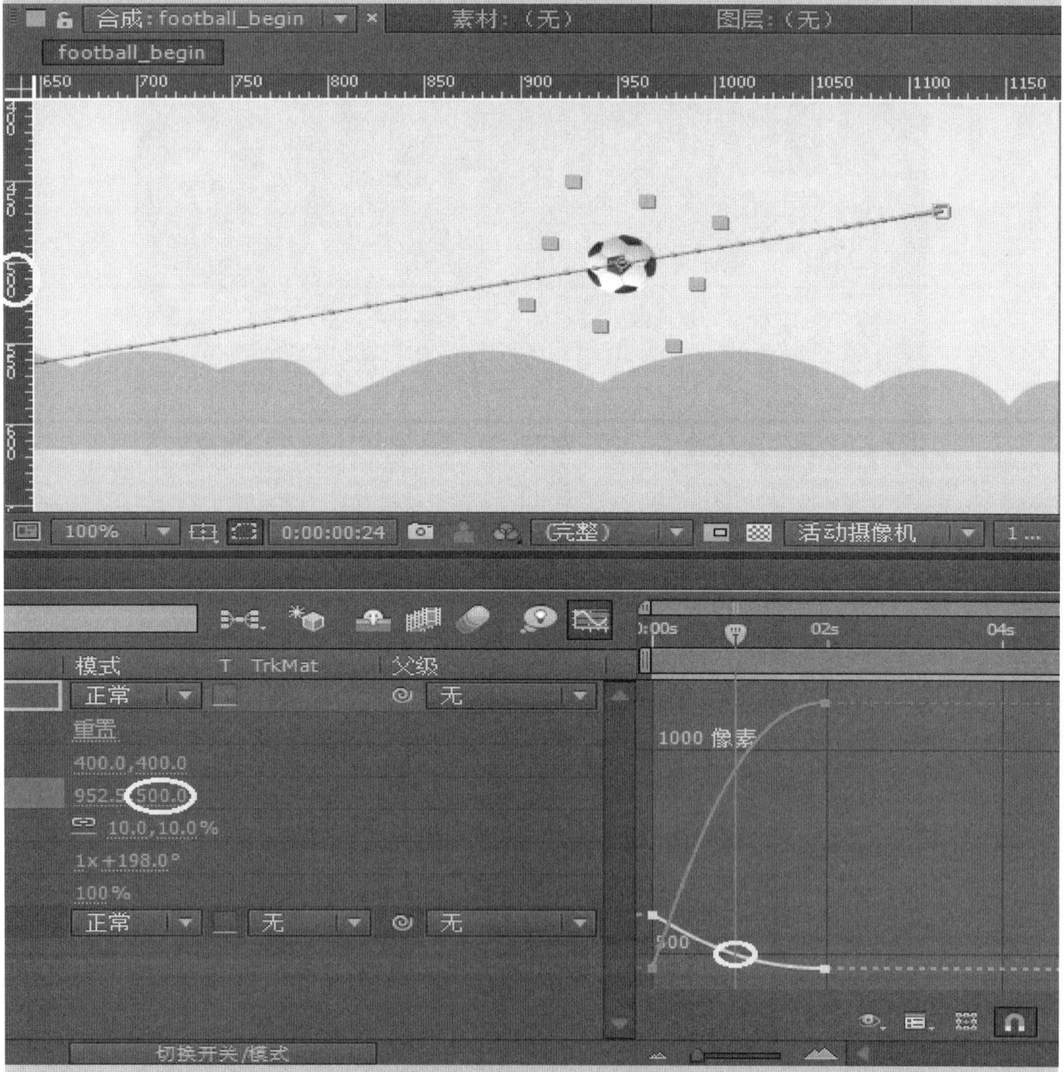

图 12-30

按下 Ctrl+Z 键撤销，为下一项操作做准备。

（2）单独尺寸。二维图像有 X、Y 两个方向的坐标轴，三维图像有 X、Y、Z 三个方向的坐标轴，如果想单独对某个维度进行编辑控制，则可以使用时间线面板中的“单独尺寸”功能。

①图 12-31 中，我们对二维的“football.png”的“位置”属性，展开了“单独尺寸”功能，左边原有的一个“位置”属性分成了两个位置属性：X 位置和 Y 位置。

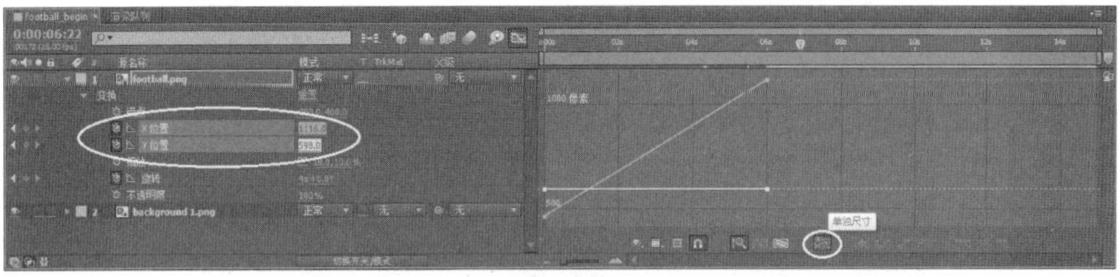

图 12-31

我们可以编辑 X 位置关键帧来进行单独调整，而不像图 12-30 中的关键帧那样同步移动。

②对“X 位置”右侧关键帧设置为“缓入”（图 12-32），左侧关键帧设置为“缓出”（图 12-33），拖动两个关键帧的方向手柄调整至图 12-34 所示位置。预览可见足球的运动效果和前节速度图表编辑后效果一致。切换至速度图表，观察“X 位置”的速度图，因为只产生了水平横向的速度变化，足球并没有在垂直 Y 方向上产生速度变化。

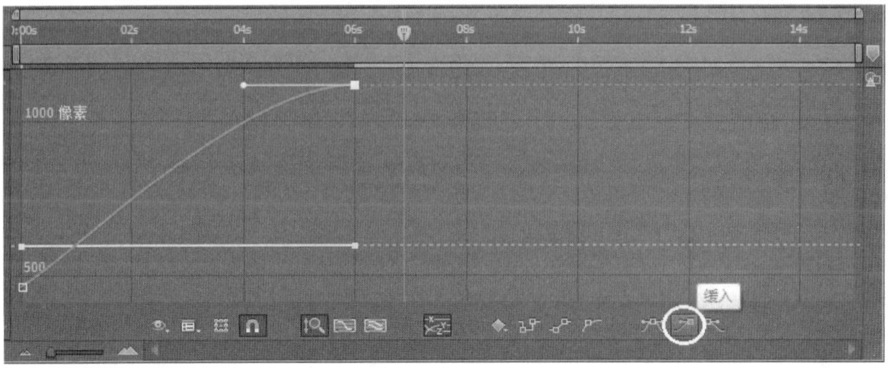

图 12-32

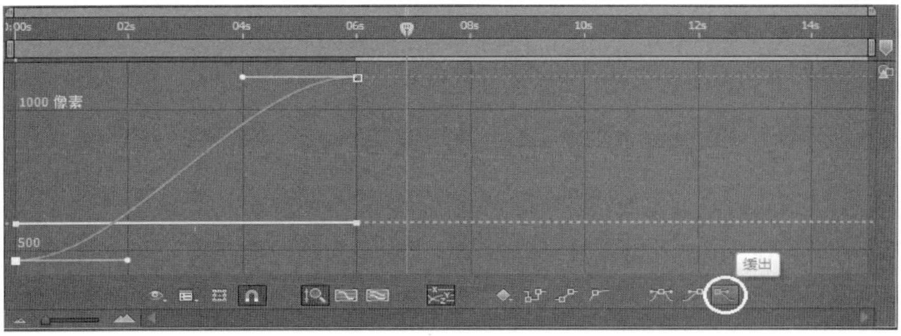

图 12-33

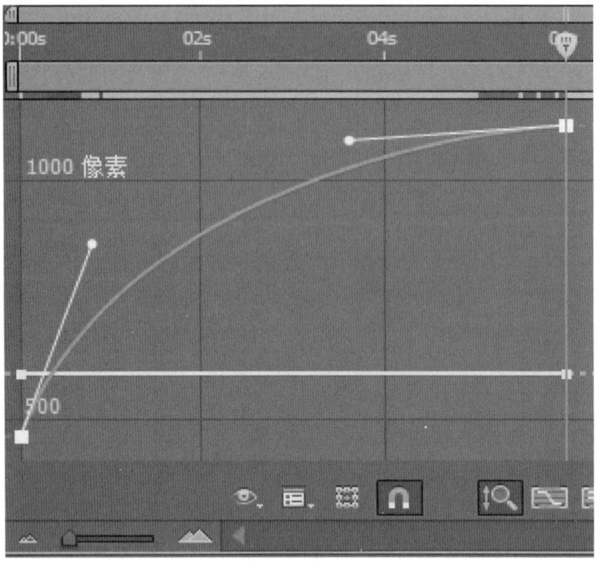

图 12-34

（3）如果只想单独显示属性“X 位置”，只需鼠标左键单击其他地方后再单击“X 位置”属性，或者 Ctrl 键 + 鼠标左键来进行选择。注意：图表编辑器中，属性的 *X* 值都以红色线显示，*Y* 值都以绿色线显示，*Z* 值（仅 3D）以蓝色线显示（图 12-35）。

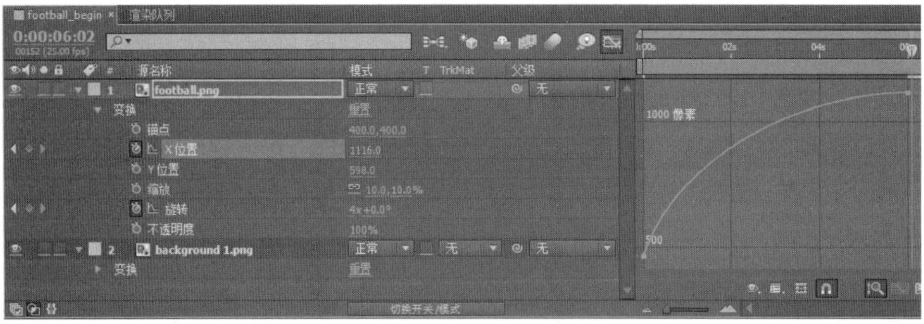

图 12-35

12.3.3　值图表与速度图表的比较

如何在图表编辑器中同时显示值图表和速度图表呢？

1. 参考图表

选中“X 位置”属性，单击“选择图表类型和选项”按钮，选择“显示参考图表”。如图 12-36 所示，这里出现的两条红线，分别是“X 位置”的值图表和速度图表。在值图表的基础上，参考图表显示的是其速度图表。参考图表是不显示关键帧的，也就是无法主动改变，只是作为参考显示，但可以被动随着变化。

2. 相关性

拖动“X 位置”的值图表手柄，可见其速度图也随之变化，如图 12-37 所示。

图 12-36

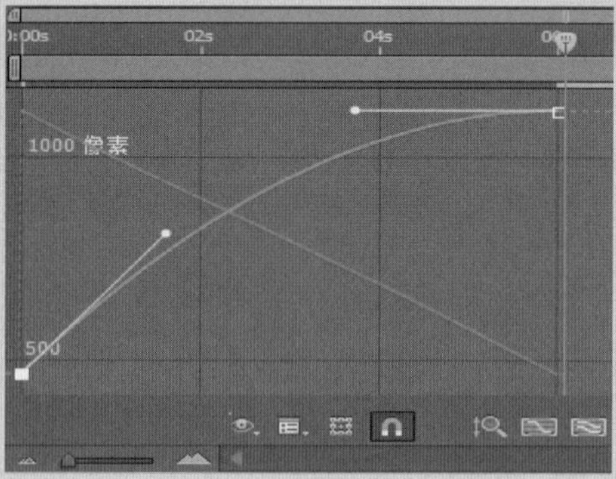

图 12-37

反之亦然，在速度图表中的参考值图表是值图表。

保持选中“X 位置”，勾选它的“编辑速度图表”和“显示参考图表”，拖动其速度图表中关键帧的手柄，相应的参考值图表也会随之变化，如图 12-38 所示。

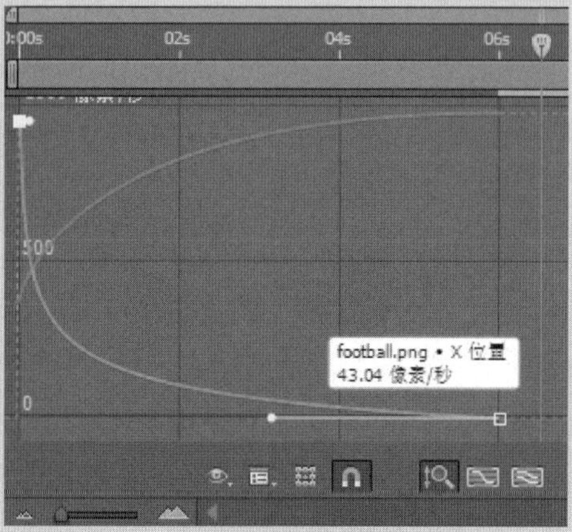

图 12-38

After Effects 中编辑运动曲线时，速度图表和值图表具有相关性，可以互相影响。这是因为某时刻速度的变化会影响其位置的变化，反之同理。

这里以物理学中的知识作为类比说明：

12.4 关键帧插值

插值是在两个已知值之间填充未知数据的过程。After Effects 可为关键帧之间的属性插入值。由于插值在关键帧之间生成属性值,因此插值有时也称为补间。关键帧之间的插值可以用于对运动、效果、音频、图像调整、透明度、颜色变化以及许多其他视觉元素和音频元素添加动画。

右键单击某个关键帧,选择"关键帧插值",即弹出图 12-39 所示的对话框。

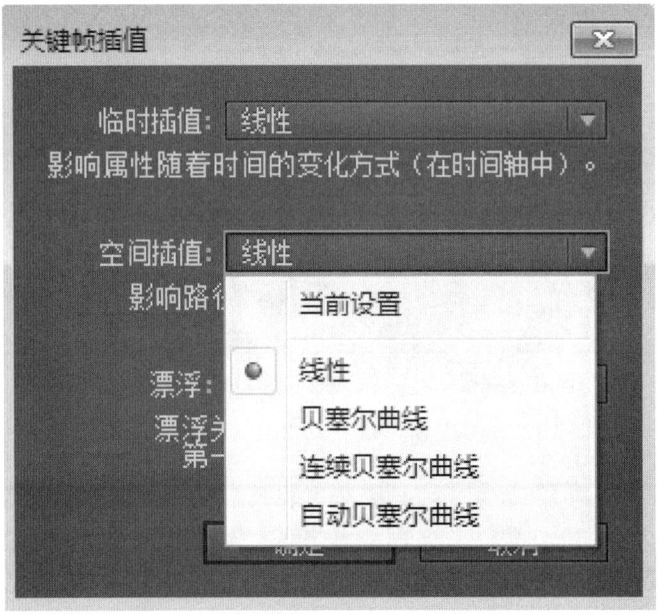

图 12-39

临时插值是时间值的插值;空间插值是空间值的插值。某些属性(如不透明度)仅具有时间组件。某些属性(如位置)不仅具有时间组件,还具有空间组件。

12.4.1 临时插值

临时插值也叫时间插值,作用于时间轴中,影响属性随着时间的变化方式。

(1)导入"football_slope.aep"文件,完善动画之前,先打开速度图表。在合成窗口中,观察足球的运动路径,也就是灰色的虚线,其上每个点都是帧,如图 12-40 所示。

(2)选中位置最高点的关键帧,即图中黄圈部分。在合成窗口选中该帧时,时间线面板上对应的帧同时也会被选中,因为它们就是同一个帧,只不过显示于不同面板,反之同理。右键单击该帧选择"关键帧插值"。

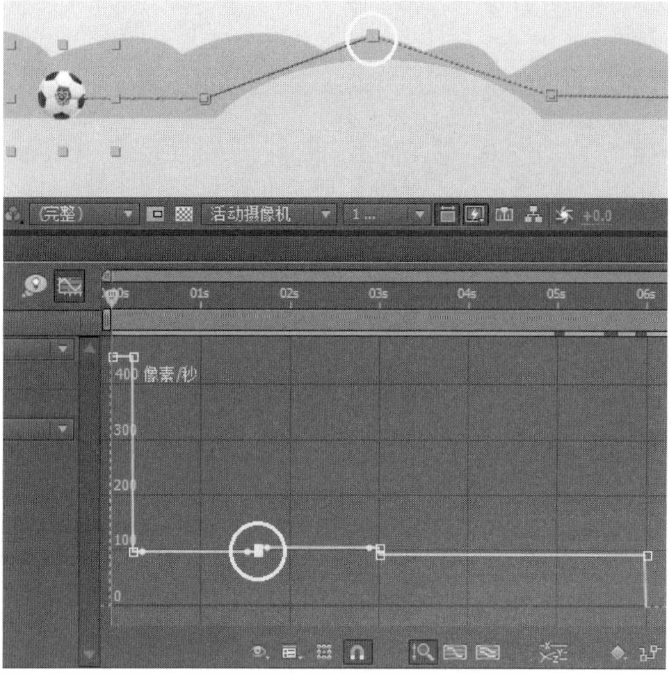

图 12-40

（3）放大该帧。注意到图 12-41 中此时该关键帧的临时插值为线性。如果将临时插值更改为自动贝塞尔曲线，观察图表编辑器中的速度图表以及合成面板中足球的路径轨迹是否变化？

根据图 12-42 可以知道更改临时插值之后，对速度图表有影响，但对合成面板里的足球运动路径没有产生影响。

那么如果继续微调该帧的速度，拖动手柄将该关键帧的速度下移至 0 像素 / 秒，我们发现足球运动路径依然没有变化，但路径上灰色的点距随速度变化而变化。

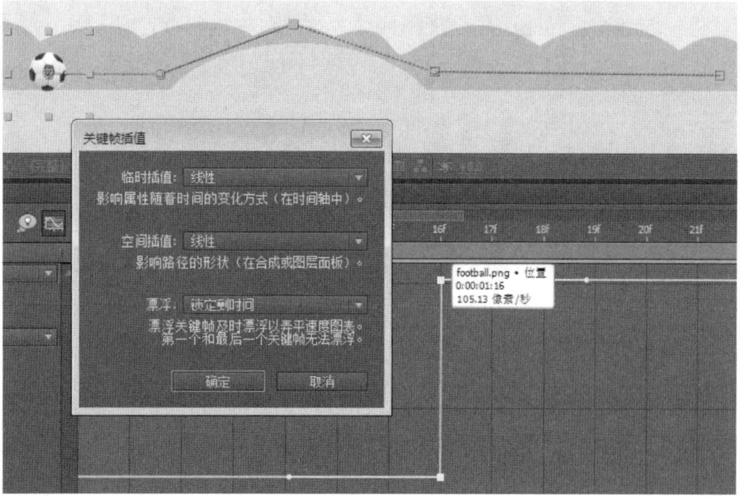

图 12-41

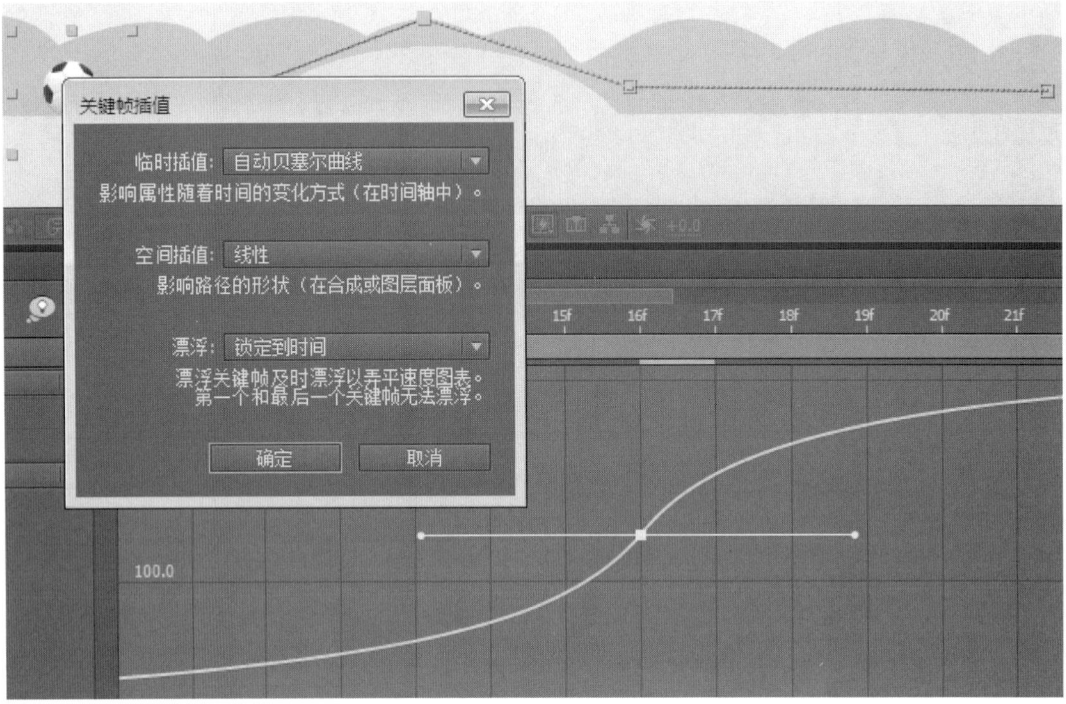

图 12-42

（4）按 Ctrl+Z 键撤销使速度图表还原，再选中所有关键帧，全部临时插值设为自动贝塞尔曲线，或单击“将选定的关键帧转换为自动贝塞尔曲线”按钮，能够平滑所有关键帧的速度（图 12-43）。

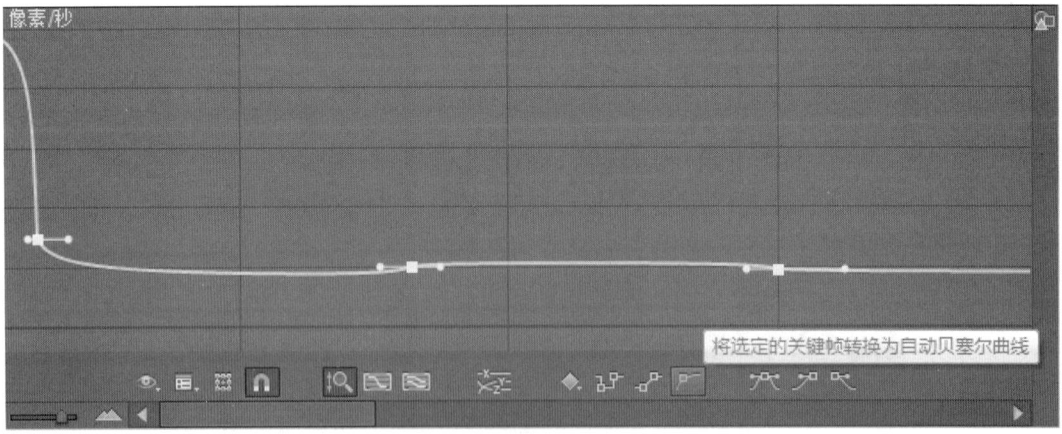

图 12-43

12.4.2 空间插值

空间插值作用于合成或图层面板中，影响的是路径的形状。

（1）要将默认方法更改为线性插值，在菜单栏上选择“编辑”→“首选项”→“常规”

(Windows)，或者选择“After Effects”→“首选项”→“常规”(Mac OS)，然后选择“默认的空间插值为线性”（图 12-44）。更改首选项设置不影响已存在的关键帧，或已存在关键帧的属性的新关键帧。

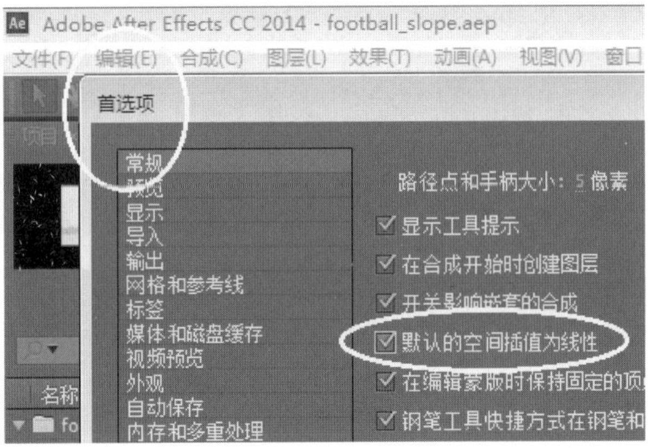

图 12-44

（2）将草坡最高点的关键帧的空间插值设为自动贝塞尔曲线（图 12-45），可见足球路径发生了变化，更接近于现实运动路径，并且速度图表没有改变。

图 12-45

（3）为了更加贴近现实，足球的边缘更切合草地，可将草坡前后两个关键帧的空间插值设为贝塞尔曲线，并拖动贝塞尔曲线的手柄进行调整来贴合草地曲线（图 12-46）。

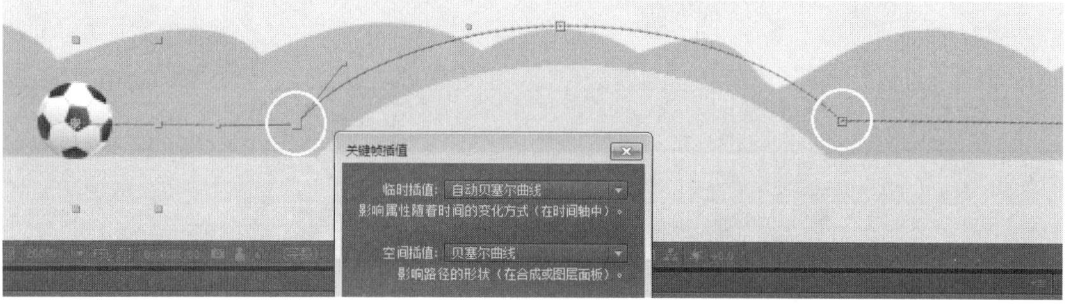

图 12-46

12.4.3 缓动

（1）缓动其实相当于左侧缓入＋右侧缓出。图 12-47 中选中最高点的关键帧，单击“缓动”按钮，则速度图表中可见该帧处速度降为 0，且兼备缓入和缓出的效果。

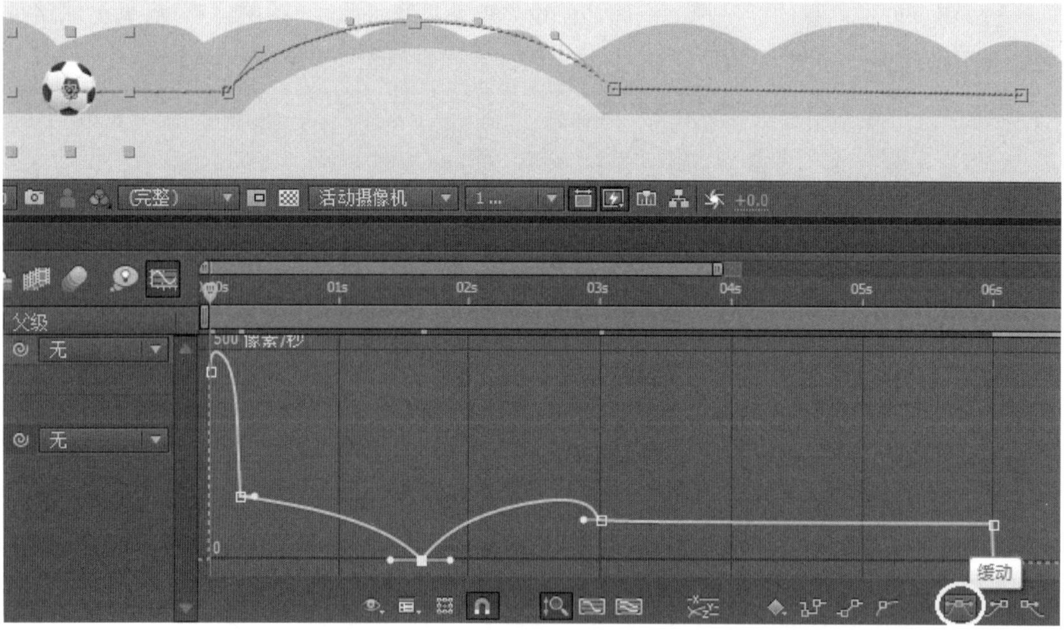

图 12-47

（2）缓动的作用使足球经过草坡的最高点时速度变化更加平滑。如果希望足球到最高点尚有速度，我们可以借助“时间指示器”对齐，适当提高该点速度，如图 12-48 所示。

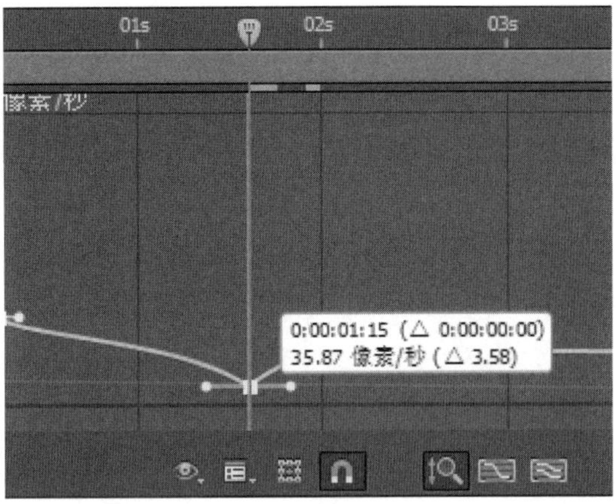

图 12-48

（3）缓入、缓出、缓动，也可以在“编辑选定的关键帧”按钮中，展开“关键帧辅助”来勾选，其对应快捷键如图 12-49 所示。

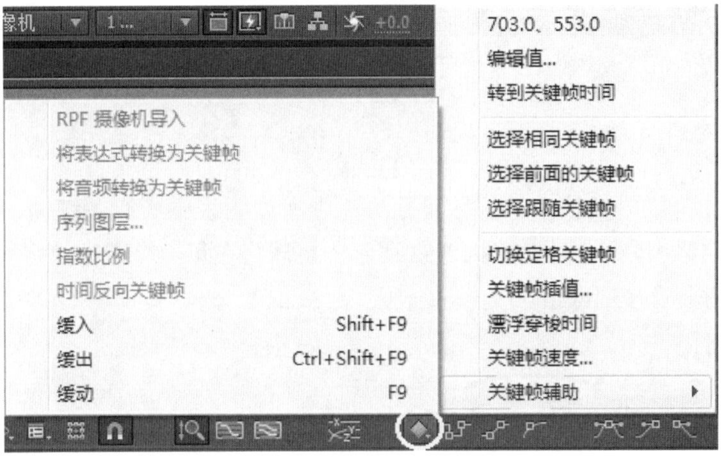

图 12-49

（4）缓动使关键帧插值变为“连续贝塞尔曲线”（图 12-50）。

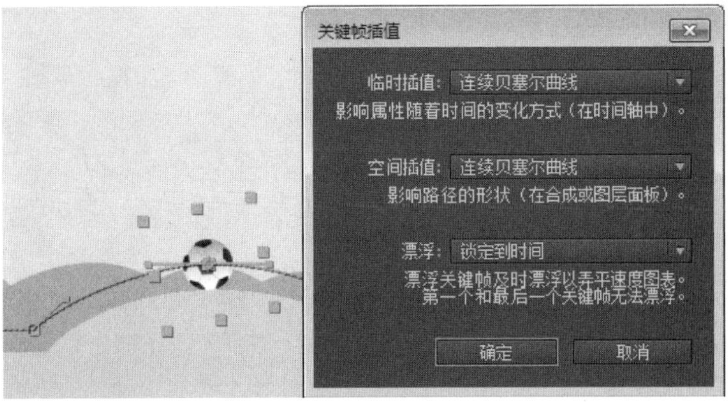

图 12-50

12.4.4 漂浮

漂浮关键帧仅适用于空间图层属性（例如位置、锚点和效果控制点），用于平滑速度图表，其速度和计时由邻近的关键帧确定，所以第一个和最后一个关键帧无法漂浮（图 12-51）。

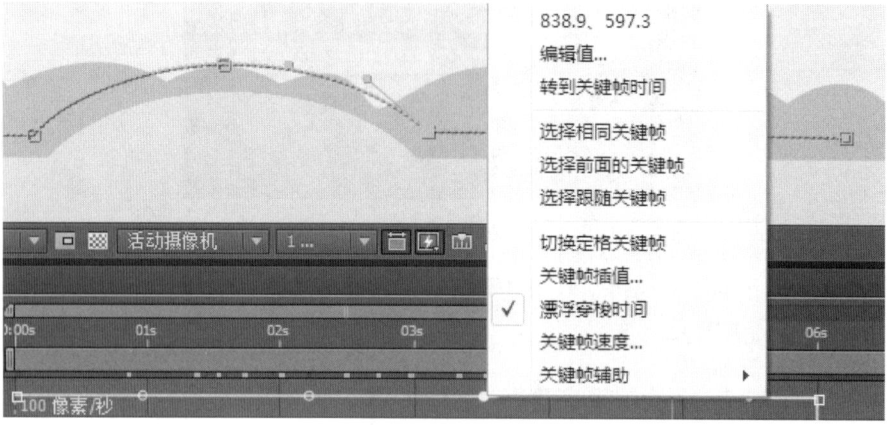

图 12-51

12.4.5 定格

定格仅在作为临时插值方法时才可用。选中速度图表中所有关键帧，单击“将选定的关键帧转换为定格”按钮，变化如图 12-52 所示。足球将在每一个关键帧定格保持不变直到下一个关键帧时刻直接更改值。

图 12-52

12.4.6　贝塞尔曲线

贝塞尔曲线是应用于二维图形应用程序的数学曲线，其节点可拖动，曲线可伸缩改变，是计算机图形图像造型的基本矢量线条工具。

（1）“贝塞尔曲线”插值不同于“连续贝塞尔曲线”和“自动贝塞尔曲线”，可单独操控贝塞尔曲线关键帧上的两个方向手柄，所以弯曲的运动路径可能会在贝塞尔曲线关键帧的位置转角，调整一侧手柄只影响那一侧的图表或运动路径。若想绘制复杂形状的运动路径，贝塞尔曲线空间插值非常合适。

（2）“连续贝塞尔曲线”插值通过关键帧创建平滑的变化速率。我们可以手动拖动连续贝塞尔曲线方向手柄的位置，所作的调整将更改关键帧任一侧的值图表或运动路径段的形状。After Effects 将调整每个关键帧的值以创建平滑的过渡。当我们移动连续贝塞尔曲线关键帧时，After Effects 将保持这些平滑的过渡。

（3）“自动贝塞尔曲线”插值是默认的空间插值方法。与“连续贝塞尔曲线”类似，也是通过关键帧创建平滑的变化速率。当我们更改自动贝塞尔曲线关键帧值时，自动贝塞尔曲线方向手柄的位置将自动变化以实现关键帧之间的平滑过渡。如果上一个和下一个关键帧也使用“自动贝塞尔曲线”插值，则上一个或下一个关键帧远端的形状也随此关键帧的自动调整而发生更改。

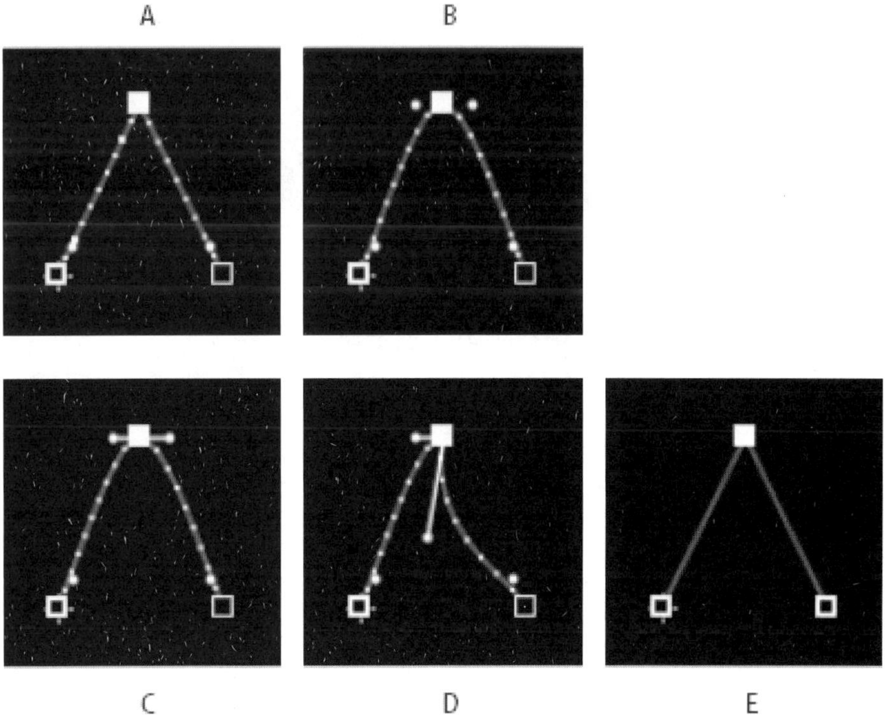

A. 线性　B. 自动贝塞尔曲线　C. 连续贝塞尔曲线　D. 贝塞尔曲线　E. 定格

图 12-53

关键帧图标如图 12-54 所示。

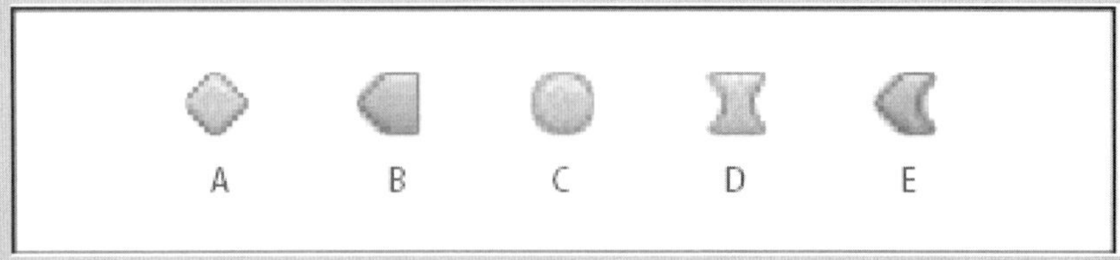

图 12-54

A. 线性

B. 线性传入，定格传出

C. 自动贝塞尔曲线

D. 连续贝塞尔曲线或贝塞尔曲线

E. 线性传入，贝塞尔曲线传出

最后练习贝塞尔曲线的调整，将“位置”属性的速度图表调整至贴近“旋转”属性的速度图表，如图 12-55 所示。

图 12-55

12.5 关键帧和图表编辑器的快捷键

Mac OS 包括功能键 F9 至 F12 的快捷键可能会与操作系统使用的快捷键发生冲突。请参阅 Mac OS 帮助以获得重新分配“Dashboard & Expose”快捷键的说明。

结果	Windows	Mac OS
在图表编辑器和图层条模式之间切换	Shift+F3	Shift+F3
对属性选择所有关键帧	单击属性名称	单击属性名称
选择全部可见的关键帧和属性	Ctrl+Alt+A	Shift+F3
取消选择全部关键帧、属性和属性组	Shift+F2 或 Ctrl+Alt+Shift+A	Shift+F2 或 Command+Option+Shift+A
将关键帧向前或向后移动 1 个帧	Alt+ 向右箭头或 Alt+ 向左箭头	Option+ 向右箭头或 Option+ 向左箭头
将关键帧向前或向后移动 10 个帧	Alt+Shift+ 向右箭头或 Alt+Shift+ 向左箭头	Option+Shift+ 向右箭头或 Option+Shift+ 向左箭头

对所选关键帧设置插值(图层条模式)	Ctrl+Alt+K	Command+Option+K
设置选定关键帧的速率	Ctrl+Shift+K	Command+Shift+K
添加或移除当前时间的关键帧	Alt+Shift+ 属性快捷键	Option+ 属性快捷键
将关键帧插值方法设置为定格或自动贝塞尔曲线	Ctrl+Alt+H	Command+Option+H
将关键帧插值方法设置为线性或自动贝塞尔曲线	在图层条模式下按住 Ctrl 键并单击	在图层条模式下按住 Command 键并单击
将关键帧插值方法设置为线性或定格	在图层条模式下按住 Ctrl+Alt 并单击	在图层条模式下按住 Command+Option 并单击
缓动选定的关键帧	F9	F9
缓入选定的关键帧	Shift+F9	Shift+F9
缓出选定的关键帧	Ctrl + Shift + F9	Command + Shift + F9

12.6　本章复习

1. 图表编辑器有什么作用?
2. 图表编辑器中主要有哪两类图表?
3. 临时插值和空间插值的区别是什么?

第 13 章　渲染输出

13.1　渲染与输出

我们在 After Effects 中所做的一切的最终目的就是生成视频文件（或静态图像），而这些离不开渲染输出的相关设置。你可能会说，这些设置不是在第 1 章中就学到了吗？也没有什么复杂的，有必要单独拿出一章来专门介绍吗？

也许有许多人并不在意渲染输出，但可能正是这些设置决定了输出视频的效率与质量。在刚接触 After Effects 的时候，有一件事经常困扰着我，因为每次都需要花费很长时间才能渲染输出视频，尽管体型庞大（文件所占磁盘空间巨大），画面却没有想象的清晰。而反观一些专业公司制作出的视频，不仅画面清晰，而且文件非常小巧，他们到底是怎样做到的呢？我想很多人都会和我有相同的经历和想法，通过这章的学习，你一定会找到满意的答案。

在我们开始学习渲染输出的相关技巧之前，需要先搞清楚一件事情，那就是我们经常说的渲染输出其实指的是两个工作过程，即渲染和输出。渲染是从合成创建影片帧的过程，输出是将渲染的帧编码到一个或多个输出文件的过程。为了更好地理解它们，我们还是通过一个实例来进行说明。你可以打开前面任意章节的项目文件进行渲染输出的设置，我这里以第 8 章“屏幕替换.aep”为例进行说明。

（1）为了实现操作过程的一致性，首先要恢复 After Effects 程序的默认设置。启动 After Effects 时按下 Ctrl+Alt+Shift 键，在系统询问是否删除首选项文件时，单击“确定”按钮（图 13-1）。

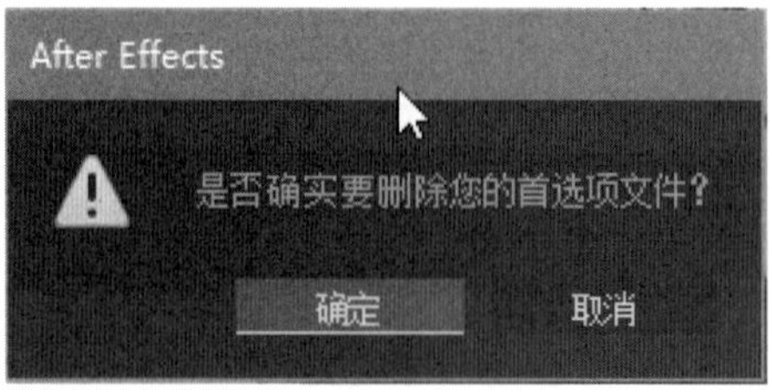

图 13-1

（2）选择菜单“文件”→“打开项目”命令（快捷键 Ctrl + O），在弹出的“打开”对话框中，导航到“光盘 \ 第 8 章”文件夹下，双击“屏幕替换.aep”文件，打开项目。

（3）在项目面板中点选“屏幕替换”合成（图 13-2），选择菜单“合成”→“添加到渲染列队”命令（快捷键 Ctrl + M）（图 13-3），打开渲染列队面板（图 13-4）。

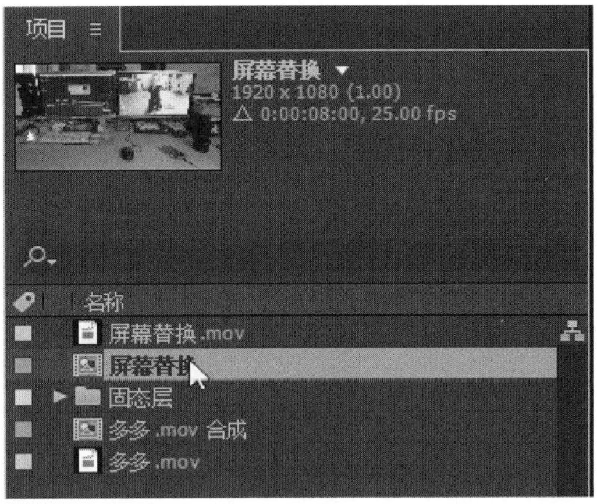

图 13-2

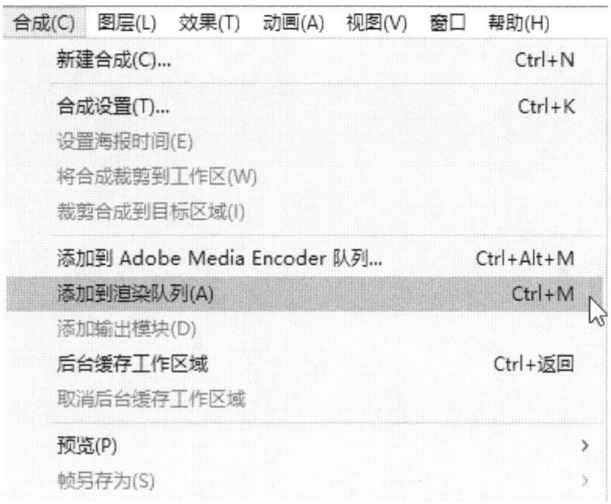

图 13-3

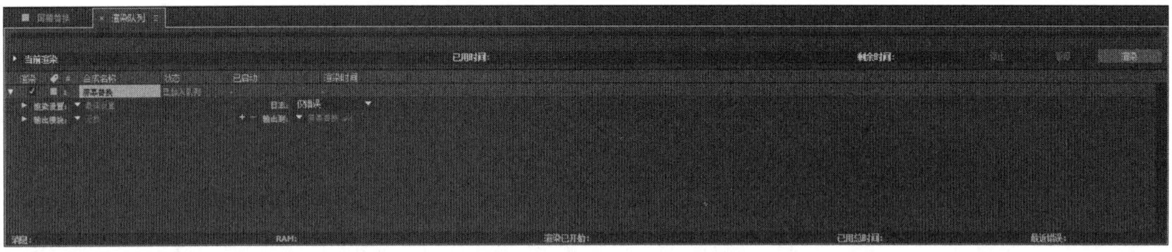

图 13-4

将项目置入渲染列队的其他方法

（1）在项目面板中点选合成后，按快捷键 Ctrl + Shift + /。

（2）按快捷键 Ctrl + Alt + 0 打开渲染列队面板，将项目面板中的合成文件拖入渲染列队。

（3）激活时间轴面板中的合成，按快捷键 Ctrl + Shift + / 或快捷键 Ctrl + M。

（4）激活合成面板中显示的合成，按快捷键 Ctrl + Shift + / 或快捷键 Ctrl + M。

在渲染列队面板中可以清楚地看到，需要渲染的合成名称下只有两个选项，分别是“渲染设置”和“输出模块”（图 13-4）。也就是这两个选项的设置，决定了最终的渲染输出效果。当对这两个选项设置完毕后，单击渲染列队面板右上角的“渲染”按钮即可进行渲染输出。

13.2 渲染设置

“渲染设置”决定了当 After Effects 渲染时如何处理合成，这包括品质、分辨率、帧速率、颜色深度、时间范围和一些相关设置的开关。After Effects 就是以这些参数指标来创建所有的未压缩帧。

“渲染设置”的默认值是“最佳设置”，你可以单击左侧的三角图标展开显示“最佳设置”所包含的详细内容（图 13-5）。

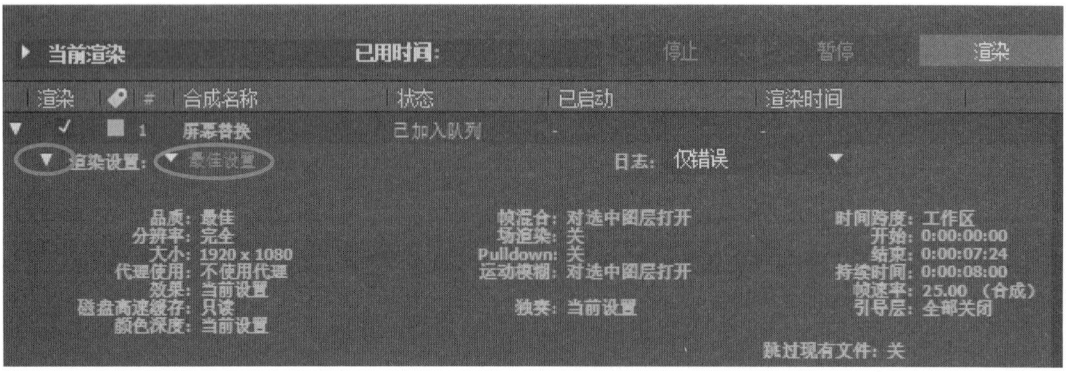

图 13-5

当然，你不能在显示的信息上直接修改参数，如果希望修改或自定义相关参数，可以单击蓝色的“最佳设置”文字，打开渲染设置面板（图 13-6）。

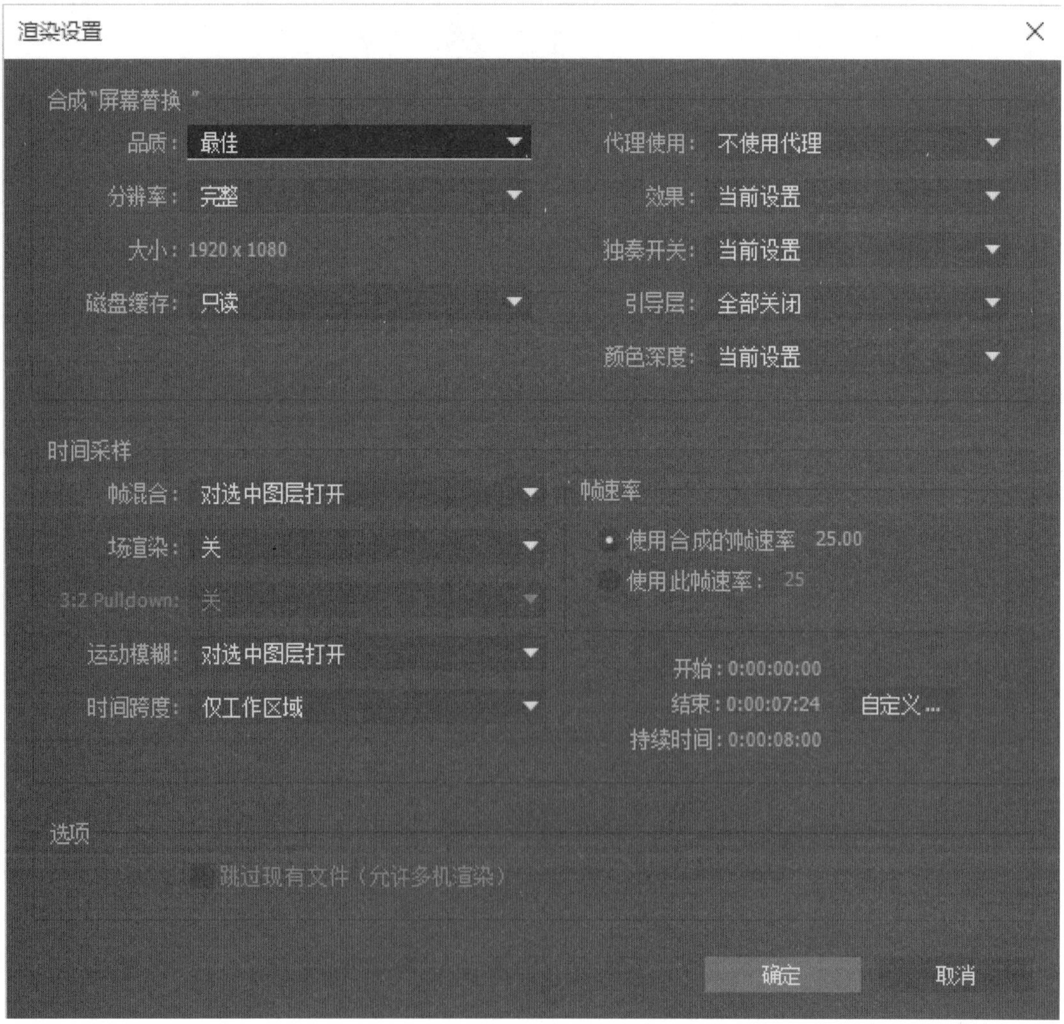

图 13-6

13.2.1　渲染参数

1. 品质

品质选项决定图层渲染的质量，会有如图 13-7 所示的几种选项。通常我们会选择“最佳”，这样合成中所有图层都会强制设为最佳质量。“草图”和“线框”表示更低的质量，同时渲染速度会相应提高。如果选择“当前设置”，表示将根据合成中每个图层的质量设置来进行渲染。

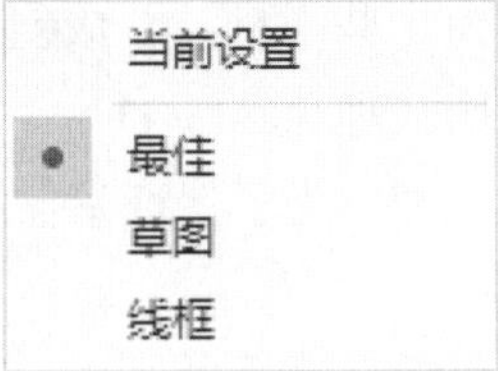

图 13-7

在合成中设置图层的质量

在时间轴面板中，相应图层上单击鼠标右键，在上下文菜单中选择“品质”→“最佳 / 草图 / 线框”（图 13-8）。

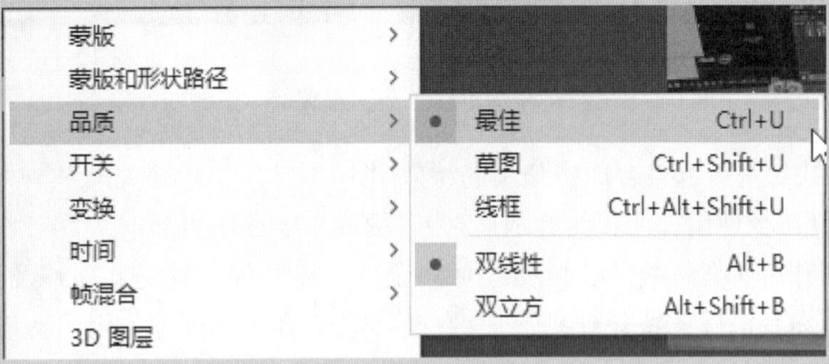

图 13-8

2. 分辨率

分辨率选项用于调整原合成的分辨率，当用于最终渲染输出时，应选择“完整”，使得合成强制以完整分辨率进行渲染，以得到最佳显示效果。如果只是要渲染输出一个样片用于临时观看和分析，为了提高渲染速度，可以降低合成的分辨率，选择“二分之一”“四分之一”等选项。这比在合成中直接修改分辨率要便捷得多。如果选择“当前设置”，表示将根据合成及嵌套合成的分辨率进行渲染（图 13-9）。

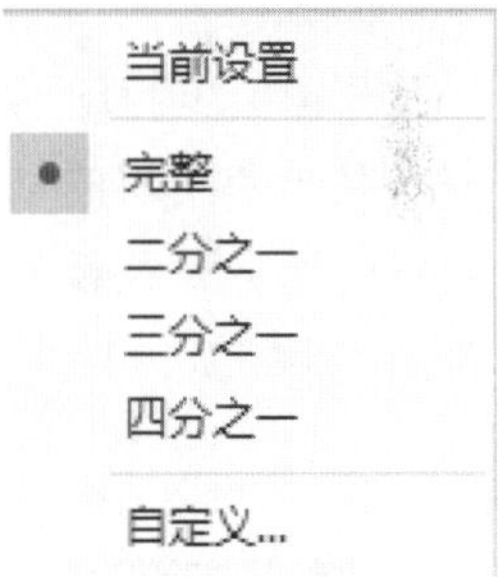

图 13-9

“二分之一”并不是指总像素的 1/2，而是指横向、纵向各取 1/2。

例如：1920×1080 分辨率的 1/2 就是 960×540。

　　1920×1080 分辨率的 1/4 就是 480×270。

3. 磁盘缓存

用于确定渲染期间是否使用磁盘缓存首选项（图 13-10）。“只读”选项，不会在 After Effects 渲染期间向磁盘缓存写入任何新的帧，但可以使用已经缓存的帧，以节省时间。“当前设置”选项，使用在“媒体和磁盘缓存”首选项中定义的磁盘缓存设置。是否需要磁盘缓存要看该合成使用的频率，如果一个合成在渲染过程中要使用多次，生成磁盘缓存就可以节省时间，否则对不会被再次使用的帧进行缓存，就是浪费时间。

4. 代理使用

为了保证编辑动画和特效过程的流畅，或是在渲染低品质样片时提高效率，我们往往会为一些素材与合成创建替身，这个替身就是代理。“代理使用”就是用来确定渲染时是否使用代理（图 13-11）。“当前设置”将根据项目面板中的代理开关设置来决定渲染时是否使用代理。为了保证最佳渲染质量，我们可以选择“不使用代理”，但这可能会降低渲染速度。

图 13-10

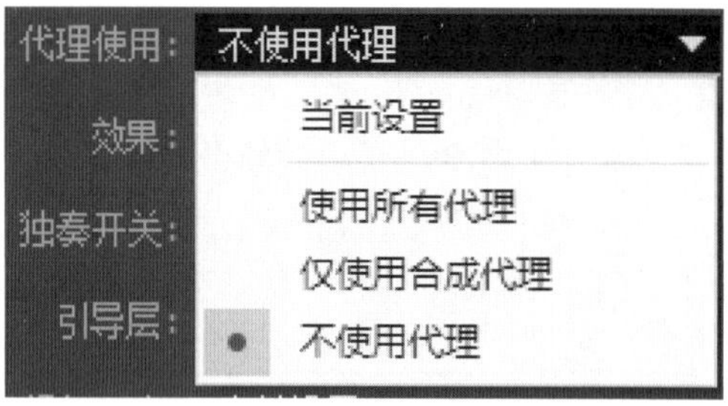

图 13-11

5. 效果

效果用于决定是否渲染合成中使用的特效（图 13-12）。“全部关闭”将不渲染合成中的任何特效，一般很少使用。在编辑合成时，为了提高系统流畅性暂时关闭一些特效，在渲染时就需要强制开启所有特效，这时就要用到“全部开启”，但前提是要能够及时删除不需要的特效。如果你有很好的特效使用习惯，在最终渲染前开启暂时关闭的特效，就可以选择“当前设置”，这将根据你合成中的设置来渲染特效。

6. 独奏开关

在图层编辑中，我们往往会使用“独奏”来快速隔离一个图层。如果希望单独渲染合成中的某一个图层的话，就可以在“时间轴”面板中开启该图层的“独奏”开关，然后将渲染设置中的独奏开关设为“当前设置”。而如果想要忽略“独奏”渲染所有图层，就应选择“全部关闭”（图 13-13）。

图 13-12

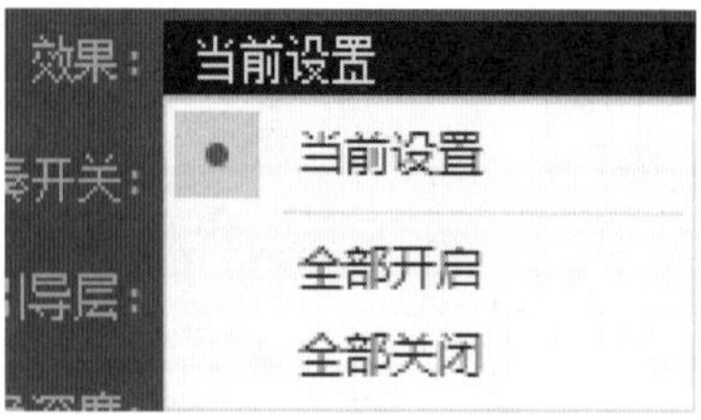

图 13-13

7. 引导层

一般我们不会渲染引导层，因为它只是用来帮助我们定位和编辑元素的，所以会选择“全部关闭”。即使选择“当前设置”也只能渲染最顶层合成中的引导层，永远不会渲染嵌套合成中的引导层（图 13-14）。

8. 颜色深度

选择“当前设置”将根据项目的颜色深度设置进行渲染。但有时为了提高系统运行效率，可以在编辑时使用较低颜色深度，在渲染时再选择一个较高的颜色深度，以保证输出质量（图 13-15）。

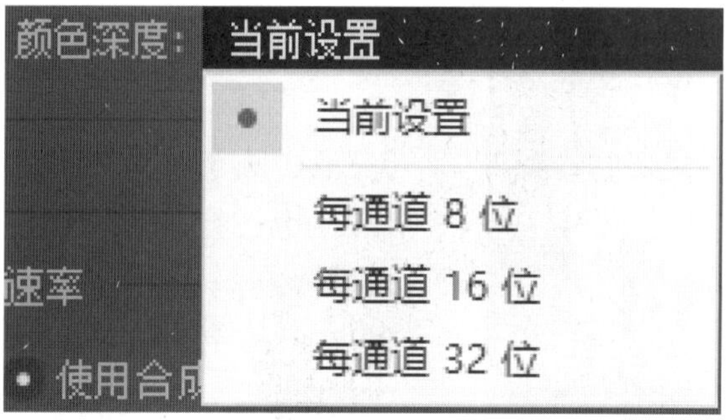

图 13-14

图 13-15

9. 帧混合

帧混合往往用于提高画面显示质量，但这也会使系统变慢。所以通常在进行编辑时会开启图层的帧混合、关闭合成帧混合的总开关（图 13-16），然后将渲染设置中的帧混合设为“对选中图层打开”，将在渲染时才计算图层的帧混合（图 13-17）。如果选择“当前设置”，将根据合成帧混合总开关的启用情况进行渲染。

图 13-16

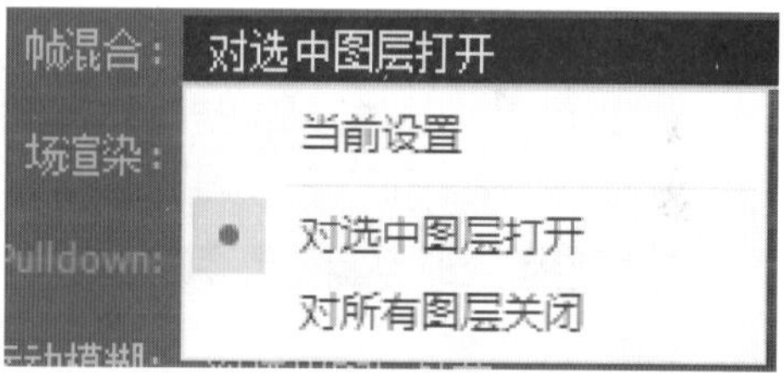

图 13-17

10. 场渲染

如果渲染像电影或在计算机中播放的视频及其他逐行扫描的视频等就选择“关”，只有创建隔行扫描的视频才会进行场渲染，至于如何选择“高场优先”和“低场优先”，就要根据制式及播放设备的要求来选择（图 13-18）。

图 13-18

11. 3:2Pulldown

3:2Pulldown 是一种交错帧的技术，只有在启用场渲染的情况下才可激活该项。当传送 24 fps 影片到 29.97 fps 视频时，影片帧以重复的 3：2 模式跨视频场分布。影片的第一个帧复制到视频的第一个帧的场 1 和场 2，同时也复制到第二个视频帧的场 1。影片的第二个帧随后在视频的下两个场（即第二个视频帧的场 2 和视频的第三个帧的场 1）中传播。一直重复这种 3：2 模式，直到影片的四个帧传播到视频的五个帧上，接着继续重复该模式(图 13-1)。3：2Pulldown 过程将导致产生全帧(用 W 表示)和拆分场帧(用 S 表示)。3：2Pulldown 中的 5 个选项，对于渲染输出来说实际上是一样的，只有在将此渲染链接回场景时，才会精确匹配场景的 Pulldown 选项(图 13-19、图 13-20)。

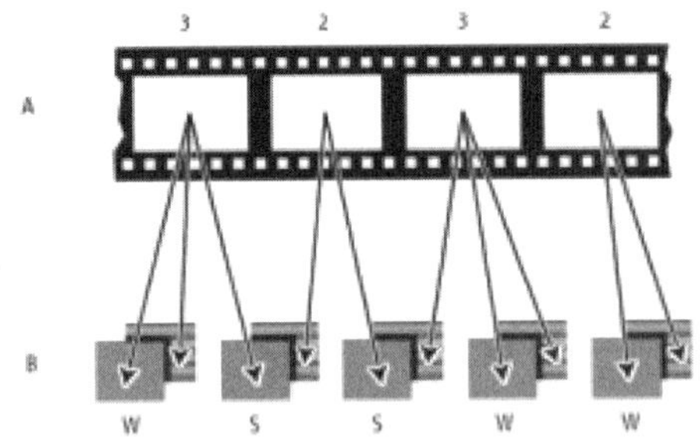

图 13-19

图 13-20

12. 运动模糊

运动模糊选项与前面提到的帧混合工作方式相同，即为了提高系统响应速度，通常在进行编辑时开启指定图层的运动模糊，但同时关闭合成运动模糊的总开关(图 13-21)，然后将渲染设置中的运动模糊设为“对选中图层打开”，将在渲染时才计算图层的运动模糊(图 13-22)。如果选择“当前设置”，将根据合成运动模糊总开关的启用情况进行渲染。

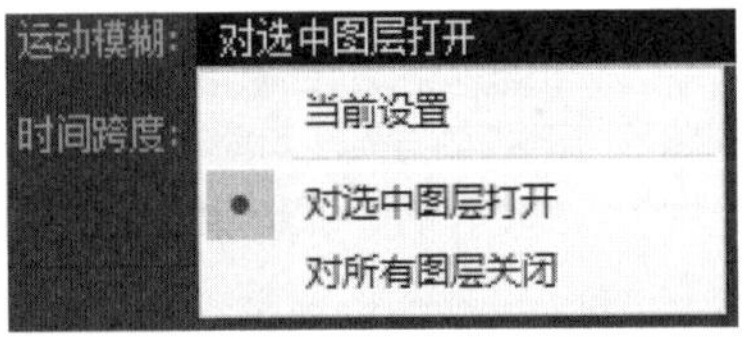

图 13-21

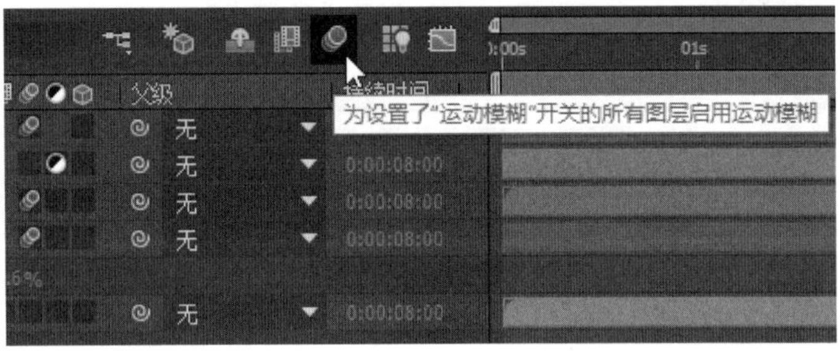

图 13-22

13. 时间跨度

时间跨度用于设定要渲染合成中的多少内容。要渲染整个合成，就选择“合成长度”。选择“仅工作区域”将只渲染由工作区域标记指示的合成部分(图 13-23)。也可以通过选择“自定义”打开“自定义时间范围”对话框来设定渲染范围的起止点(图 13-24)。

14. 帧速率

帧速率就是每秒显示的帧数，一般会选择“使用合成的帧速率”。如果希望在输出时改变帧速率，就可以选择“使用此帧速率”，并设置相应的数值(图 13-25)。相比在合成设置中改变帧速率，在渲染设置中改变帧速率的优势在于原合成中的关键帧不会发生变化。

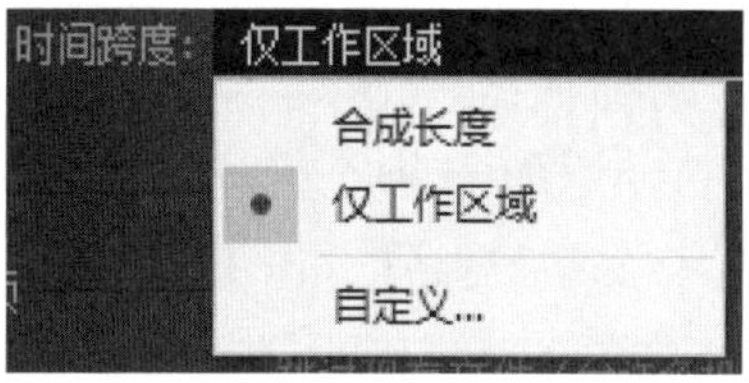

图 13-23

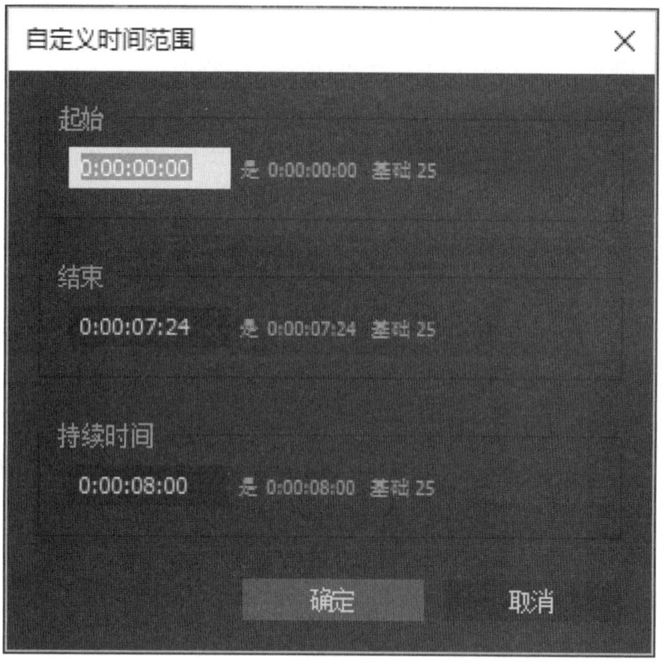

图 13-24

15. 跳过现有文件

只有在输出模块中将格式设置为渲染静态图像序列时，此项才可激活（图 13-26）。这一功能的优势在于，当我们在渲染图像序列时死机或是由于其他原因终止了渲染，再次渲染序列时，系统会先检查输出路径中已经存在的序列并将其跳过，然后从断开的位置开始渲染新的图像序列，这样将避免重复渲染浪费资源。

在我们进行网络渲染时，也要选中“跳过现有文件”选项，这样就能保证当多台机器渲染同一个图像序列时，不会重复渲染相同的帧，并最终将所有帧连续的排列在一个文件夹中，完成渲染。关于网络渲染的具体设置，会在后面介绍。

图 13-25

图 13-26

13.2.2　渲染模板的使用与创建

看过前面的渲染参数之后，我想你可能已经开始头晕目眩了。但我觉得适当了解这些参数还是非常有必要的，因为这不仅会影响到渲染输出的最终结果，还会影响到你在合成编辑过程中的效率及操作习惯。当然，如果在每次渲染前都要对相关参数进行设置的话，这显然不是一种高效的做法。

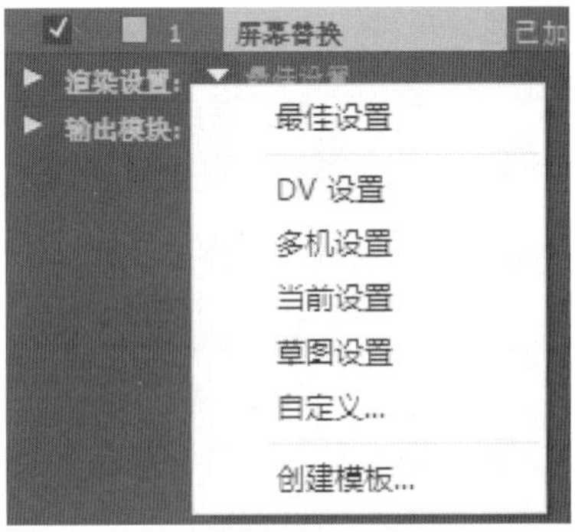

图 13-27

好在 After Effects 为我们提供了很多渲染模板，我们可以根据需要快速选择调用。具体的方法就是：单击渲染设置右侧三角形图标，展开下拉菜单，在列表中选择相应模板（图 13-27）。如果我们需要高品质的渲染就选择“最佳设置”；如果只是渲染出一个样片来分析画面效果及节奏的话，就选择“草图设置”，因为这样可以提高渲染速度；如果要进行网络渲染，那自然就要选择“多机设置”。

如果你对这些已有的模板都不满意的话，可以单击列表中的“创建模板”来自己创建一个渲染模板。在弹出的“渲染设置模板”对话框中（图 13-28），我们不需要修改“默认”项的内容，重点是编辑“设置”项。在“设置名称”选项中，系统会自动添加一个名为“未命名 1”的模板，你可以为它重命名。然后单击“编辑”按钮，弹出“渲染设置”对话框（图 13-29），根据自己的需要和操作习惯设置渲染参数。

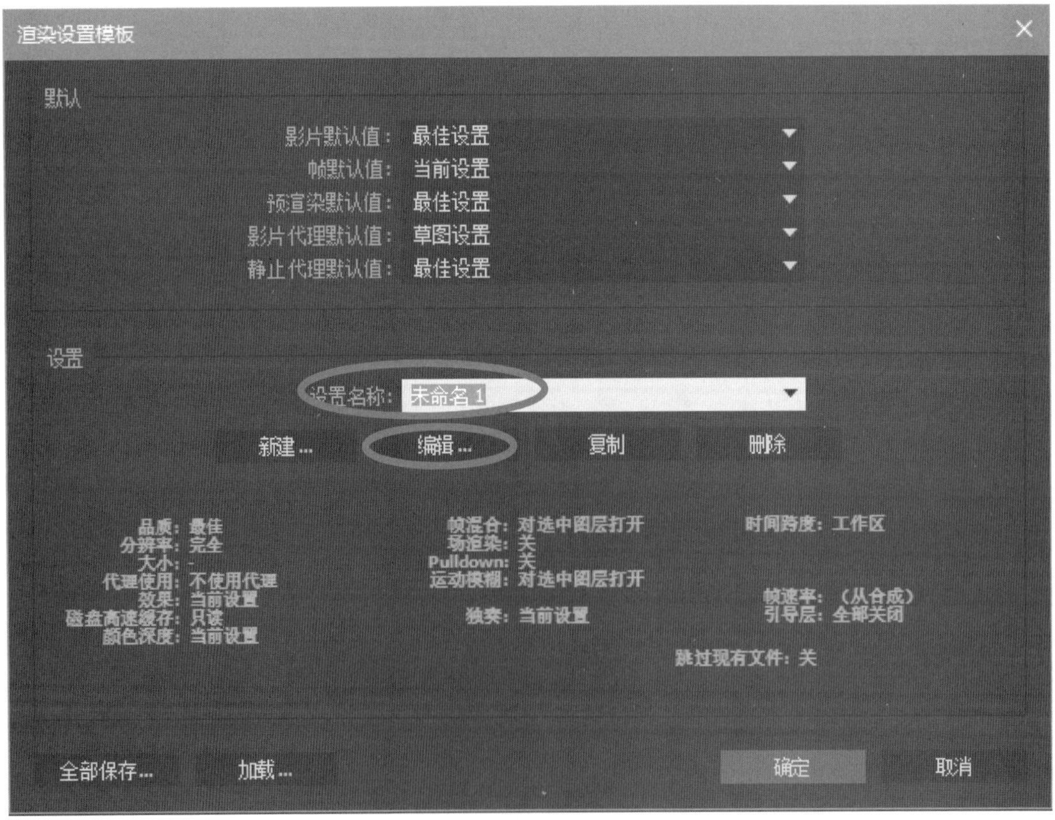

图 13-28

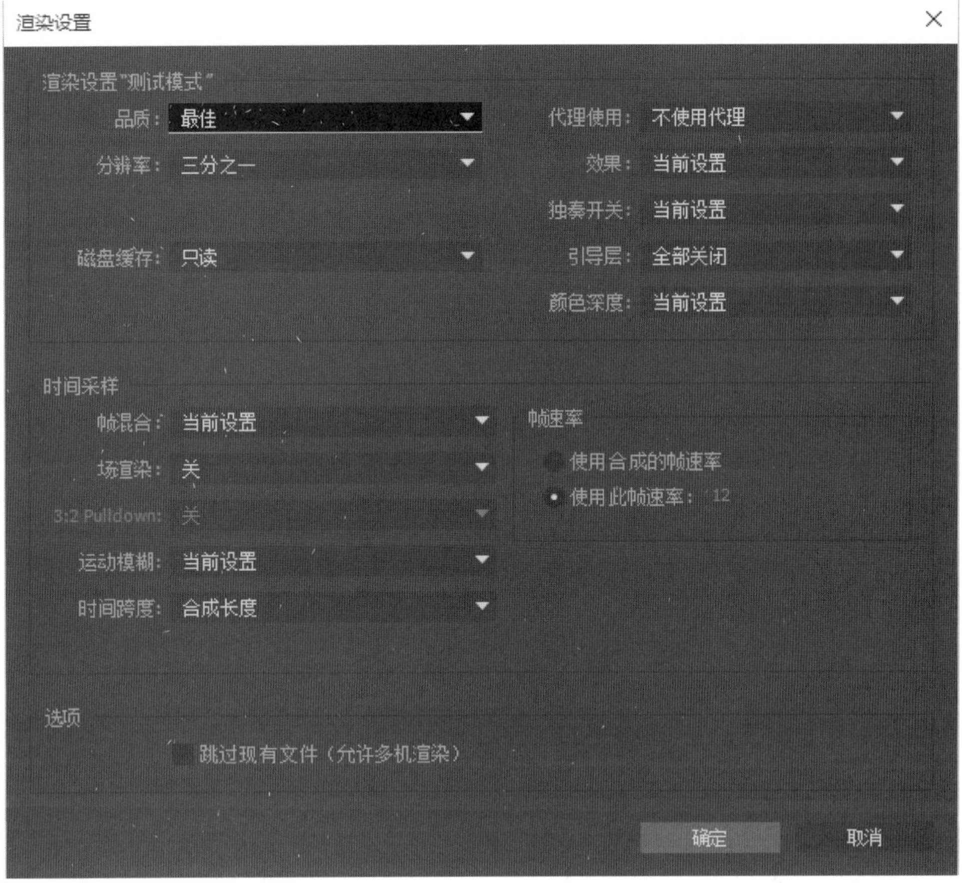

图 13-29

例如在最终视频输出之前，往往需要先渲染一个低分辨率，低帧速率的测试版本进行观察，因为这样可以加快渲染速度。我们可以创建一个名为“测试模式”的模板，并在渲染设置面板中设置如下内容。

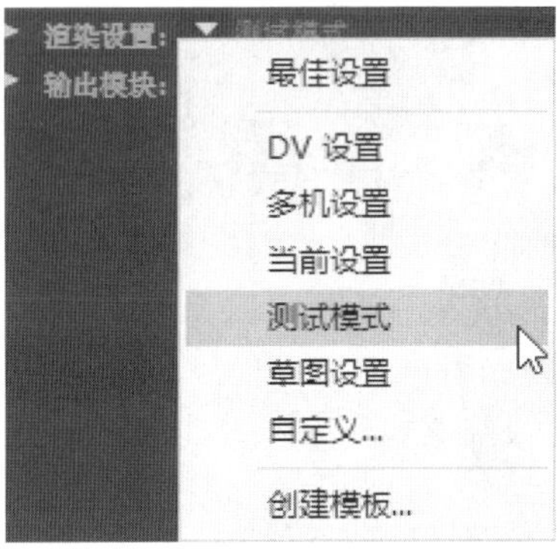

图 13-30

品质：最佳。

分辨率：三分之一。

运动模糊：当前设置。

时间跨度：合成长度。

帧速率：12。

在设置完成并确定之后，就可以在渲染设置的下拉列表中选择调用刚刚创建的模板（图 13-30）。

13.3　输出模块

在系统渲染完成后，要对结果进行保存，这就需要在输出模块中进行设定，包括输出路径与文件名、文件格式、编解码格式、颜色深度、画面的剪裁缩放及音频设置等信息。

13.3.1　输出路径及文件名

输出文件的默认文件名为合成的名称，你也可以通过单击“输出到”右侧的三角形图标展开下拉菜单，选择其他的命名方式（图 13-31）。例如：“合成名称和尺寸”就是一个不错的选择，这种命名方式会在合成名称后面加上输出视频的分辨率，这样在输出多尺寸文件时可以一目了然地分辨出它们（图 13-32）。

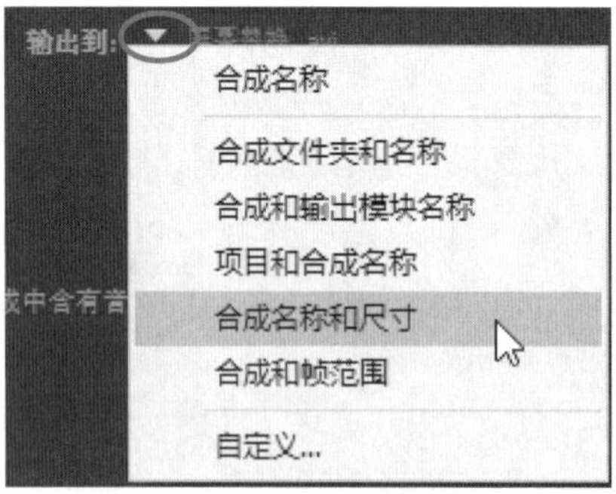

图 13-31

图 13-32

创建命名模板的方法是，单击“输出到”下拉菜单中的“自定义”项（图 13-33），在弹出的“文件名称和位置模板”对话框中自己设定输出文件命名模式。在面板中你可以单击“添加属性”按钮为模板添加命名项，也可以在模板项中直接键入输出路径作为默认保存路径（图 13-33）。单击“预设”项右侧的新建图标，在弹出的“选择名称”面板中输入新建模板名称（图 13-34）。这样你新建的命名模板就会出现在“输出到”下拉菜单中。

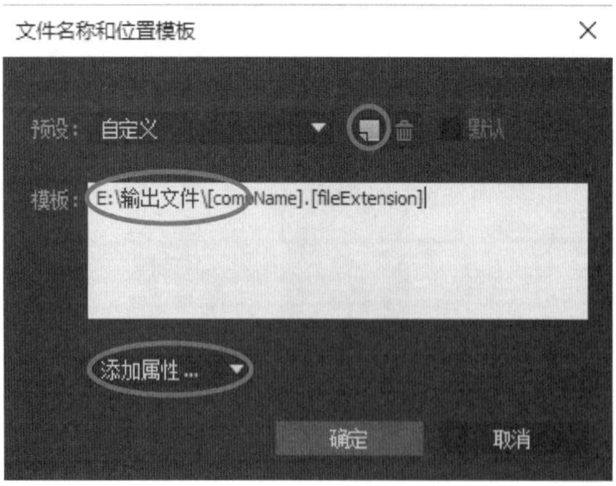

图 13-33

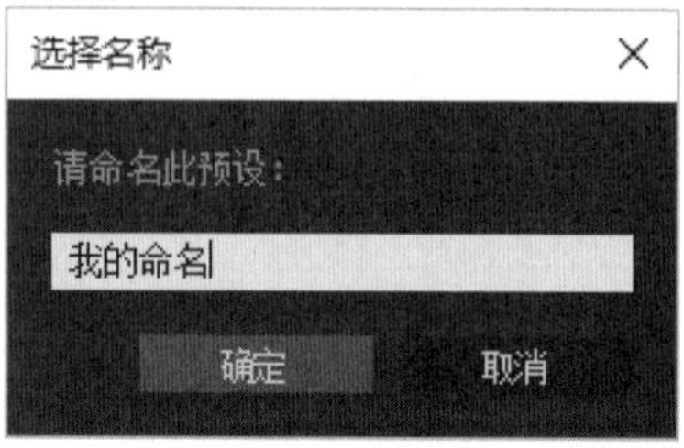

图 13-34

除了使用命名模板，我们还可以手动选择保存路径和命名文件。单击“输出到”项右侧的蓝色文件名（图 13-35），在弹出的“将影片输出到”对话框中，选择路径并修改文件名（图 13-36）。

图 13-35

图 13-36

13.3.2　输出模块参数

输出模块的默认值是“无损”，你可以单击左侧的三角图标展开显示“无损”所包含的详细内容（图 13-37）。

由于不能在显示的信息上直接修改参数，如果希望修改或自定义相关参数，我们可以单击蓝色的“无损”文字，打开“输出模块设置”对话框（图 13-38）。

1. 格式

在输出模块中首先需要设置的就是存储的格式，After Effects 能够输出多种格式文件，可以是 AVI、MOV 这样的视频文件，或是 JPEG、PNG 这样的图片序列。应通过单击“输出模块设置”对话框中“格式”项右侧的下拉列表进行选择（图 13-39）。

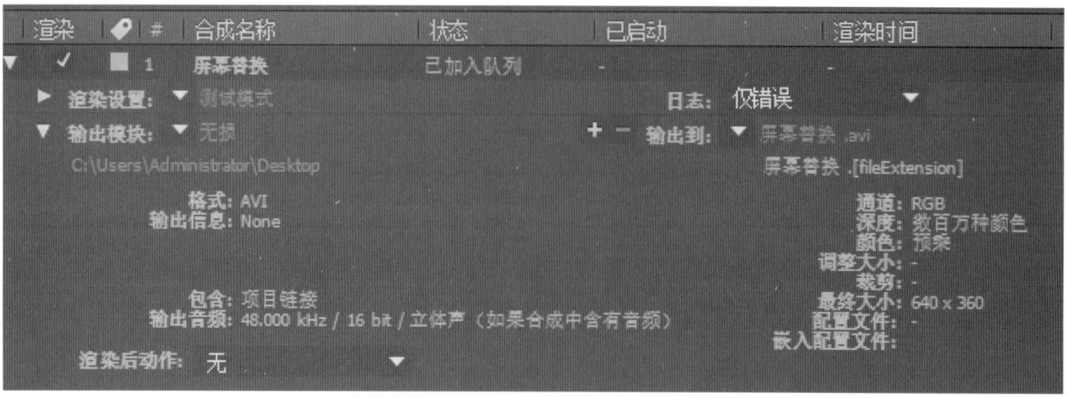

图 13-37

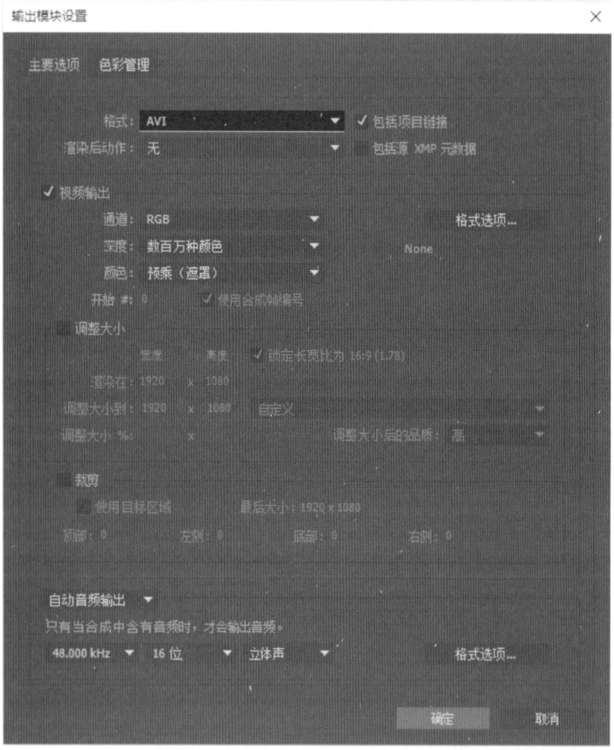

图 13-38

图 13-39

2. 格式选项

在确定好以何种格式保存渲染之后，接下来需要设置指定格式的编解码器。所谓视频编解码器，是指一个能够对数字视频进行压缩或者解压缩的程序。之所以要对视频进行压缩，就是为了便于存储与传输。这种压缩属于有损数据压缩，这意味着一些数据丢失后就无法再找回。所以，选择何种压缩方式将直接影响到最终影片文件的容量与清晰程度。

例如，当我们选择了“QuickTime”格式后，单击“格式选项”按钮打开“QuickTime 选项”对话框（图 13-40），在“视频编解码器”的下拉列表中选择需要的编解码方式。因为 Quick-

Time 是一种非常流行且很成熟的视频格式，所以其相应的编解码器也非常丰富，下面对一些常用的选项进行说明。

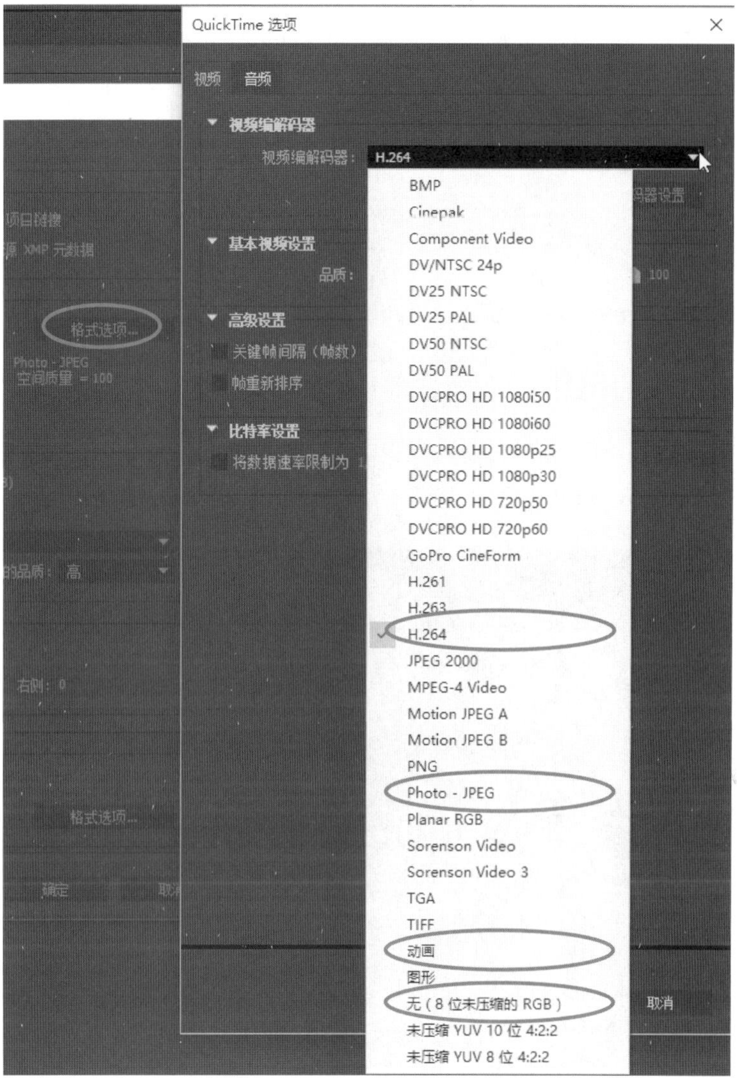

图 13-40

（1）“无”：代表无压缩，这虽然会生成高质量画面的视频，但代价就是保存的文件所占磁盘空间太大，不适合进行网络传播。但如果需要将输出的文件再次导入进行编辑合成，或是导入像 Premiere 这样的剪辑软件时，就需要尽量保持画面的高质量，此时无压缩就是不错的选择。

（2）“动画”：能够在对视频进行压缩的同时，保持高质量的动画效果。

（3）“Photo - JPEG”：将带来 JPEG 图片般的清晰质量，同时压缩率又很高，这使得文件在保持较小尺寸的同时得到可接受的图像质量。

（4）“H.264”：这是现在非常流行的编解码器，是一种视频高压缩技术，在同等图像质量的条件下，H.264 的压缩比是 MPEG-2 的 2 倍以上，是 MPEG-4 的 1.5 ～ 2 倍。H.264 还具备超强的容错能力和网络适应能力，特别适合网络传输。所以，H.264 是当前各大视频网站推崇的编解码器。

当我们将同样一个 8 秒的合成渲染并输出为 QuickTime 的 MOV 文件时，由于所选编解码器的不同，文件大小会相差很多（图 13-41），你可以根据需要进行选择。

图 13-41

除了编解码器，可以在“基本视频设置”中调整影片的品质，“品质”设置越高，图像品质越好，影片文件也会越大（图 13-42）。

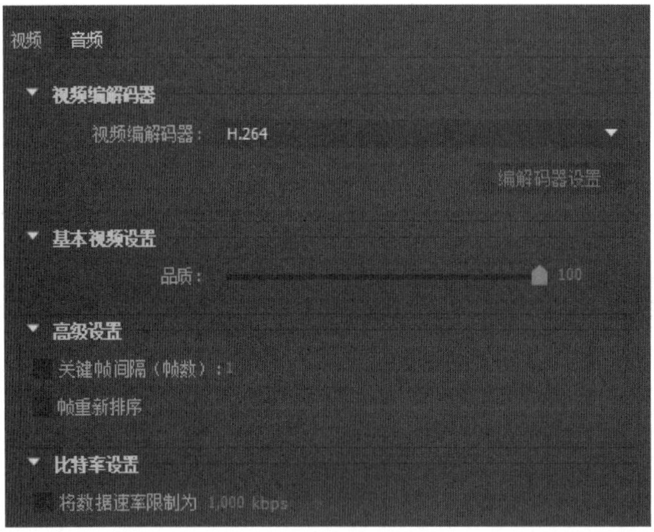

图 13-42

3. 渲染后动作

这项设置的默认值为“无”，也就是渲染输出后什么也不做。如果希望在渲染后将视频文件作为素材再次导入项目文件中，就可以选择“导入”。“导入和替换用法”则是更高级的用法，不仅会导入渲染完成的视频，还会用该视频素材替换其对应的合成文件出现在嵌套合成中。与其相比，更好的选择是“设置代理”，因为作为代理它只是暂时替代其对应的合成，我们可以根据需要随时关闭或开启它（图 13-43）。

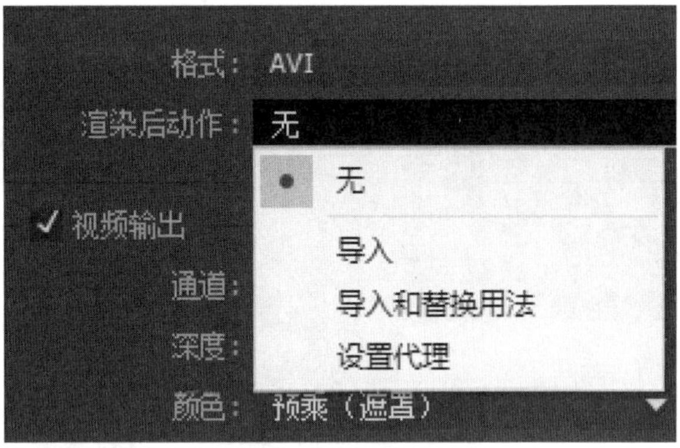

图 13-43

4. 视频输出

视频输出负责设置输出的可见部分，包括通道、深度、颜色、画面大小和剪裁等，如果只是输出音频的话，就可以关闭该选项。其中通道、深度、颜色选项是彼此关联的，在“格式选项”中选择编解码器的不同，会导致这三项设置的自动变化。一般情况下，我们会保持该项的默认值。

5. 音频输出

如果你输出的视频没有声音，可能就是音频输出的选择的问题。对于音频输出我们有三个可选项:“关闭音频输出”，即只输出视频，“打开音频输出”，即输出包含音频的视频，即使待渲染的合成中没有音频，也会强制输出静音的音频轨道，“自动音频输出”是个非常不错的选择，只有在合成中含有音频时，才会输出音频(图 13-44)。

当设置输出音频后，可以设置输出音频的采样率、采样深度(8 位或 16 位)和播放格式(单声道或立体声)。其中采样率是音频每秒采样的次数，采样率越高音质越好但文件也会越大。44.1kHz 是 CD 音频的采样率，对于一般视频来说这个设置就足够了(图 13-45)。

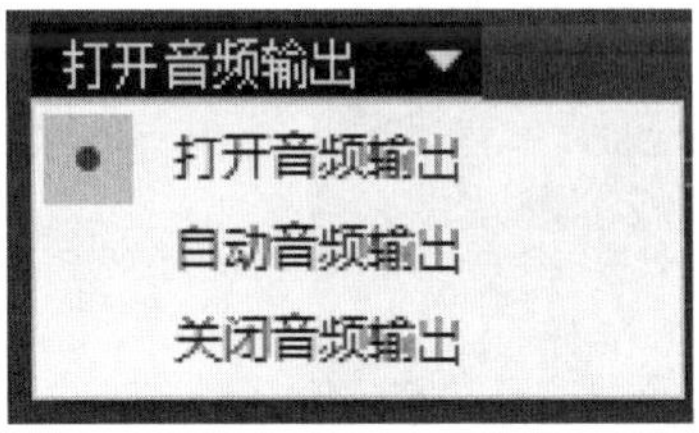

图 13-44

图 13-45

同视频一样，我们也可以为音频设置编解码器，以便对其进行压缩。单击音频输出的“格式选项”按钮(图 13-45)，弹出选项对话框，在“音频编解码器”项的下拉列表中选择编解码器(图 13-46)。其中 AAC 是高级音频编码器的缩写，这是一种非常流行的高质量音频格式，有着很好的压缩率，适合网络传输，被众多视频网站推荐。

13.3.3　输出模板的使用与创建

与渲染设置相同，After Effects 也为我们提供了很多输出模板。具体的方法是：单击输出模块右侧三角形图标，展开下拉菜单，在列表中选择相应模板（图 13-47），默认选项是“无损”。

图 13-46

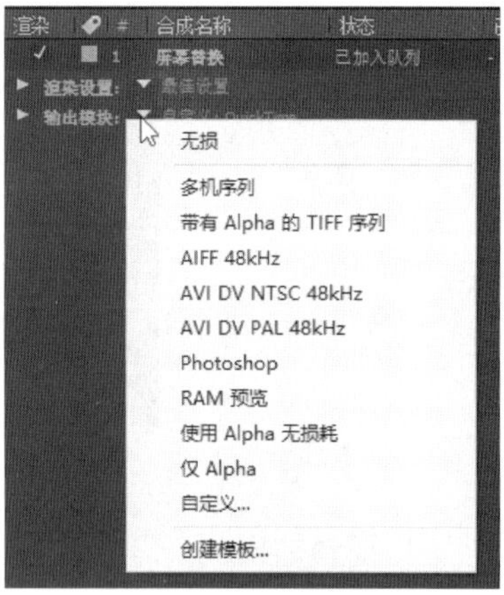

图 13-47

如果你对这些已有的模板都不满意的话，可以单击列表中的“创建模板”来自己创建一个输出模板（图 13-47）。操作方法与创建渲染模板相同，在弹出的“输出模块模板”对话框中（图 13-48）设置名称，然后单击“编辑”按钮，弹出“输出模块设置”对话框（图 13-49），根据自己的需要设置输出参数。

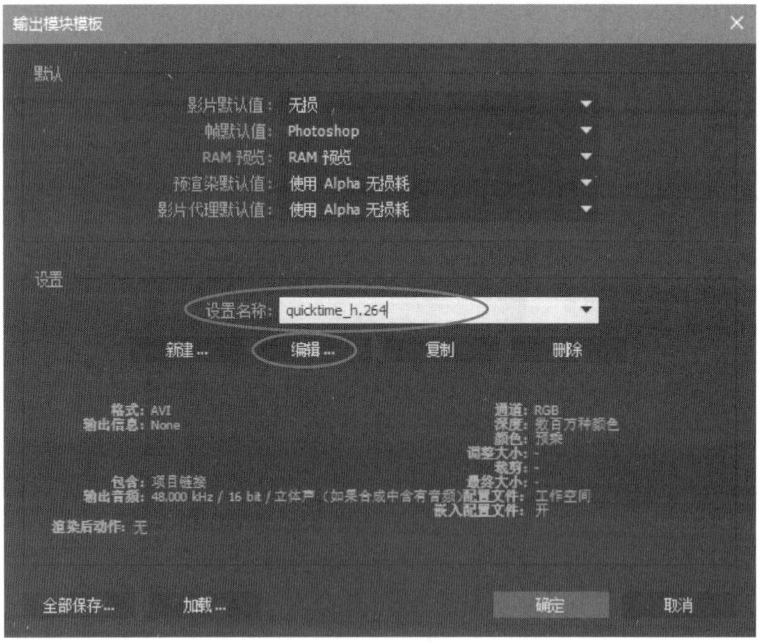

图 13-48

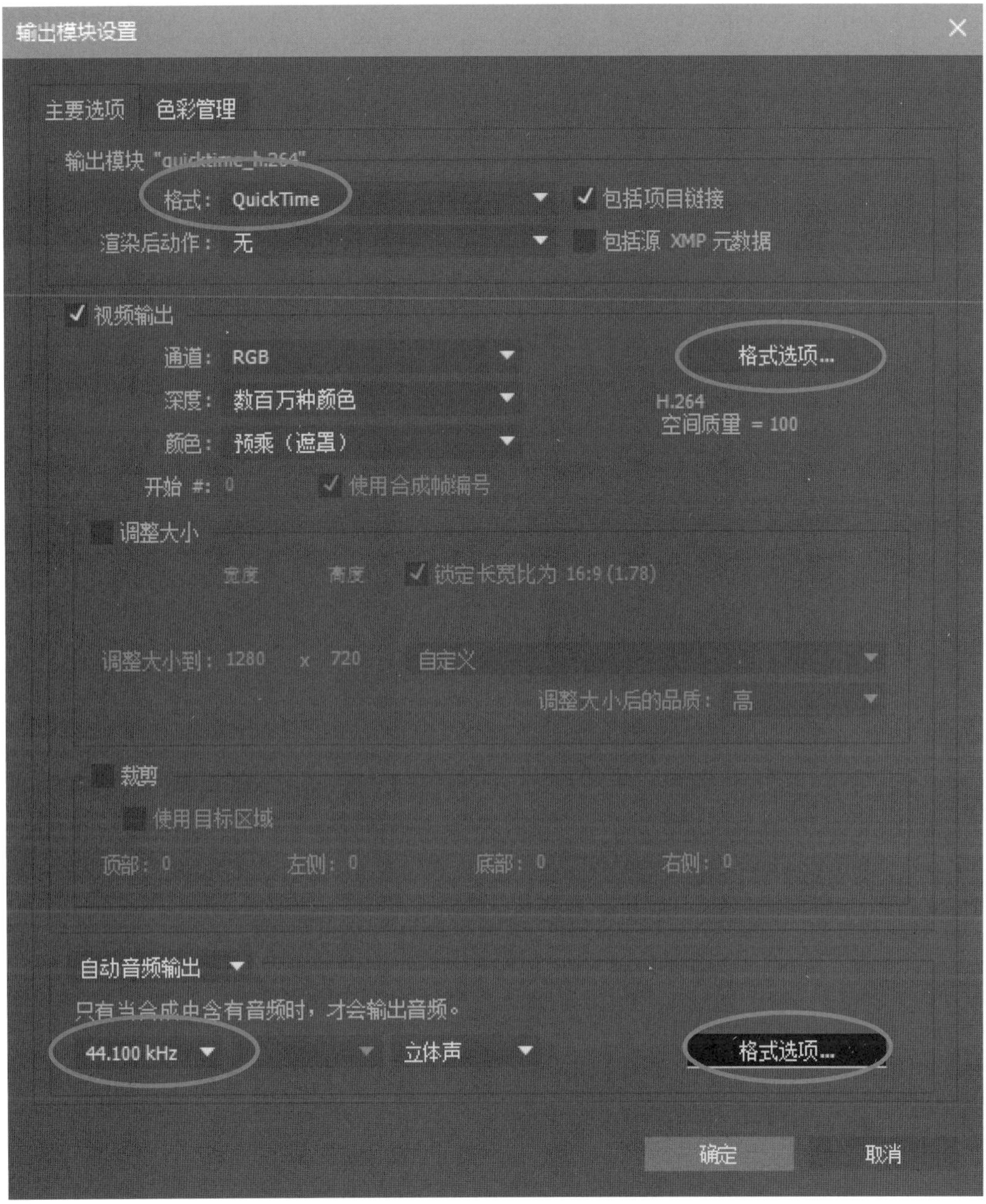

图 13-49

例如我们要创建一个现在被广泛使用的 H.264 编解码器的 MOV 视频输出模板。将模板名称设置为“QuickTime_H.264”，并在“输出模块设置”对话框中进行如下设置（图 13-49）。

格式：QuickTime。

视频编解码器：H.264。

音频输出：自动音频输出。

音频采样率：44.100kHz。

音频编解码器：AAC。

在设置完成并确定之后，就可以在输出模块的下拉列表中选择调用刚刚创建的模板（图 13-50）。

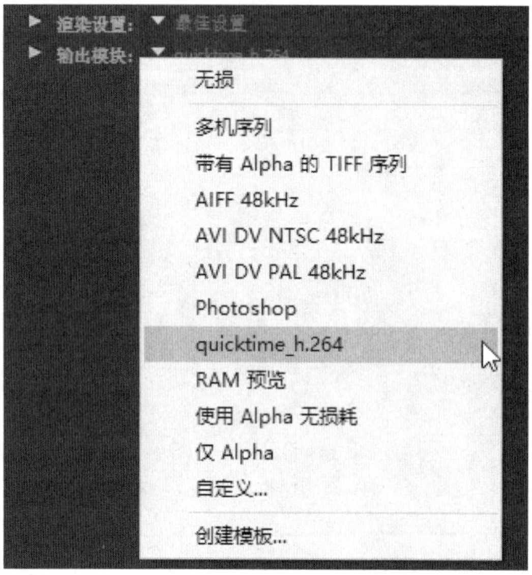

图 13-50

13.3.4 多输出模块

当我们输出视频文件时，可能会根据设备、用途及用户需求的不同来输出不同格式或质量的文件。当然，我们可以对合成文件多次渲染并设置相关参数，但这是非常耗时且麻烦的。其实在多数情况下，渲染的过程并没有什么不同，只是在输出保存文件时需要设置不同的格式和编解码器。所以，我们可以为一个渲染添加多个输出模块，这样可大大提高输出效率。下面就以一个实例来说明多输出模块的操作方法。

（1）确认“屏幕替换”合成位于渲染列队中，并处于被选择状态。（如果没有，可在项目面板中选择该合成并按快捷键 Ctrl + M 将其添加到渲染列队）

（2）渲染设置项选择默认的“最佳设置”，输出模块项保持默认的“无损”，用于再次编辑。

（3）单击“输出到”选项左侧的“+”号图标，在下方会添加一个新的输出模块项。在输出模块右侧的下拉列表中选择之前创建的“QuickTime_H.264”输出模板，用于网络视频。

（4）再次单击“输出到”选项左侧的“+”号图标，添加一个新的输出模块项。（单击“-”号图标为删除当前输出模块）在输出模块右侧的下拉列表中选择“AVI DV PAL 48kHz”输出模板，用于 PAL 制电视播放。

（5）为了方便区别不同格式的文件，我们可以单击并手动修改文件名。例如将三个输出视频的文件名分别改为“屏幕替换 _ 无损”“屏幕替换 _H.264”“屏幕替换 _PAL”。

（6）单击渲染列队面板的“渲染”按钮，完成渲染输出操作（图 13-51）。

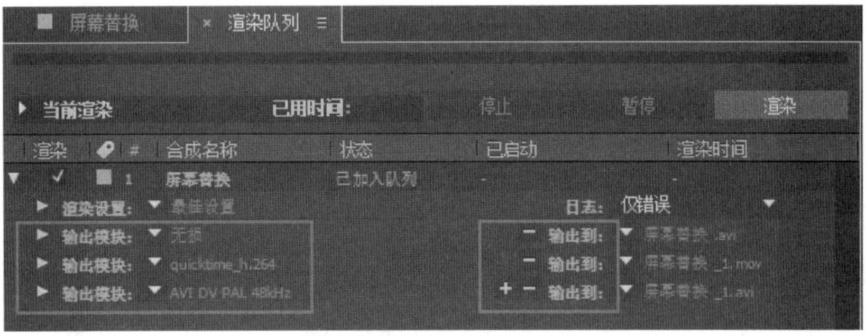

图 13-51

多输出模块的好处在于，仅进行一次渲染就可以输出多个视频，这显然要比多任务渲染快很多，因为后者要添加设置多次任务，并进行多次渲染。所以设置多输出模块是一个可以节省时间和提高工作效率的方法。

13.4　使用 Adobe Media Encoder 输出

在前面介绍的输出设置中，大家可能会发现一个问题，那就是可选的视频格式非常有限，例如应用非常广泛的 mp4 格式就没有。这是因为 After Effects 在新版本中弃用了一些它认为过时的格式。其实我们可以使用 Adobe 的 Media Encoder 来辅助我们输出想要的格式。Adobe Media Encoder 是一款独立于 After Effects 的音视频渲染输出软件，它不仅支持输出的格式编码众多，还可以批量处理多个渲染输出任务。也正是由于它的独立性，使得我们可以在 Media Encoder 进行渲染输出的过程中，进行其他合成的编辑。下面就以一个实例来说明使用 Media Encoder 进行输出的操作方法。

13.4.1　添加到 Adobe Media Encoder 队列

确认在 After Effects 中打开“屏幕替换.aep”项目文件。在项目面板中选择“屏幕替换”合成（图 13-52），选择菜单“合成”→“添加到 Adobe Media Encoder 队列”命令（快捷键 Ctrl + Alt + M）（图 13-53）。

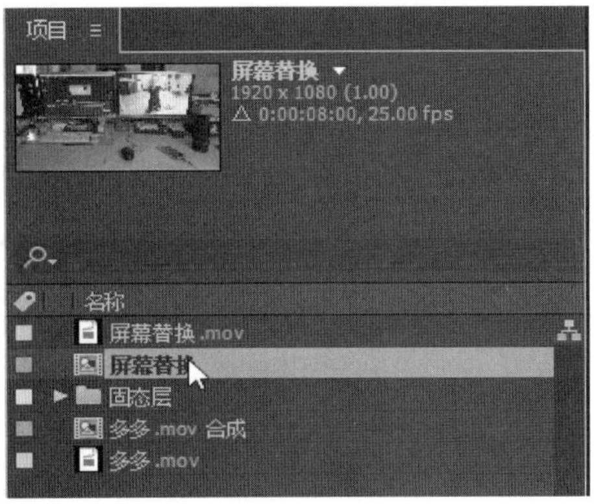

图 13-52

图 13-53

系统会自动打开 Adobe Media Encoder 程序，我们需要渲染的“屏幕替换”合成也会自动添加到队列面板中（图 13-54）。

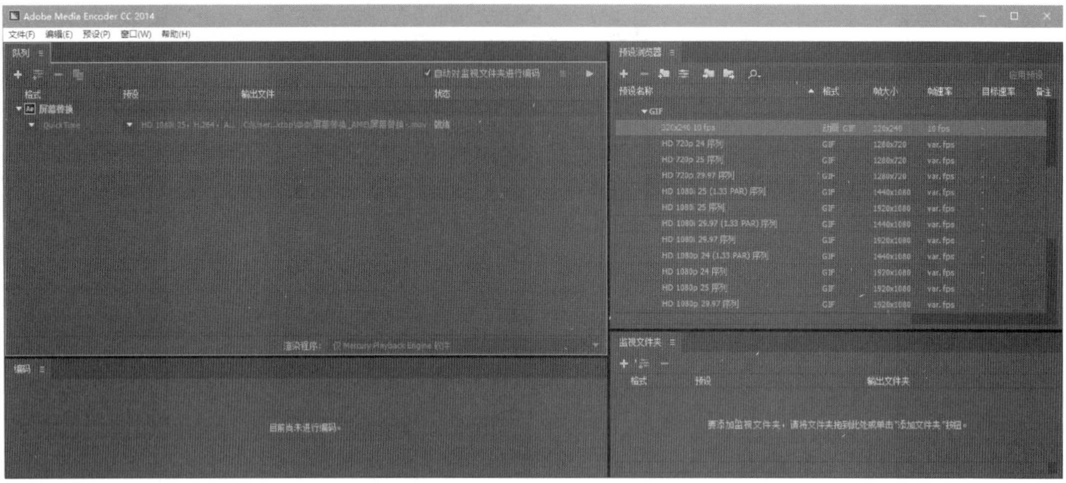

图 13-54

其实作为一个独立的程序，我们完全不必打开 After Effects 就能够将需要渲染输出的合成添加到 Media Encoder 的队列面板中，具体操作如下：

单独运行 Adobe Media Encoder 程序，在队列面板中用鼠标左键双击空白处，在弹出的“打开”对话框中，导航到 After Effects 项目文件存储的目录下，双击项目文件（图 13-55）。在弹出的“导入 After Effects 合成”对话框中双击需要渲染的合成（图 13-56），完成渲染队列的导入。

图 13-55

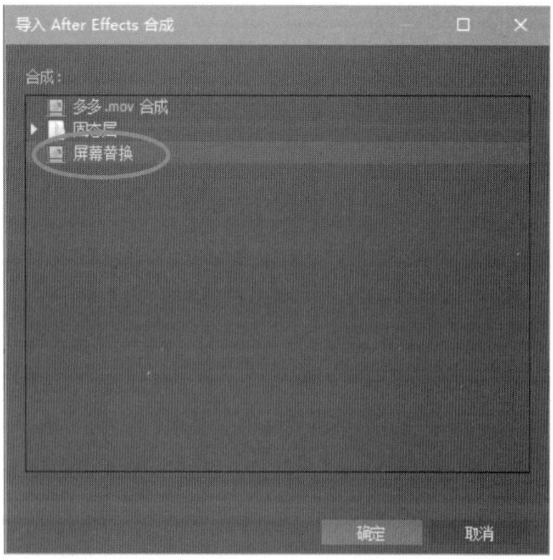

图 13-56

除了 After Effects 的项目文件，Media Encoder 还支持导入 Premiere 的工程序列。由此我们可以看出，尽管 Media Encoder 是一个独立的程序，但它对 Adobe 后期软件的支持还是非常好的。

13.4.2 设置输出参数

在列队面板中的合成文件，有 3 个可修改项，分别是格式、预设和输出文件。其默认值是最近一次选择的设置参数。

（1）单击格式项的下拉菜单，这里显示的格式要比 After Effects 中的多很多，选择 H.264 格式（不同于 QuickTime 格式中的 H.264 编解码器，这个选项将输出一个 mp4 文件）（图 13-57）。

（2）单击预设项的下拉菜单，可以发现这里的选项多得让人眼花缭乱，可以用键盘的上下箭头键进行浏览，这些预设的选项都是根据不同设备、用途，甚至是不同的视频网站而设置的（图 13-58）。例如选择“YouTube 720p HD”选项，即输出在 YouTube（世界上最大的视频网站）上使用的半高清视频。

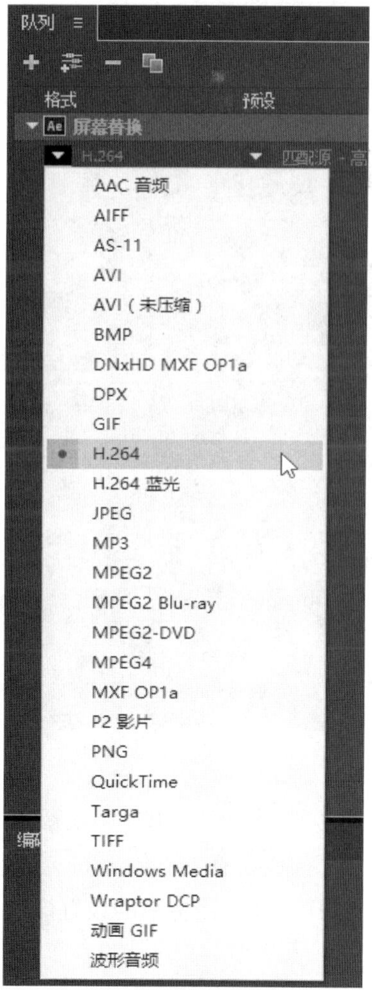

图 13-57

图 13-58

（3）单击输出文件项的蓝色文字，可以设置输出路径和文件名。

13.4.3 自定义输出参数

除了在下拉列表中选择预设选项，我们还可以自定义输出参数。

（1）单击预设项（或格式项）的蓝色文字（图 13-59），打开“导出设置”对话框（图 13-60）。

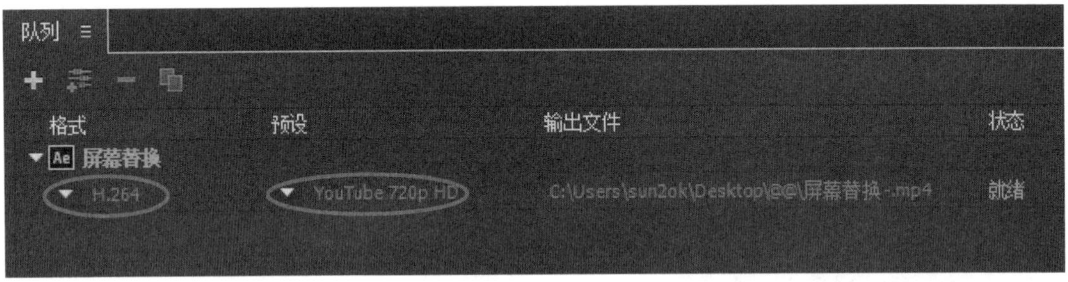

图 13-59

图 13-60

（2）在导出设置中，可以设置格式、预设、输出名称，还可以选择是否导出视频或音频。

（3）在视频选项卡中，可以具体设置视频相关参数。由于预设选择的不同，相关参数也会发生变化，这些参数与 After Effects 输出中的设置大部分相同，其中比特率的设置影响视频的质量和大小。

（4）在音频选项卡中，设置音频相关参数。

（5）通过对话框左下方“源范围”的滑块调整，可以设置合成输出的范围。

（6）在对话框右下方将显示估计文件大小。

（7）设置完成后单击“确定”按钮。

比特率

比特率就是数据变化的速率，即数据从一点传到另一点要多久。比特率还直接影响着视频的质量和大小，即比特率越高，就意味着单位时间内有更多的数据流入，图像质量就会越好，但也导致文件变大。比特率的编码类型有两种：CBR（恒定比特率）和 VBR（可变比特率）。CBR 表示整个视频都用一个固定的比特率，视频的质量也是恒定的。如果你只追求图像质量而不在意文件大小的话，这个选择当然没有问题。

但有的视频并不需要一直传送这么多数据，比如一段没有太多细节，画面平淡的镜头，其数据量就没有那么大，也就不需要这么多的比特率。所以数据的传输有时是可变的，比特率是可以随视频而变化的，这就是 VBR 的意义。我们一般会选择 VBR 2pass，用两个通道来扫描数据，对数据实现优化管理。

CBR 往往用于 DVD、蓝光盘。VBR 可以降低文件大小，在保证质量的前提下节省带宽，用于网络视频。

13.4.4　添加输出项

与 After Effects 相同，Media Encoder 也支持多输出模块，我们可以为一个合成同时输出多种格式的视频。

（1）在 Media Encoder 的队列面板中，选择待渲染的合成文件，再单击面板左上角的“添加输出”按钮（图 13-61），为该合成添加一个输出模块（“-”号为删除）。

（2）为新添加的输出模块设置参数，格式选择“Windows Media”，预设选择“HD 720p25”（图 13-62）。选择“Windows Media”将生成 WMV 格式的视频，这是一个由微软公司开发的视频编码格式，使用广泛、兼容性好。

图 13-61

图 13-62

除了单击队列面板左上角的“添加输出”按钮来添加输出模块以外，我们还可以在 Media Encoder 程序右侧的预设浏览器面板中选择需要的格式和预设值，并将其拖到队列面板中，以此来为合成添加新的输出模块。预设浏览器中的系统预设虽然众多，但其基于使用（如广播、Web 视频）和设备目标（如 DVD、蓝光、摄像头、绘图板）进行分类，使得我们可以快速找到需要的视频格式，并且支持通过搜索栏快速查找定位。你也可以修改这些预设以创建自定义预设。下面我们就通过预设浏览器来为合成文件添加输出模块。

（3）在预设浏览器面板中找到“系统预设”→“图像序列”→“GIF > 320×240 10fps”项（图 13-63），将其拖入队列面板中的合成文件下方，以生成 GIF 动态图片（图 13-64）。

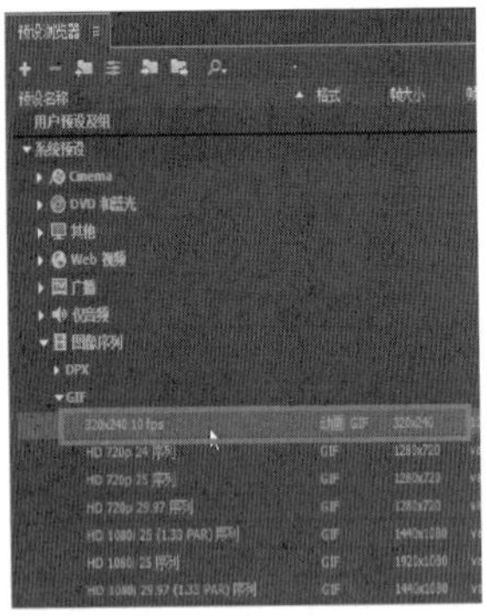

图 13-63

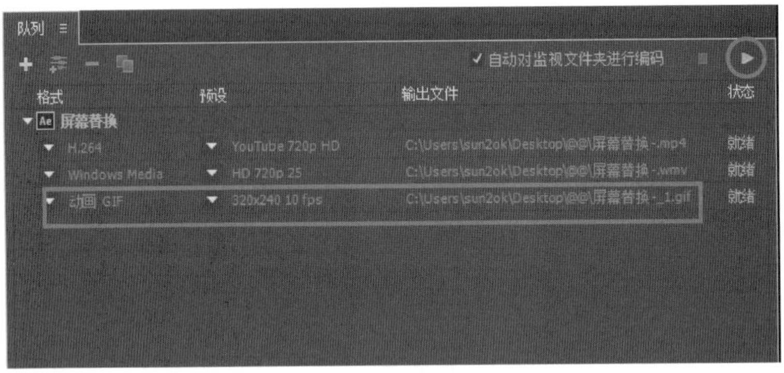

图 13-64

13.4.5 启动队列

确认所有输出模块添加完成后，单击队列面板右上角的绿色播放键图标（图 13-64）启动队列（快捷键为回车键），开始渲染输出。

此时，Media Encoder 程序左下方的编码面板开始显示 3 个输出编码的进度信息（图 13-65）。

图 13-65

在输出过程中，按 Esc 键将停止所有正在进行的渲染，队列面板中的输出模块将以灰色显示，状态栏显示“已停止”。如需重新启动渲染，使用鼠标右键单击输出模块，在弹出的上下文菜单中选择“重置状态”，再按回车键启动队列（图 13-66）。

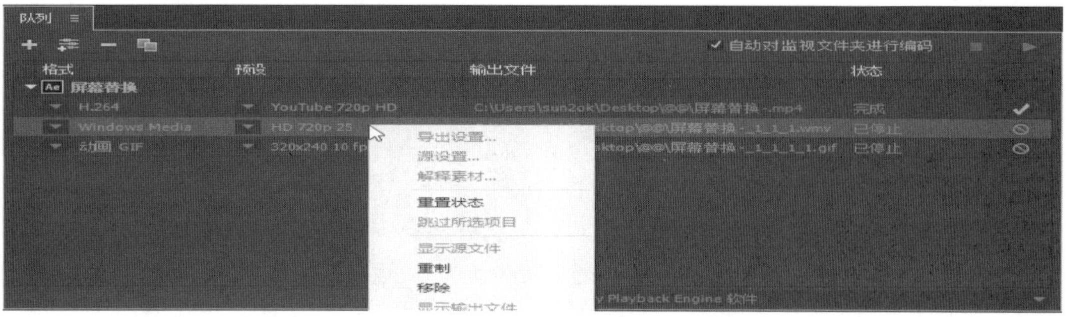

图 13-66

13.4.6　监视文件夹

Media Encoder 还有一个非常神奇的功能，就是可以将磁盘中的一个或多个文件夹设为“监视文件夹”，只要将 After Effects 的项目文件（或图片、音频、视频等媒体文件）存入该文件夹内，就会按照提前设置好的格式自动渲染输出。通过这个功能我们可以实现高效的视频输出及格式转换。具体操作如下。

（1）在 Media Encoder 程序右下方的监视文件夹面板中，使用鼠标左键双击空白处（或单击“+”号按钮），在弹出的“选择要监视的文件夹”对话框中（图 13-67），选择一个需要监视的文件夹，然后单击“选择文件夹”按钮。这样，“监视文件夹”面板中就会出现刚刚选择的文件夹路径，并配有相应的输出设置（图 13-68）。

图 13-67

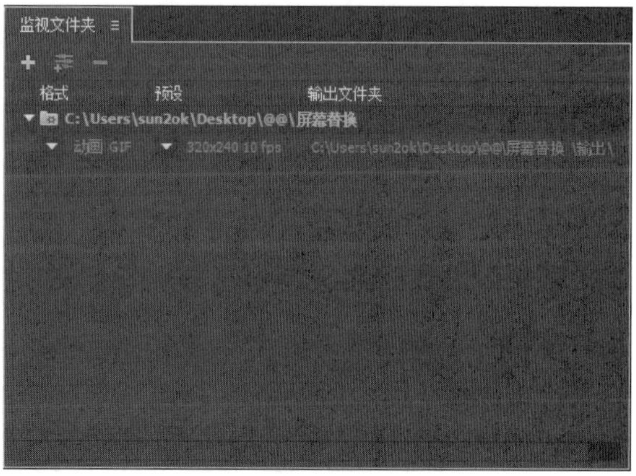

图 13-68

（2）我们可以在“预设浏览器”面板中选择一个需要的预设项，将其拖至“监视文件夹”面板的文件夹输出项上，以替换默认输出设置（图 13-69）。

与队列面板相同，我们也可以为监视文件夹添加多个输出模块（图 13-70）。

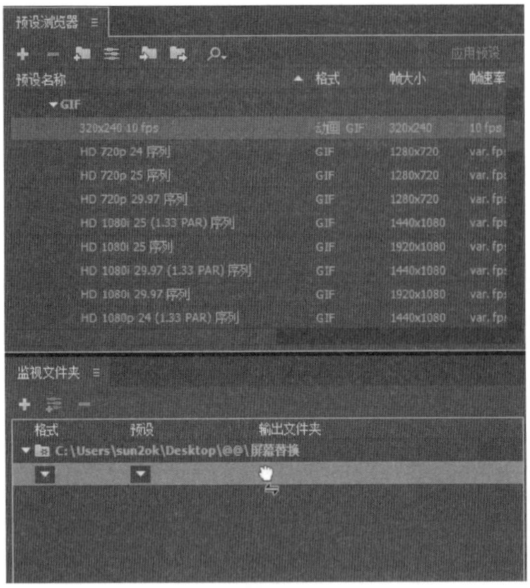

图 13-69

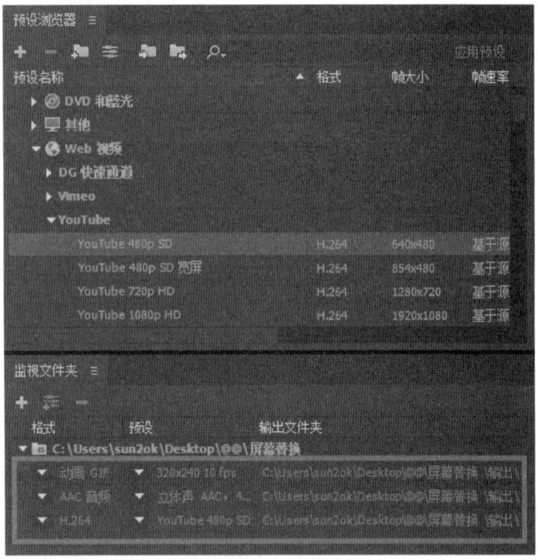

图 13-70

（3）接下来我们需要做的就是将 After Effects 的项目文件（或图片、音频、视频等媒体文件）存入该文件夹内（需要在 After Effects 中选择“另存为”命令将项目文件存到监视文件夹中，如果只是将项目文件复制过去，会丢失合成中的素材连接）。Media Encoder 会自动检测添加到“监视文件夹”中的媒体文件并开始编码（图 13-71）。

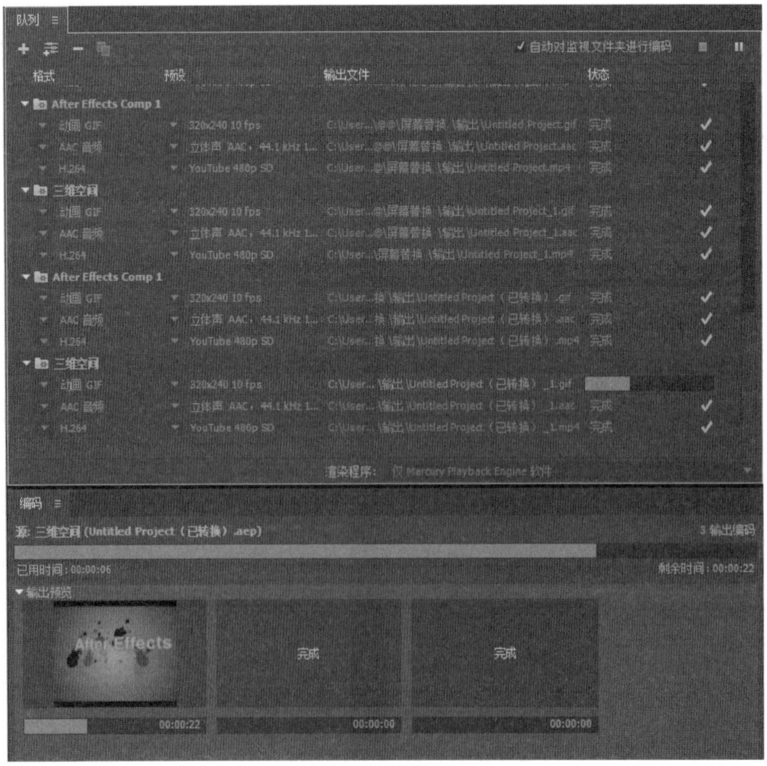

图 13-71

编码完成后，“监视文件夹”中会出现两个文件夹，其中“输出”文件夹用于存放自动渲染输出的文件，“源”文件夹用于存放项目文件或源媒体文件（图 13-72）。

图 13-72

这里需要注意的是，Media Encoder 的“监视文件夹”会渲染输出项目文件中的所有合成（包括嵌套的合成）。这是一件很麻烦的事情，因为它可能会生成很多我们并不需要的视频文件。所以，在使用“监视文件夹”时一定要注意这一点，以免浪费系统资源和时间。或者只将“监视文件夹”功能用于媒体文件的格式转换，也是不错的选择。

13.5　网络渲染

使用普通的 PC 机进行视频的渲染输出是件非常痛苦的事情，因为你有可能为了渲染一段 10 分钟的视频而花费几个甚至几十个小时的时间（根据 PC 机的硬件配置不同而有所区别）。合成文件的图层越多特效越复杂，需要消耗的时间就越长，而这段时间你可能除了等待什么也干不了。如果你有两台或更多台联网的计算机，那就可以使用 After Effects 的网络渲染功能，这样多台机器可以协同工作，将成倍提高我们的渲染效率。

After Effects 网络渲染的工作原理是：将需要渲染输出的项目文件放到网络上的一个共享文件夹中，网络上的计算机读取这个共享文件夹中的项目文件并分别对项目的不同帧进行渲染，然后将所有机器渲染输出的不同帧的图片序列汇集保存在同一个共享文件夹中。（你也可以将需要渲染的项目文件及素材分别拷贝到所有参与渲染的计算机上，只是将渲染输出的图片序列保存在网络上同一个共享文件夹中。尽管这可以减轻网络传输压力，但绝对不是一种高效便捷的操作方法）

这里需要注意的有以下几点。

（1）网络中的计算机要可以访问一个共同的共享文件夹，且对该文件夹有读写权限。

（2）参与渲染的网络中的计算机必须都安装 After Effects，且版本不能低于项目文件的保存版本。

（3）网络中的计算机必须安装项目文件中包含的字体、特效或代码，否则无法保证渲染效果一致。（或者提前将这些部分预渲染，这样就不再需要它们了）

（4）网络渲染只能输出图片序列文件，无法直接输出单个的视频文件。我们可以在后期使用一台机器，将这些图片序列再渲染输出成视频文件，这比直接从图层渲染输出视频要快得多。

下面我们就通过一个实例来演示网络渲染的操作过程。

13.5.1　设置共享文件夹

首先我们需要为一台主机设置一个共享文件夹，所有数据的读取和写入将在其中完成。这里就以一台安装 Windows10 系统的普通 PC 为例进行操作说明（其他系统请参照相关说明进行设置）。

（1）在磁盘空间充裕的磁盘中，新建一个文件夹，命名为“share”（名称可自定，建议用英文或数字命名）。

（2）使用鼠标右键单击“share”文件夹，在弹出的上下文菜单中选择“属性”。在弹出“share 属性”对话框中，选择“共享”选项卡（图 13-73）。

（3）在“网络文件和文件夹共享”项中单击“共享”按钮（图 13-73），在弹出的“文件共享”对话框中添加“Everyone”用户，并将权限级别设为“读取 / 写入”，单击“共享”按钮，并关闭“share 属性”对话框（图 13-74）。

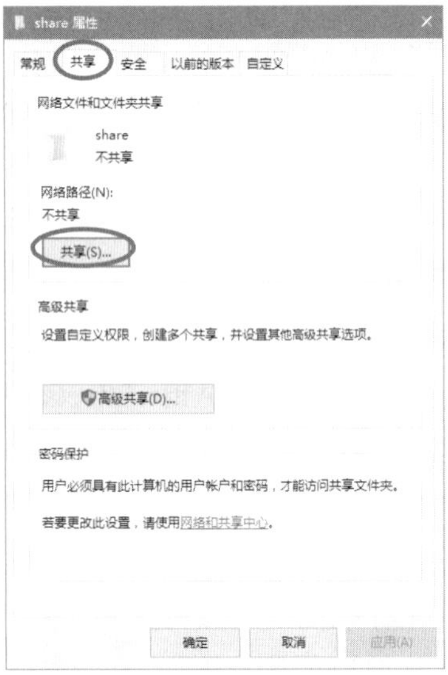

图 13-73

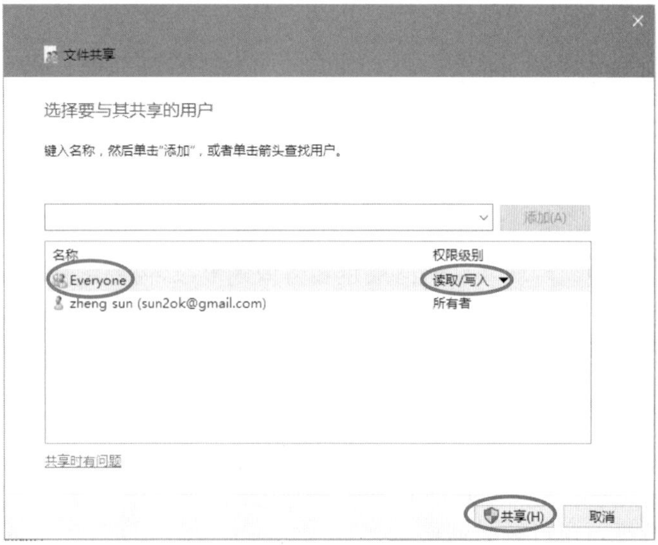

图 13-74

（4）单击进入“share”文件夹，新建一个名为“Render”的文件夹，用于放置项目文件和渲染输出的文件。

（5）在资源管理器中，单击网络展开所有网络上的计算机，选择本机显示所有本机的共享文件夹。找到刚刚做共享的“share”文件夹，使用鼠标右键单击，在弹出的上下文菜单中选择“映射网络驱动器”，将驱动器号设为“Z:”，并单击“完成”按钮（图 13-75、图 13-76）。

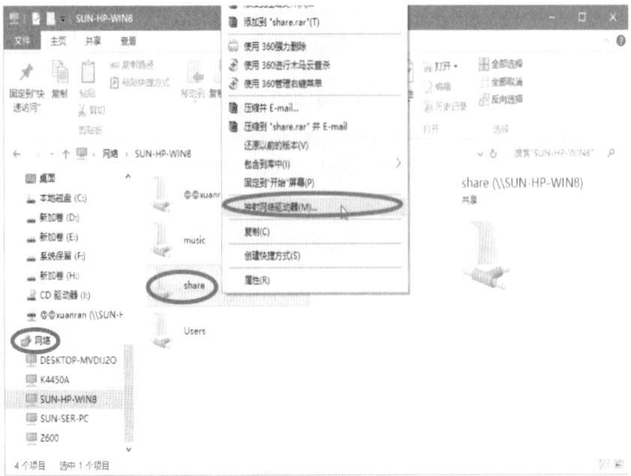

图 13-75

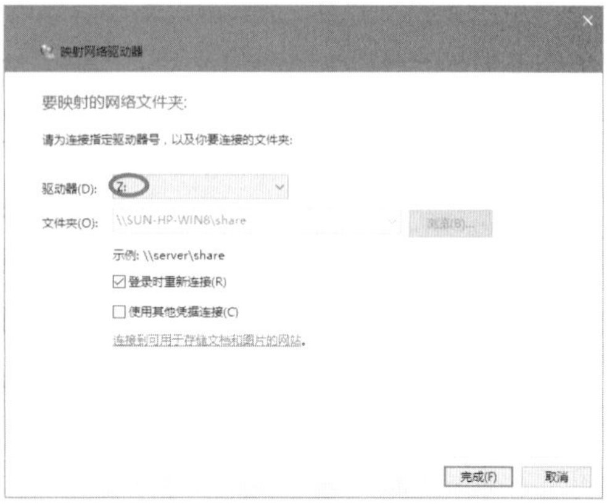

图 13-76

这里之所以要将共享文件夹映射为网络驱动器，是因为 After Effects 进行网络渲染时，是以绝对路径的方式进行读取的，映射网络驱动器可以避免网络上的计算机进行渲染时丢失素材。

在每台参与渲染的网络计算机上，通过网络访问主机，可能需要输入主机的登录用户名和密码（图 13-77）。将主机上共享的“share”文件夹映射为网络驱动器 Z（操作方法与在主机上相同），并检查是否可以对 Z: 盘进行读写操作（图 13-78）。

图 13-77

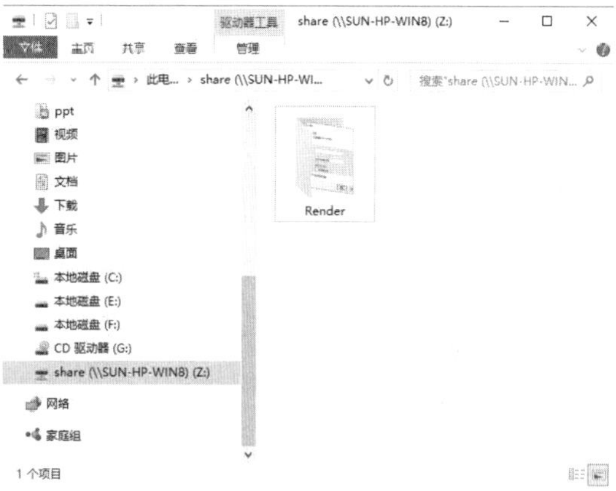

图 13-78

13.5.2　设置监视文件夹

网络渲染的工作方式，就是网络上参与渲染的计算机同时对一个合成进行渲染操作，然后将渲染的结果汇集在一起。我们可以不厌其烦地在每一台机器上进行渲染操作，但 After Effects 为我们提供了更加便捷的方法，那就是“监视文件夹”。

“监视文件夹”将每隔 10 秒钟搜索一次设置的文件夹，检查其中是否有可以渲染的项目文件，如果有，将自动启动渲染队列，按已设置的渲染项进行渲染。

我们要做的就是先在参与渲染的所有网络计算机上运行“监视文件夹”，并将网络 Z 盘中“Render”文件夹设为被监视的目标。然后回到主机上，对待渲染的合成进行渲染设置，并将项目文件保存在“Render”文件夹中，供所有计算机进行渲染。

具体操作步骤如下。

（1）在参与渲染的网络计算机上启动 After Effects。如果你没有足够的激活序列号，可以只安装而不用激活 After Effects，通过“Adobe After Effects Render Engine（渲染引擎）”快捷方式启动程序，具体路径为：“C:\Program Files\Adobe\Adobe After Effects CC 2014”（图 13-79）。这种方式开启的是 After Effects 的纯渲染版本，虽然无法进行合成编辑，但可以进行网络渲染。

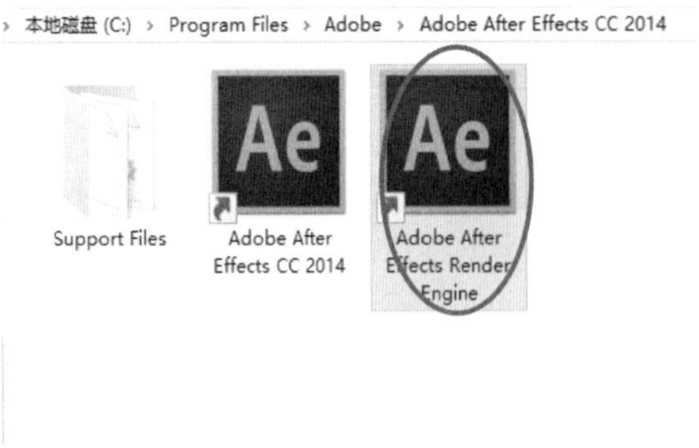

图 13-79

图 13-80

（2）程序启动后，选择菜单栏“文件”→“监视文件夹”，在弹出的“选择要监视的文件夹”对话框中选择网络磁盘 Z: 中的“Render”文件夹，单击“选择”按钮（图 13-80）。因为“监视文件夹”无法监视卷的根目录，这也就是为什么要在“share”文件夹中再建一个“Render”文件夹。

“监视文件夹”设置完成后会弹出“监视文件夹”面板，每隔 10 秒进行扫描，发现可渲染的项目文件后就会自动启动渲染（图 13-81）。当然我们还需要检查确认这些机器中是否装有渲染所需的字体、特效、代码等，以保证渲染结果的正确。

至此，我们完成了网络上参与渲染计算机的所有设置，接下来要返回主机进行渲染设置。

图 13-81

13.5.3　渲染设置

回到存放项目文件的主机上，打开项目文件，对需要渲染的合成进行渲染设置，以保证网络渲染的顺利进行。

（1）在项目面板中选择要渲染的合成文件，按下 Ctrl + M 键将其加入渲染队列（图 13-82）。

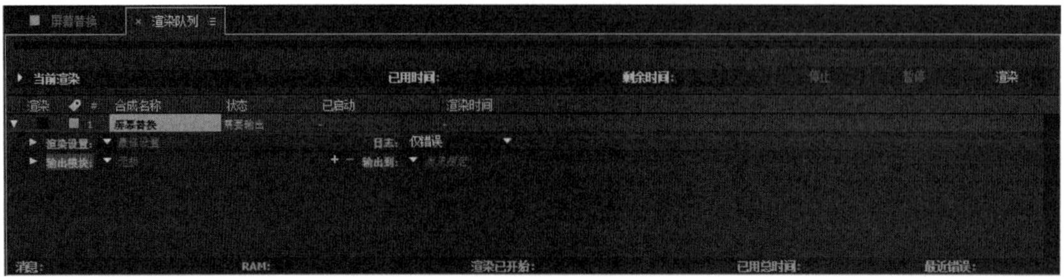

图 13-82

（2）在渲染队列面板中，单击“输出模块”右侧的“无损”文字，在弹出的“输出模块设置”对话框中，将格式项设为“PNG 序列”（图 13-83）。

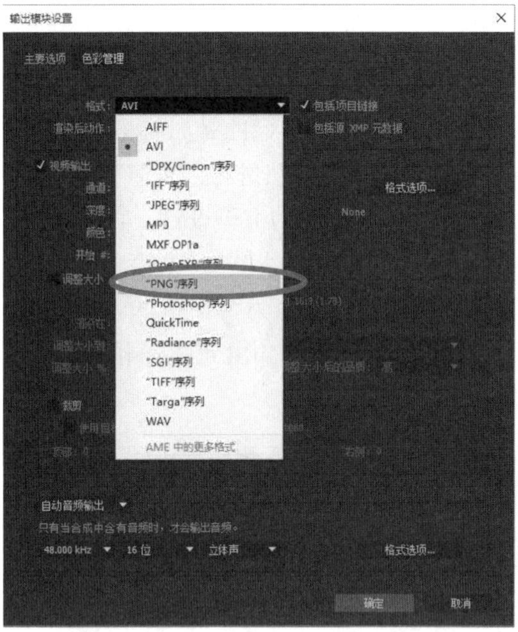

图 13-83

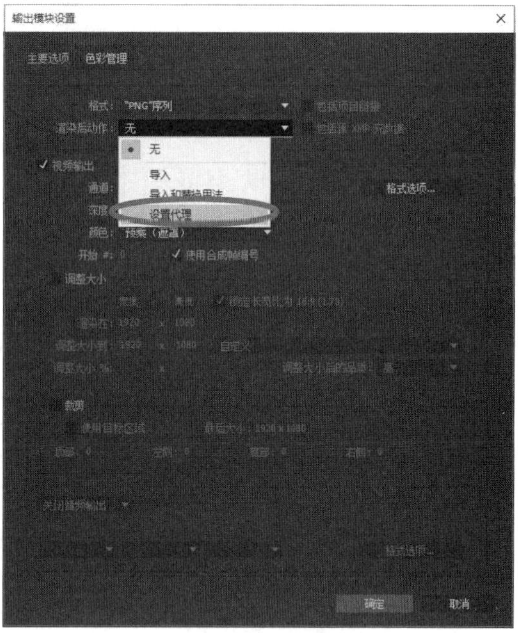

图 13-84

你也可以选择其他图片序列，之所以选择“PNG 序列”，是因为这种格式如何给画面截图一样，画面效果不会有什么损失，又很好地控制了尺寸。

（3）将渲染后动作设为“设置代理”，单击“确定”按钮（图 13-84）。这里设置代理的目的是为了后面将渲染输出的图片序列再输出为视频文件做准备。

（4）在渲染队列面板中，单击“渲染设置”右侧的“最佳设置”文字，在弹出的“渲染设置”对话框中，勾选“选项”中的“跳过现有文件”项，单击“确定”按钮（图 13-85）。这是为了保证在多机渲染时不会出现重复渲染的现象。

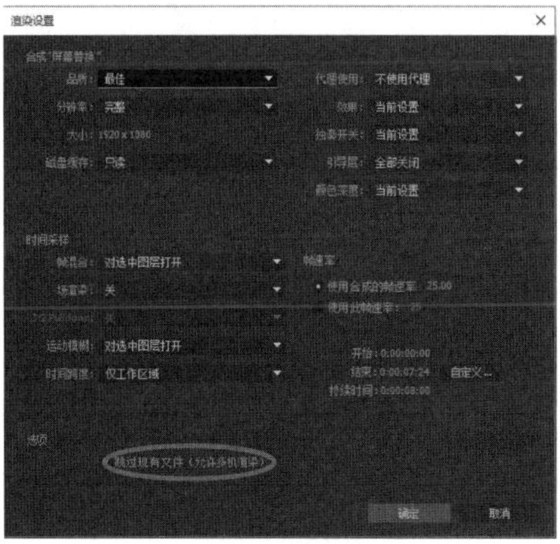

图 13-85

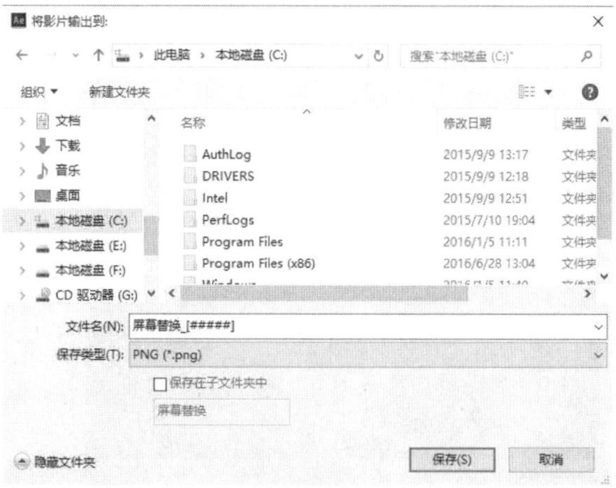

图 13-86

（5）在渲染队列面板中，单击“输出到”右侧的文字，在弹出的“将影片输出到”对话框中，随意选择一个输出路径，单击“保存”按钮（图 13-86）。因为在后期收集文件时还会设置保存路径，所以这里先随意选择一个就好。

至此，关于图片序列的网络渲染设置已经完成，我们可以将项目文件保存到网络上的“监视文件夹”中，开始进行多机渲染，并快速生成高质量的图片序列文件。但通常来说，我们更广泛使用的还是包含音频的视频文件。所以，接下来我们要考虑的是如何将生成的图片序列配合音频文件再生成单个视频文件。当然这部分任务是无法进行多机渲染的，需要在一台机器（也就是我们的主机）上进行。下面我们将开始这方面的渲染设置。

（6）将项目面板中待渲染的合成拖动到渲染队列面板中，单击新渲染项“输出模块”右侧的“无损”文字。在弹出的“输出模块设置”对话框中，将格式项设为“MP3”，单击“确定”按钮，即只输出该合成的音频，为最终的视频文件提供音频。单击“输出到”右侧的文字，在弹出的“将影片输出到”对话框中，随意选择一个输出路径（图 13-87）。

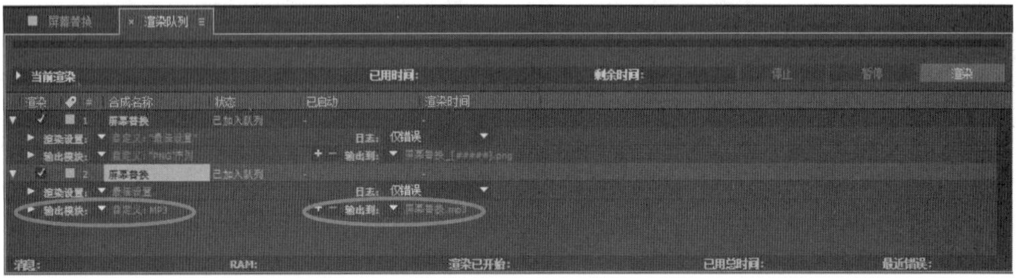

图 13-87

将渲染队列面板中 MP3 渲染项的“输出模块”项，拖动到项目面板中，生成一个占位符文件（图 13-88）。

图 13-88

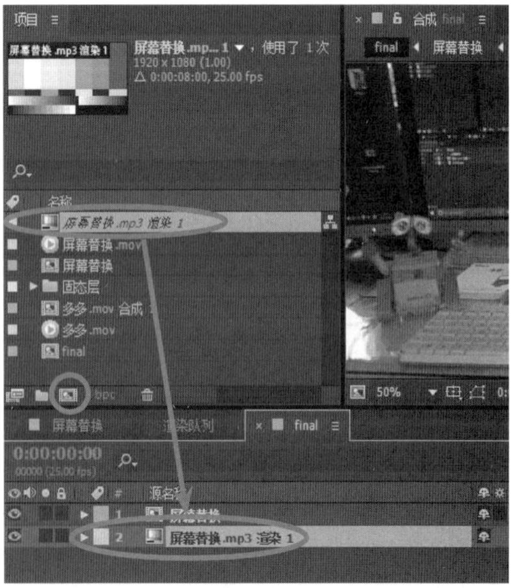

图 13-89

占位符素材

如果将未经渲染的输出模块从渲染队列面板拖动到项目面板，After Effects 将创建一个占位符素材项。当渲染该输出模块后，会自动替换对占位符素材项的引用，但不替换占位符素材项本身。

（7）将项目面板中的待渲染合成拖动到项目面板左下角的“新建合成”按钮上，生成一个相同设置的新合成，命名为“Final”。打开“Final”合成，将项目面板中的 MP3 占位符文件拖动到合成中，作为最终视频文件的音频部分（图 13-89）。

（8）将项目面板中的“Final”合成拖入渲染队列面板中。

输出模块设置为如图 13-90 所示。

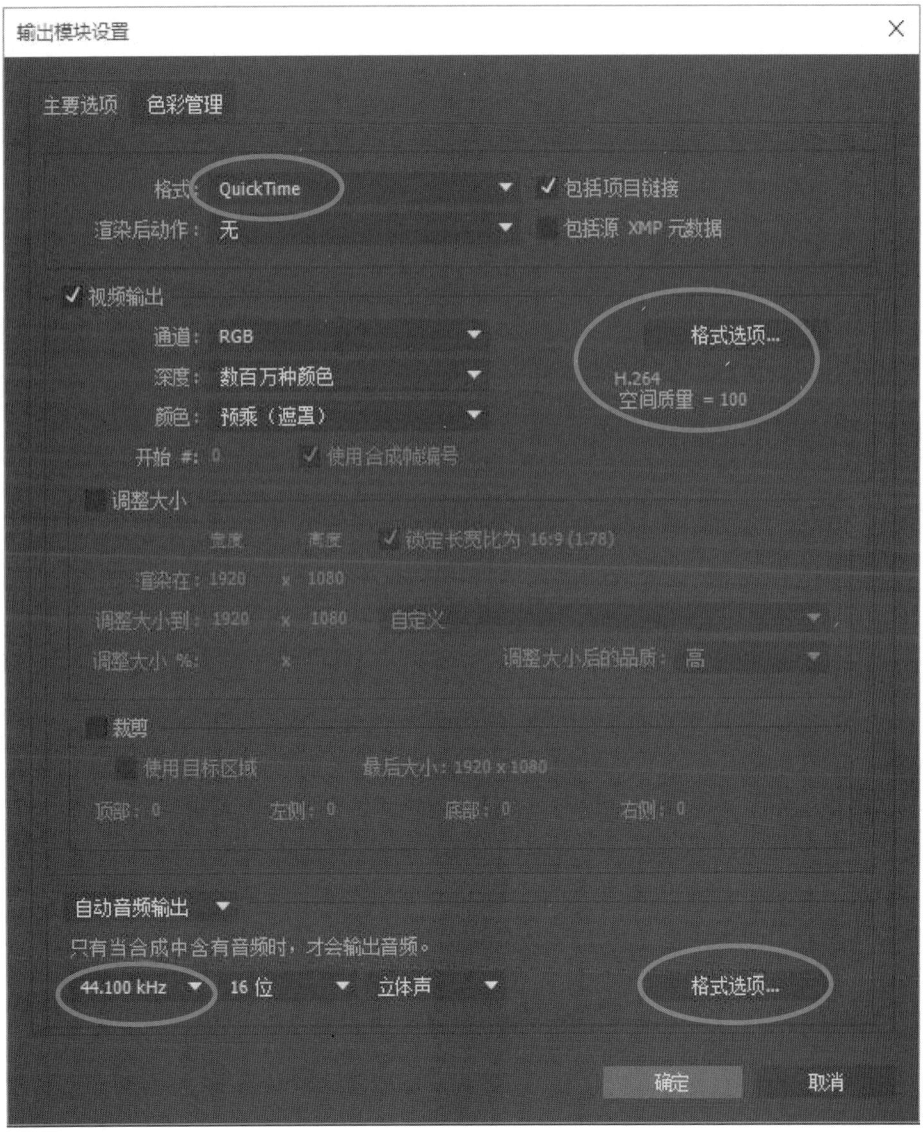

图 13-90

格式：QuickTime。

视频编解码器：H.264。

音频采样率：44.100kHz。

音频编解码器：AAC。

单击“输出到”右侧的文字，在弹出的“将影片输出到”对话框中，随意选择一个输出路径。

这里需要说明的是，此时“Final”合成中的“屏幕替换”层已经不再是原来的合成文件了。还记得前面在图片序列的输出模块中，我们将渲染后动作设为“设置代理”，也就是说当图片序列渲染完成后，将替代“屏幕替换”合成出现在“Final”合成中。当我们渲染“Final”合成时，就不会再计算原来“屏幕替换”合成中的图层、特效等信息，只是将图片序列和音频输出为视频，这将大大地提高渲染速度。

（9）在渲染队列面板中撤销音频渲染项和 Final 渲染项的勾选（图 13-91）。因为当我们将项目文件保存并放入“监视文件夹”时，网络上开启“监视文件夹”的计算机将启动该项目文件中所有激活的渲染队列。所以，我们暂时先关闭音频渲染项和 Final 渲染项，只让网络上的计算机协作渲染图片序列。我们将在主机的渲染队列中单独开启这两个渲染项，以完成后续的渲染任务。

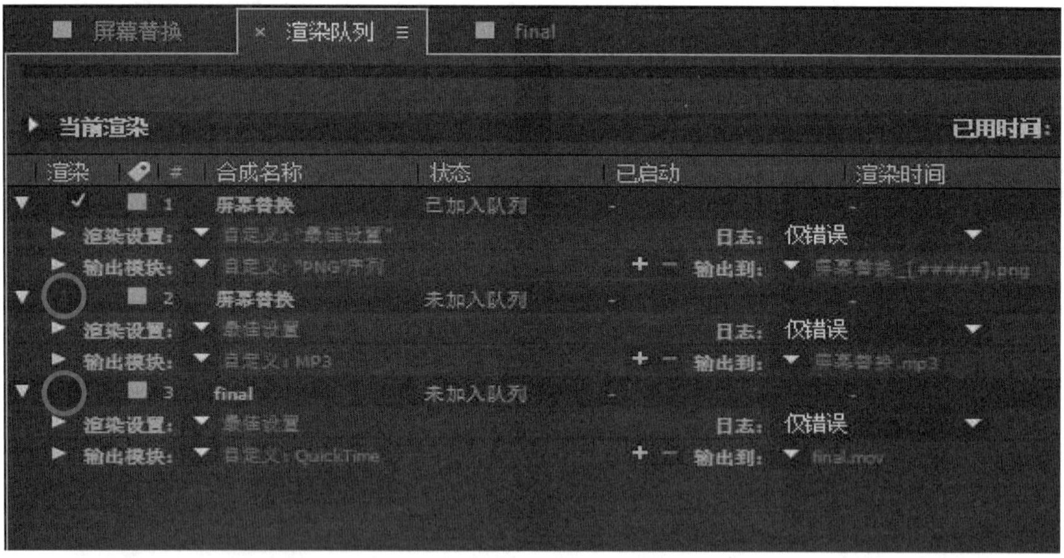

图 13-91

最后，按下 Ctrl + S 键保存项目文件。

13.5.4 收集文件

渲染设置完成后，接下来进行收集文件，将渲染所需要的项目文件和素材打包并存放在之前设置的“监视文件夹”中。

（1）选择菜单“文件”→“整理工程（文件）”→“收集文件”。

（2）在弹出的“收集文件”对话框中，将收集源文件项设为“对于队列合成”，即只收集在渲染队列中合成的相关文件，并勾选以下三项。

①“将渲染输出为”：用来重定向输出模块，以便将文件渲染到指定的文件夹。此选项可确保从其他计算机渲染项目时，能够访问已渲染的文件。

②“启用‘监视文件夹’渲染”：将生成一个名为“项目名称 +RCF.txt”的渲染控制文件，它向监视计算机发出项目可供渲染的信号。

③“完成时在资源管理器中显示收集的项目”（图 13-92）。

（3）单击“收集”按钮，在弹出的“将文件收集到文件夹中”对话框中选择路径为：“Z:Render”文件夹（图 13-93）。

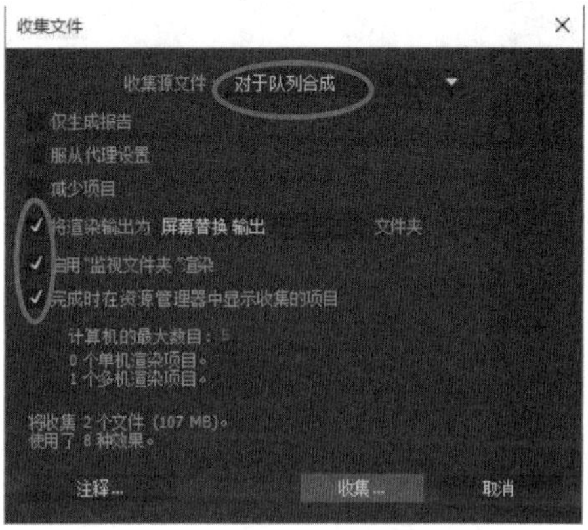

图 13-92

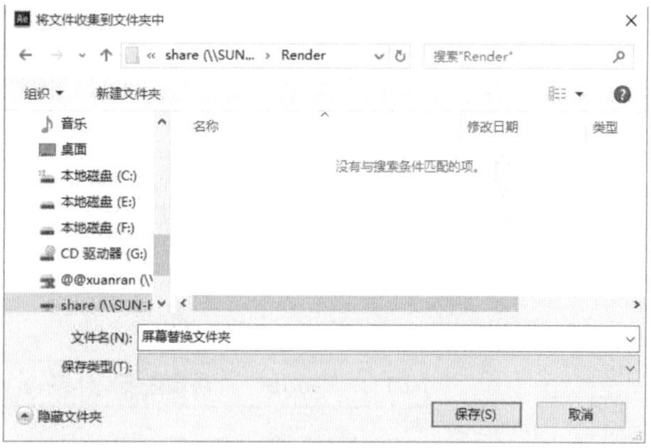

图 13-93

收集文件的好处

（1）集中素材，便于管理。因为 After Effects 素材引用管理是以链接方式进行的，这使得素材的存放路径可能并不集中。收集文件之后将所需要的素材集中在一起，便于复制保存。

（2）精简项目。After Effects 的项目文件中可能包含多个合成文件和大量的素材链接，而我们需要渲染的可能只是其中的一小部分。所以，我们可以只收集渲染所需的合成与素材，这样将精简项目提高效率。

（3）创建报告文件。收集文件将创建一个名为“项目名称 + 报告.txt”的报告文件，用于记录该项目所使用的文件、合成、特效、字体等信息。尽管收集文件不会复制字体、代码和特效，但我们可以通过报告文件来了解项目所需的东西，便于我们进行收集。

13.5.5　开始渲染

当我们将收集文件保存到 Z:Render 文件夹（即网络计算机上设置的“监视文件夹”）之后，网络上开启“监视文件夹”的计算机就会检测到待渲染的项目文件，并启动渲染队列开始协同渲染。

此时，在主机上自动弹出资源管理器，并打开收集文件的保存路径（因为在“收集文件”

对话框中我们选择了“完成时在资源管理器中显示收集的项目”)。

为保证与网络上计算机渲染输出路径的一致,在主机上双击打开收集文件保存路径中的项目文件“屏幕替换”(图 13-94)。在程序中按 Ctrl + Alt + 0 调出渲染队列面板,勾选音频渲染项和 Final 渲染项,单击“渲染”按钮开始渲染(图 13-95)。

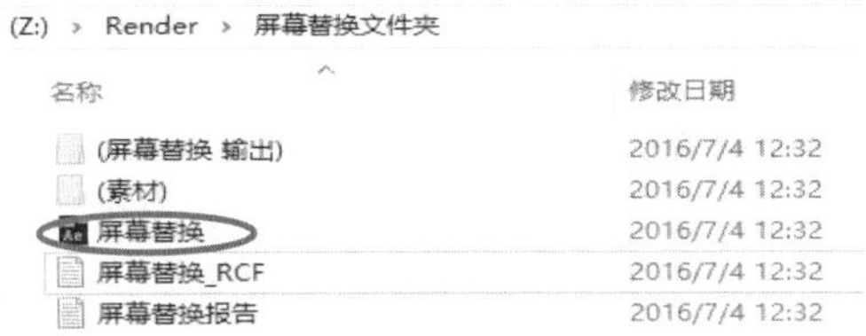

图 13-94

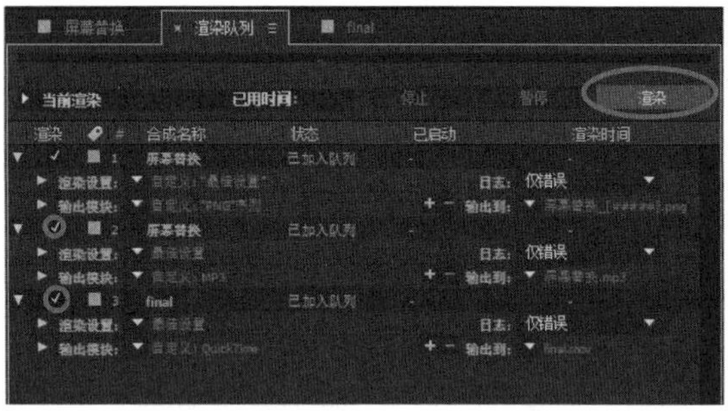

图 13-95

这样网络上的计算机(包括主机)先协同渲染图片序列,之后主机开始渲染合成的音频部分,最后主机将图片序列及音频合成输出视频文件。所有输出文件都保存在收集文件时设定的输出文件夹中(图 13-96)。

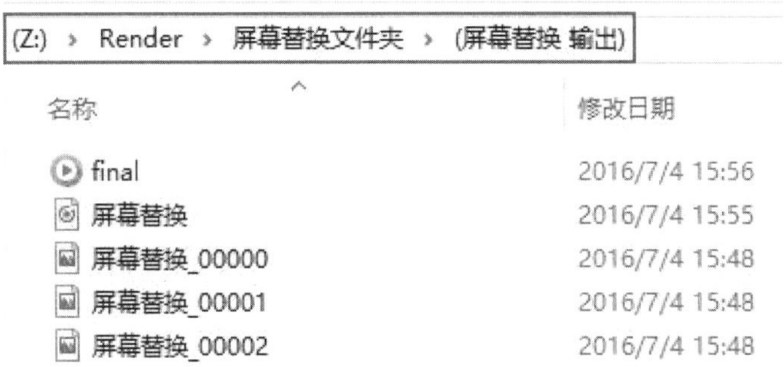

图 13-96

至此我们完成了网络渲染的所有操作,这种方法虽然看似烦琐,但它充分利用了局域网内的计算机资源,使用多台机器协同工作,缩短了渲染时间,提高了工作效率。

13.6 本章复习

1. 简述渲染输出的一般方法。
2. 现在流行的音视频格式有哪几种?
3. 如何设置多输出模块?
4. 简述使用 Adobe Media Encoder 程序渲染输出视频的方法。
5. 如何设置网络渲染?